国家示范性高等职业教育土建类“十三五”规划教材 十三五

工学结合·基于工作过程导向的项目化创新系列教材
国家示范性高等职业教育土建类“十三五”规划教材

工程招投标与合同管理

GONGCHENG
ZHAOTOUBIAO YU
HETONG GUANLI

主　编　张晓岩　唐　文
　　　　熊晨超
副主编　洪　英　陈兰英
　　　　曹小平　王晓强
　　　　李　新　张淑珍
　　　　赵文溪

華中科技大學出版社
http://www.hustp.com
中国·武汉

内容简介

本书根据《中华人民共和国招标投标法》《中华人民共和国合同法》《中华人民共和国标准施工招标文件》《建设工程施工合同(示范文本)》等工程相关法律、法规、规范编写。

本书分为六部分，主要包括建设项目与建筑市场、建设工程项目招标、建设工程施工投标、合同法概述、建设工程合同管理、建设工程施工索赔等内容。

本书可作为高等院校，特别是高职高专院校土建类相关专业学生的教材，亦可作为有关工程技术人员的学习参考用书。

为了方便教学，本书还配有电子课件等教学资源包，任课教师和学生可以登录“我们爱读书”网(www.ibook4us.com)注册并浏览，任课教师还可以发邮件至 hustujian@163.com 索取。

图书在版编目(CIP)数据

工程招投标与合同管理/张晓岩，唐文，熊晨超主编. —武汉：华中科技大学出版社，2019.12(2024.1 重印)
国家示范性高等职业教育土建类“十三五”规划教材
ISBN 978- -5680-5253-5

Ⅰ.①工… Ⅱ.①张… ②唐… ③熊… Ⅲ.①建筑工程-招标-高等职业教育-教材 ②建筑工程-投标-高等职业教育-教材 ③建筑工程-经济合同-管理-高等职业教育-教材 Ⅳ.①TU723

中国版本图书馆 CIP 数据核字(2019)第 252068 号

工程招投标与合同管理
Gongcheng Zhaotoubiao yu Hetong Guanli

张晓岩 唐 文 熊晨超 主编

策划编辑：康 序
责任编辑：白 慧
责任监印：朱 玢
出版发行：华中科技大学出版社(中国·武汉) 电话：(027)81321913
武汉市东湖新技术开发区华工科技园 邮编：430223
录 排：武汉三月禾文化传播有限公司
印 刷：武汉市籍缘印刷厂
开 本：787mm×1092mm 1/16
印 张：15
字 数：358 千字
版 次：2024 年 1 月第 1 版第 4 次印刷
定 价：45.00 元

华中出版

本书若有印装质量问题，请向出版社营销中心调换
全国免费服务热线：400-6679-118 竭诚为您服务

前言

本书根据《中华人民共和国招标投标法》《中华人民共和国合同法》《中华人民共和国标准施工招标文件》《建设工程施工合同（示范文本）》等工程相关法律、法规、规范编写。

为满足高职高专教学的需要，培养建设工程招投标人才，本书在编写内容上注重理论联系实际，突出对实际问题的分析，使学生掌握从招标、投标、开标、评标到中标的全过程工作内容，突出建设工程招投标与合同管理实际技能的培养。

本书分为六部分，主要包括建设项目与建筑市场、建设工程项目招标、建设工程施工投标、合同法概述、建设工程合同管理、建设工程施工索赔等内容。

本书可作为高等院校，特别是高职高专院校土建类相关专业学生的教材，亦可作为有关工程技术人员的学习参考用书。

本书由南京交通职业技术学院张晓岩、湖南有色金属职业技术学院唐文、义乌工商职业技术学院熊晨超担任主编，由南京交通职业技术学院洪英、江苏城乡建设职业学院陈兰英、江苏省交通技师学院曹小平、鄂州职业大学王晓强、无锡南洋职业技术学院李新、四川城市职业学院张淑珍、营口职业技术学院赵文溪担任副主编。

为了方便教学，本书还配有电子课件等教学资源包，任课教师和学生可以登录“我们爱读书”网（www. ibook4us. com）注册并浏览，任课教师还可以发邮件至 husttujian@163. com 索取。

由于编者的水平有限，书中难免有不妥之处，恳请广大读者批评指正！

编者

2019 年 3 月

目录

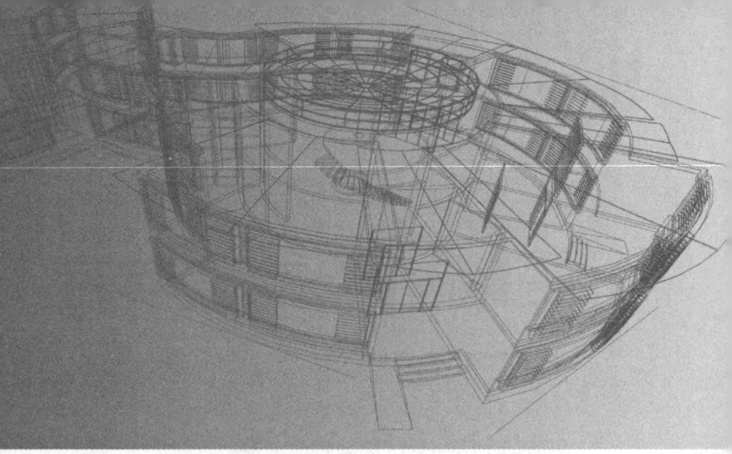

项目 1 建设项目与建筑市场

能力目标、知识目标

建筑产品的交易行为是由建筑工程市场中的主体、客体在建筑工程交易中心通过建筑工程承发包的方式完成的。

通过介绍建筑工程市场及其主体、客体，使学生了解我国建设项目的一般特征，了解建筑市场的一般特征，了解建设工程项目的管理机构、管理体制、交易方式、主体的法定身份、构成主体核心成分的专业人士资质及交易地点，对建筑工程项目及交易建立感性认识，掌握建设工程交易中心的工作程序。通过专项实训，达到加深上述知识的理解和记忆的目的。

任务 1 建设项目

一、项目与建设项目的概念与特征

1. 项目与建设项目的概念

所谓项目是指在一定约束条件下（主要是限定资源、限定时间、限定质量），具有明确目标的有组织的一次性工作或任务。

建设项目是建设单位根据立项批复，在经济上实行独立核算，在行政上具有独立的组织形式，严格按图纸及基建程序实施的基本建设工程。一般指符合国家总体建设规划，能独立发挥生产功能或满足生活需要，其项目建议书经批准立项和可行性研究报告被批准的建设任务。如工业建设中的一座工厂、一个矿山，民用建设中的一个居民区、一幢住宅、一所学校等均为一个建设项目。

2. 项目的特征

1）一次性

一次性是项目与活动的最大区别。项目有确定的起点和终点，没有可以完全照搬的先例，也没有完全相同的过程。项目的其他特征也是从这一主要特征衍生出来的。

2）独特性

每个项目都是独特的，可能是项目提供的成果有自身的特点，也可能是项目的时间和地点、内部和外部的环境、自然和社会条件有别于其他项目。总之，每个项目都是独一无二的，绝不可能与其他项目雷同。

3）目标的明确性

项目有明确的目标，包括实现项目的时间目标、成果目标、资源目标及其他一些需要满足的目标。

4）项目活动的整体性

项目中的一切活动都是相互联系构成一个整体的，不能有多余的活动，也不能缺少某些活动，否则必将影响项目目标的实现。

5）组织的临时性和开放性

项目组织在项目进展过程中，其任务、人员、职责都在不断地变化，项目终结时，项目组织要解散，人员要转移。参与项目的组织往往有多个，他们通过协议或合同以及其他的社会关系结合在一起，在项目的不同阶段以不同的程度介入项目活动。

6）开发与实施的渐进性

每个项目都是独特的，因此项目的开发必然是渐进的，不可能复制通用的模式。即使有可借鉴的模式，也需要经过逐步地补充、修改和完善。项目的实施同样需要逐步投入资源，持续地积累可交付成果，直至项目的完成。

3. 建设项目的特征

建设项目除具有项目的一般特性外，还具有以下特点。

1）具有明确的建设目标

建设目标包括宏观目标如宏观经济效果、社会效果和环境效果，以及项目的盈利能力、偿还能力、投资回收期等微观财务目标。

2）具有一定的限制

项目建设目标的实现受到多方面条件的限制：时间约束、资源约束、质量约束、空间约束。

3）一次性

建设项目建成后不可移动、地点固定，设计的单一性，产品的单件性决定了建设项目一次性的特点。

4）投资的风险性

建设项目的投资巨大，项目建设具有一次性和不可逆转性的特点，建设周期长，建设过程中各种不确定因素多，存在各种不可预知的风险。

5）作用和影响具有长期性

建设项目的建设、运行、投资回收周期长，因此，影响面大，作用时间长。

6）管理的复杂性

建设项目实施过程中，生产要素投入多，涉及面广，环境因素制约多，使得参与项目建设的各单位之间的沟通、协调困难重重。

二、建设项目的组成与分类

1. 建设项目的组成

1）建设项目

建设项目一般指在一个场地或几个场地上，按照一个设计意图，在一个总体设计或初步设计范围内，进行施工的各个单项工程的综合。

2）单项工程

单项工程是指具有独立设计文件，建成后可以独立发挥生产能力或工程效益并有独立存在意义的工程。

3）单位工程

单位工程是单项工程的组成部分。一般指不能独立发挥生产能力（效益），却能单独设计并独立组织施工的工程。

单位工程是招标划分标段的最小单位。在工业与民用建筑，如一幢教学大楼或写字楼的施工中，总是可以划分为建筑工程、电气工程、给排水工程等，它们是单项工程所包含的不同性质的单位工程。

4）分部工程

分部工程是单位工程的组成部分，是单位工程分解出来的结构更小的工程。分部工程组成了建筑工程和安装工程的各个部分，按建筑工程的主要部位或工种及安装工程的种类划分。如地基与基础、主体结构、建筑装饰装修、屋面、建筑给水排水及供暖、通风与空调、建筑电气、智能建筑、建筑节能、电梯等。

5）分项工程

分项工程是分部工程的组成部分，是施工图预算中最基本的计算单位。它是按照不同的施工方法、不同材料的不同规格等，对分部工程做进一步的划分。如混凝土结构（子分部工程）可分为模板、钢筋、混凝土、预应力、现浇结构、装配式结构等分项工程；砌体结构（子分部工程）可分为砖砌体、混凝土小型空心砌块砌体、石砌体、填充墙砌体、配筋砖砌体等分项工程。

2. 建设项目的分类

建设项目根据不同的划分标准，可分为不同的类型。

1）按投资建设的用途

按投资建设的用途可分为生产性工程项目、非生产性工程项目。

2）按投资的再生产性质

按投资的再生产性质可分为基本建设工程项目和更新改造项目。

（1）基本建设工程项目是指以扩大生产能力或新增工程效益为主要目的的新建、扩建、改建、迁建、重建项目。建设项目一般由一个或几个有内在联系的单项工程所组成，在经济上实行统一核算，在行政上有独立的组织形式，实行统一管理。通常以一企业、事业、行政单位或独立的工程作为一个建设项目。

（2）更新改造项目是指对原有设施进行固定资产更新和技术改造、增加相应配套的工程以及有关工作。更新改造项目一般以提高现有固定资产的生产效率为目的，如技术改造、技术引进、设备更新等。

3）按照建设规模

按照建设规模（设计生产能力或投资规模）可分为大、中、小型项目。

4）按照资金来源

按照资金来源可分为内资项目、外资项目和中外合资项目。

5）按照建设阶段

按照建设阶段可分为筹建项目、前期工作项目、施工（在施）项目、建成投产项目和竣工项目，还有续建和停建项目。

三、项目建设程序

项目建设程序是指建设项目从决策、设计、施工到竣工验收和项目后评价的全过程中，各项工作必须遵循的先后次序。项目建设程序是人们在认识客观规律的基础上制定出来的，不能任意颠倒，但可以合理交叉。

1. 策划决策阶段

策划决策阶段又称为建设前期工作阶段，主要包括编报项目建议书和可行性研究报告两项工作内容。

项目建议书的主要作用是推荐建设项目，以便在一个确定的地区或部门内，以自然资源和市场预测为基础选择建设项目。项目建议书经批准后可进行可行性研究工作，但并不表明项目非上不可，项目建议书不是项目的最终决策。

可行性研究是在项目建议书被批准后，对项目在技术上和经济上是否可行所进行的科学分析和论证。

2. 勘察设计阶段

勘察过程：复杂工程分初勘和详勘两个阶段，为设计提供实际依据。

设计过程：一般分为两个阶段，即初步设计阶段和施工图设计阶段，对于大型复杂项目，可根据不同行业的特点和需要，在初步设计之后增加技术设计阶段。

初步设计是设计的第一步，如果初步设计提出的总概算超过可行性研究报告投资估算的10%或其他主要指标需要变动时，要重新报批可行性研究报告。初步设计经主管部门审批后，建设项目被列入国家固定资产投资计划，方可进行下一步的施工图设计。施工图一经审查批准，不得擅自进行修改，如遇特殊情况需要进行修改时，必须重新报请原审批部门，由原审批部门委托审查机构审查后再批准实施。

3. 建设准备阶段

建设准备阶段的主要内容包括：组建项目法人、征地、拆迁、“三通一平”乃至“七通一平”；组织材料、设备订货；办理建设工程质量监督手续；委托工程监理；准备必要的施工图纸；组织施工招投标；办理施工许可证等。

4. 施工阶段

建设工程具备开工条件并取得施工许可证后方可开工。施工阶段包括施工准备、工程施工、生产准备工作。

5. 竣工验收阶段

工程竣工验收是全面考核建设成果、检验设计和施工质量的重要步骤，也是建设项目转入生产和使用的标志。验收合格后，建设单位编制竣工决算，项目正式投入使用。竣工验收阶段包括工程竣工验收、工程保修工作。

6. 考核评价阶段

建设项目后评价是工程项目竣工投产、生产运营一段时间后，再对项目的立项决策、设计施工、竣工投产、生产运营等全过程进行系统评价的一种技术活动，是固定资产管理的一项重要内容，也是固定资产投资管理的最后一个环节。

任务 2 建筑市场

一、市场与建筑市场的概念

1. 市场的概念

(1) 狭义的市场是指有形市场,即商品交换的具体场所(如商店、建材市场)。

(2) 广义的市场是指在一定区域内所有商品交换关系的总和,包括有形市场和无形市场。

无形市场是指没有固定的交易场所,依靠广告、中间商或者其他交易形式寻找货源或买主,沟通买卖双方,实现商品交换的场所,如招投标代理、技术服务市场。

2. 建筑市场的概念

(1) 狭义的建筑市场是指以建筑产品为交换内容的市场,主要表现为建设项目的建设单位与建筑产品供给者通过招标投标方式形成承发包的商品交换关系。

(2) 广义的建筑市场包括狭义的建筑市场,还包括与建筑产品的生产和交换有紧密联系的勘察设计市场、建筑劳动力市场、建筑生产资料市场、建筑资金市场和建筑技术服务市场,以及由此形成的建筑市场体系。

建筑市场是由建筑产品的生产和交换所形成的各种交易关系的总和,是整个大市场的有机组成部分。

二、市场与建筑市场的构成

1. 市场的构成

1) 市场主体

市场主体指在市场从事商品交易的组织和个人,分为商品生产者、商品消费者和中介机构。

2) 市场客体

市场客体是市场主体在市场活动中的交易对象,如生活资料、机械、技术等。

3) 市场规则

市场规则指有关机构按照市场运行的客观要求制定的或在市场交易中沿袭下来的行为准则,包括法律、法规等。

市场进入规则包括企业资本金、技术等级、规模、卫生标准等规则。

市场竞争规则用于防止垄断和不正当竞争，排除行政权力的不当干涉。

市场交易规则指公平、平等、等价有偿原则。

4）市场价格

市场价格是商品价值的货币表现，而商品价值则是生产商品所花费的社会必要劳动。市场价格具有多种功能：

（1）传导信息的功能，取决于商品本身的价值以及供需情况；

（2）配置资源的功能，价格变化可以引起供给、需求、生产、消费的变动；

（3）促进技术进步、降低社会平均必要劳动量的功能。

5）市场机制

市场机制指在一定的市场形态下，价格、利率、工资、供求、竞争等因素相互制约、互为因果所形成的自动连接系统和调节方式。

2. 建筑市场的构成

1）建筑市场的主体

建筑市场的主体是指参与建筑生产交易的各方。我国建筑市场的主体主要包括发包人（又称为建设单位或业主）、承包人（勘察、设计、施工、材料供应单位）、为市场主体服务的各种中介机构（咨询、监理）等。

2）建筑市场的客体

建筑市场的客体一般称作建筑产品，可分为以下两类。

（1）有形的建筑产品：建筑物、构筑物；

（2）无形的建筑产品：咨询、监理等各种智力型服务。

3）建筑市场运行机制

建筑市场运行机制是指建筑市场中经济活动关系的总和。建筑市场由工程建设发包方、承包方和中介服务机构组成市场主体，各种形态的建筑商品及相关要素（如建筑材料、建筑机械、建筑技术和劳动力）构成市场客体。建筑市场的主要竞争机制是通过招标投标制度，运用法律法规和监管体系保证市场秩序，保护建筑市场主体的合法权益。

价格机制：通过“市场价格变动－生产规模变动－市场供求变动－市场价格变动”的循环往复来调节供求关系，实现价值规律。

竞争机制：采用招投标的方式，通过合理的价格、优良的产品质量、较短的工期、良好的社会信誉等进行竞争。

供求机制：供求关系的变化导致市场价格的涨落与市场竞争关系的改变，完善供求机制、实现供求大体平衡是多种因素共同作用的过程。

风险机制：建立风险机制应完善企业自主经营、自负盈亏、独立核算的制度；做好把企业推向市场、承担市场风险；实行企业破产制度等三个工作。

三、建筑产品及建筑市场的特点

1. 建筑产品的特点

建筑产品的特点包括：

(1) 建筑产品的固定性;
(2) 建筑产品的多样性;
(3) 建筑产品的体积庞大性;
(4) 建筑产品生产的不可逆性;
(5) 建筑产品的投资数额大,生产周期和使用周期长;
(6) 建筑产品的整体性和施工生产的专业性。

2. 建筑市场的特点

1) 建筑市场有显著的地域性

建筑产品具地域特性,对于建筑产品的供给者来说,大规模的流动必然会造成生产成本的增加,他们通常会选择在一个相对稳定的地理区域内经营。建筑市场供给者和需求者之间的选择具有一定的局限性,通常只能在一定范围内确定相互之间的交易关系。

2) 建筑市场的交换关系复杂

建筑商品的形成过程涉及买方、地质勘察方、设计方、施工方、分包商、中介机构等单位的经济利益,建筑产品的位置、施工和使用会影响城市的规划、环境和居民的人身安全,建筑市场的交换关系复杂。

3) 建筑产品订货交易的直接性

建筑产品必须按照客户的具体要求,在指定的地点为其建造某种特定的建筑物。因此,建筑市场上的交易只能是需求者和供给者直接见面,进行预先订货式的交易,先成交,后生产,无中间环节。

4) 建筑产品交易的长期性和阶段性

建筑产品的生产周期很长,与之相关的设计、咨询、材料设备供应等持续的时间都较长,其间生产环境(气候、地质等条件)、市场环境(材料、设备、人工的价格)和政府政策变化的不可预见性,决定了建筑市场中合同管理的重要作用和特殊要求。建筑市场一般都要求使用合同示范文本,要求合同签订得详尽、全面、准确、严密,对可能出现的情况约定各自的责任和权利,约定解决的方法和原则。

建筑市场在不同阶段具有不同的交易形态,各个阶段的严格管理是生产合格产品的保证。在实施前,可以是咨询机构提出的可行性研究报告或其他咨询文件;在勘察设计阶段,可以是勘察报告或设计方案及图纸;在施工阶段,可以是一幢建筑物、一个工程群体;可以是代理机构编制的标底或预算报告;甚至可以是无形的,如咨询单位和监理单位提供的智力劳动。

5) 建筑市场交易的特殊性

(1) 主要交易对象的单件性。建筑产品都是各不相同的,都需要单独设计,单独施工。因此无论是咨询、设计还是施工,发包方都只能在建筑产品生产之前,以招标、要约等方式向一个或一个以上的承包商提出自己对建筑产品的要求,承包方则以投标的方式提出各自产品的价格,通过承包方之间在价格和其他条件上的竞争,决定建筑产品的生产单位,最后由双方签订合同确定承发包关系。

(2) 交易对象的整体性和分部分项工程的相对独立性。无论是住宅小区、配套齐全的工厂，还是功能完备的大楼，都是不可分割的整体，所以建筑产品的交易具有整体性。但施工中需要对分部分项工程验收、评定质量及分期拨付工程进度款，因而交易中分部分项工程具有相对独立性。

(3) 交易价格的特殊性。建筑产品的单件性要求按件定价，定价形式多样，如单价制、总价制等。建筑产品的结付方式有预付制、按月结算、竣工后一次性结算、分阶段结算等。

(4) 交易活动的不可逆转性。建筑市场的交易一旦达成协议，设计、施工、咨询等承包单位就必须按照双方约定进行设计、施工和咨询管理，项目竣工后不可能返工、退换。所以对工程质量、工作质量要有严格的要求，设计、施工、咨询、建材、设备的质量必须满足合同要求，满足国家规范、标准和规定。任何过失均可能对工程造成不可挽回的损失，因此卖方的选择和合同条件至关重要。

6) 建筑市场的风险性

(1) 从建筑产品供给者方面来看，建筑产品的市场风险主要表现在以下几个方面：

① 定价风险，通过招投标预先定价，定高了难中标，定低了易亏损；

② 生产过程中的风险，建筑产品生产周期长，不确定因素多；

③ 需求者支付能力的风险。

(2) 从建筑产品需求者方面来看，主要有价格与质量不对等、交货时间延期、预付工程款的风险。

四、建筑市场的资质管理

为保证建设工程的质量和安全，对从事建设活动的单位和专业技术人员必须实行从业资格管理，即资质管理制度。建筑市场中的资质管理包括两类：一类是对从业企业的资质管理；另一类是对专业人士的资格管理。

发展趋势：进一步简化工程建设企业资质类别和等级设置，减少不必要的资质认定，放宽承揽业务范围限制，加快完善信用体系、工程担保及个人执业资格等相关配套制度，强化个人执业资格管理，明确注册执业人员的权利、义务和责任，加大执业责任追究力度。有序发展个人执业事务所，推动建立个人执业保险制度。

1. 建筑市场从业企业资质管理

《中华人民共和国建筑法》规定，对从事建筑活动的建筑施工企业、勘察单位、设计单位、工程监理单位实行资质管理。

1) 工程勘察、设计企业资质管理

建设工程勘察、设计企业应当按照其拥有的注册资本、专业技术人员、技术装备、业绩等条件申请资质，经审查合格，取得建设工程勘察、设计资质证书后，方可在资质等级许可的范围内从事建设工程勘察、设计活动。我国勘察、设计企业的业务可参见表1-1的有关规定。国务院建设行政主管部门及各地建设行政主管部门负责工程勘察、设计企业资质的审批、晋升和处罚。

表 1-1　我国勘察、设计企业的资质及业务范围

企业类型	资质分类	等　级	承担业务范围
勘察企业	综合资质	甲级	承担各类建设工程项目的岩土工程、水文地质勘察、工程测量业务（海洋工程勘察除外），其规模不受限制（岩土工程勘察丙级项目除外）
	专业资质（分专业设立）	甲级	承担本专业资质范围内各类建设工程项目的工程勘察业务，其规模不受限制
		乙级	可承担本专业工程勘察中、小型工程项目，承担工程勘察业务的范围和地区不受限制
		丙级	可承担本专业工程勘察小型工程项目，承担工程勘察业务限定在省、自治区、直辖市所辖行政区域范围内
	劳务资质	不分级	承担相应的工程钻探、凿井等工程勘察劳务工作，承担工程勘察劳务工作的地区不受限制
设计企业	综合资质	不分级	承担工程设计业务的范围和地区不受限制
	行业资质（分专业设立）	甲级	承担相应行业建设项目的设计任务，工程设计业务的范围和地区不受限制
		乙级	承担相应行业的中、小型建设项目的设计任务，地区不受限制
		丙级	承担相应行业的小型建设项目的设计任务，地区限定在省、自治区、直辖市所辖行政区域范围内
	专业资质（分专业设立）	甲级	承担大、中、小型专项工程设计的项目，地区不受限制
		乙级	承担中、小型专项工程设计的项目，地区不受限制
		丙级	承担小型专项工程设计的项目，地区不受限制
		丁级（限建筑工程设计）	单体面积 2000 平方米及以下
	专项资质（根据行业需要设置）	以建筑装饰工程设计专项资质为例：设甲、乙、丙三级	承担规定的专项工程设计业务，具体规定见有关专项设计资质标准

注：地质勘查资质审批已取消。

2）建筑业企业资质管理

建筑业企业是指从事土木工程、建筑工程、线路管道设备安装工程、装修工程等的新建、扩建、改建活动的企业。我国的建筑业企业资质分为施工总承包、专业承包和施工劳务三个序列。施工总承包序列设有 12 个类别，一般分为特级、一级、二级、三级 4 个等级；专业承包序列设有 36 个类别，一般分为一级、二级、三级 3 个等级；施工劳务序列不分类别和等级。我国建筑业企业承包工程范围见表 1-2。

（1）下列企业资质由国务院住房城乡建设主管部门许可：

① 施工总承包资质序列特级资质、一级资质及铁路工程施工总承包二级资质；

② 公路、水运、水利、铁路、民航方面的专业承包一级资质及铁路、民航方面的专业承包二级资质，涉及多个专业的专业承包一级资质。

（2）下列企业资质由企业工商注册所在地省、自治区、直辖市人民政府住房城乡建设主管部门许可：

① 施工总承包资质序列二级资质及铁路、通信工程施工总承包三级资质；

② 专业承包资质序列一级资质（不含公路、水运、水利、铁路、民航方面的专业承包一级资质及涉及多个专业的专业承包一级资质）；

③ 专业承包资质序列二级资质（不含铁路、民航方面的专业承包二级资质），铁路方面的专业承包三级资质及特种工程专业承包资质。

表1-2 我国建筑业企业承包工程范围

企业类型	等级	承包工程范围
施工总承包序列（以建筑工程施工总承包为例）	特级	可承担各级工程的工程总承包、施工总承包和项目管理业务
	一级	可承担单项合同额不超过企业注册资本金5倍的下列建筑工程的施工：① 高度200 m以下的工业、民用建筑工程；② 高度240 m以下的构筑物工程
	二级	可承担下列建筑工程的施工：① 高度100 m以下的工业、民用建筑工程；② 高度120 m以下的构筑物工程；③ 建筑面积40000 m^2 以下的单体工业、民用建筑工程；④ 单跨跨度39米以下的建筑工程
	三级	可承担下列建筑工程的施工：① 高度50 m以下的工业、民用建筑工程；② 高度70 m以下的构筑物工程；③ 建筑面积12000 m^2以下的单体工业、民用建筑工程；④ 单跨跨度27米以下的建筑工程
专业承包序列（以地基基础工程专业承包为例）	一级	可承担各类地基基础工程施工
	二级	可承担下列工程的施工：① 高度100 m以下的工业、民用建筑工程和高度120 m以下的构筑物的地基基础工程；② 深度不超过24米的刚性桩复合地基处理和深度不超过10米的其他地基处理工程；③ 单桩承受设计荷载5000千牛以下的桩基础工程；④ 开挖深度不超过15米的基坑围护工程
	三级	可承担下列工程的施工：① 高度50 m以下的工业、民用建筑工程和高度70 m以下的构筑物的地基基础工程；② 深度不超过18米的刚性桩复合地基处理和深度不超过10米的其他地基处理工程；③ 单桩承受设计荷载3000千牛以下的桩基础工程；④ 开挖深度不超过12米的基坑围护工程
施工劳务序列（不分类别）	不分级	可承担各类施工劳务作业

注：部分省份在省内已逐步取消或明确取消劳务资质，实行备案制。2019年住建部发文明确取消建筑施工劳务资质审批，设立专业作业企业资质，实行告知备案制。

（3）下列企业资质由企业工商注册所在地设区的市人民政府住房城乡建设主管部门许可：

① 施工总承包资质序列三级资质（不含铁路、通信工程施工总承包三级资质）；

② 专业承包资质序列三级资质（不含铁路方面专业承包资质）及预拌混凝土、模板脚手架专业承包资质；

③ 施工劳务资质；

④ 燃气燃烧器具安装、维修企业资质。

经审查合格的企业，由资质管理部门颁发相应等级的建筑业企业资质证书。建筑业企业资质证书分为正本和副本，由国务院住房城乡建设主管部门统一印制，正、副本具备同等法律效力。资质证书有效期为5年。任何单位和个人不得涂改、伪造、出借、转让资质证书，复印的资质证书无效。

注：注：2019年住建部发文明确住建部负责的工程勘察、工程设计、建筑业企业、工程监理企业资质延续审批实行告知承诺制，不再委托各省级住房和城乡建设主管部门实施资质延续审查工作。

3）工程咨询单位资质管理

取消工程咨询单位资格认定行政审批，对工程咨询单位实行告知性备案管理。工程咨询单位的服务范围包括以下各项。

规划咨询：含总体规划、专项规划、区域规划及行业规划的编制。

项目咨询：含项目投资机会研究、投融资策划，项目建议书（预可行性研究）、项目可行性研究报告、项目申请报告、资金申请报告的编制，政府和社会资本合作（PPP）项目咨询等内容。

评估咨询：各级政府及有关部门委托的对规划、项目建议书、可行性研究报告、项目申请报告、资金申请报告、PPP项目实施方案、初步设计的评估，规划和项目中期评价、后评价，项目概预决算审查，以及其他履行投资管理职能所需的专业技术服务。

全过程工程咨询：采用多种咨询方式组合，为项目决策、实施和运营持续提供局部或整体解决方案以及管理服务。

4）工程监理、工程造价企业资质管理

工程监理企业的资质等级划分为甲级、乙级和丙级三个级别。丙级监理单位只能监理本地区、本部门的三等工程；乙级监理单位只能监理本地区、本部门的二、三等工程；甲级监理单位可以跨地区、跨部门监理一、二、三等工程。

工程造价咨询机构的资质等级划分为甲级和乙级两个级别。乙级工程造价咨询机构在本省、自治区、直辖市所辖行政区域范围内承接中、小型建设项目的工程造价咨询业务；甲级工程造价咨询机构承担工程的范围和地区不受限制。

注：2018年住建部发文取消了工程建设项目招标代理机构资格认定，同时强调政府和协会将加强事中、事后监管和行业自律。

2. 建筑市场专业人员职业资格管理

职业资格是对从事某一职业所必备的学识、技术和能力的基本要求。职业资格包括从业资格和执业资格。

从业资格是指从事某一专业（工种）所需学识、技术和能力的起点标准。

执业资格是指政府对某些责任较大、社会通用性强、关系公共利益的专业（工种）实行准入控制，是专业技术人员依法独立开业或从事某一特定专业（工种）学识、技术和能力的必备标准。

在建筑市场中，把具有从事工程咨询资格的专业工程师称为专业人士。专业人士在建筑市场管理中起着非常重要的作用，因此对专业人士的资格条件要求很高。目前，我国已经确定的专业人士的种类有建筑师、结构工程师、监理工程师、造价工程师、建造师等，统一由人社部负责组织考试，由建设行政主管部门负责专业人士的注册。各专业技术人员职业资格及设定依据见表 1-3。

表 1-3　专业技术人员职业资格及设定依据

职业资格名称	实施部门(单位)	资格类别	设定依据
注册消防工程师	公安部、人社部	准入类	《中华人民共和国消防法》 《注册消防工程师制度暂行规定》(人社部发〔2012〕56 号) 《注册消防工程师管理规定》(公安部令第 143 号)
注册核安全工程师	环境保护部、人社部	准入类	《中华人民共和国放射性污染防治法》 《注册核安全工程师执业资格制度暂行规定》(人发〔2002〕106 号)
注册建筑师	全国注册建筑师管理委员会及省级注册建筑师管理委员会	准入类	《中华人民共和国建筑法》 《中华人民共和国注册建筑师条例》(国务院令第 184 号) 《建设部、人事部关于建立注册建筑师制度及有关工作的通知》(建设〔1994〕第 598 号) 《国务院关于修改〈建设工程勘察设计管理条例〉的决定》(国务院令第 662 号)
监理工程师	住建部、交通运输部、水利部、人社部	准入类	《中华人民共和国建筑法》 《建设工程质量管理条例》(国务院令第 279 号) 《注册监理工程师管理规定》(建设部令第 147 号) 《公路水运工程监理企业资质管理规定》(交通运输部令 2018 年第 7 号)
房地产估价师	住建部、国土资源部、人社部	准入类	《中华人民共和国城市房地产管理法》 《房地产估价师执业资格制度暂行规定》(建房〔1995〕147 号)
造价工程师	住建部、交通运输部、水利部、人社部	准入类	《中华人民共和国建筑法》 《造价工程师执业资格制度暂行规定》(人发〔1996〕77 号)
注册城乡规划师	住建部、人社部、中国城市规划协会	准入类	《中华人民共和国城乡规划法》 《注册城乡规划师职业资格制度规定》(人社部规〔2017〕6 号)
建造师	住建部、人社部	准入类	《中华人民共和国建筑法》 《注册建造师管理规定》(建设部令第 153 号) 《建造师执业资格制度暂行规定》(人发〔2002〕111 号)
勘察设计注册工程师：注册结构工程师	住建部、人社部	准入类	《中华人民共和国建筑法》 《国务院关于修改〈建设工程勘察设计管理条例〉的决定》(国务院令第 662 号) 《勘察设计注册工程师管理规定》(建设部令第 137 号) 《注册结构工程师执业资格制度暂行规定》(建设字第 222 号)

续表

职业资格名称		实施部门(单位)	资格类别	设定依据
勘察设计注册工程师	注册土木工程师	住建部、交通运输部、水利部、人社部	准入类	《中华人民共和国建筑法》 《国务院关于修改〈建设工程勘察设计管理条例〉的决定》(国务院令第662号) 《勘察设计注册工程师管理规定》(建设部令第137号) 《注册土木工程师(岩土)执业资格制度暂行规定》(人发〔2002〕35号) 《注册土木工程师(水利水电工程)制度暂行规定》(国人部发〔2005〕58号) 《注册土木工程师(港口与航道工程)执业资格制度暂行规定》(人发〔2003〕27号) 《勘察设计注册土木工程师(道路工程)制度暂行规定》(国人部发〔2007〕18号)
	注册化工工程师	住建部、人社部		《中华人民共和国建筑法》 《国务院关于修改〈建设工程勘察设计管理条例〉的决定》(国务院令第662号) 《勘察设计注册工程师管理规定》(建设部令第137号) 《注册化工工程师执业资格制度暂行规定》(人发〔2003〕26号)
	注册电气工程师			《中华人民共和国建筑法》 《国务院关于修改〈建设工程勘察设计管理条例〉的决定》(国务院令第662号) 《勘察设计注册工程师管理规定》(建设部令第137号) 《注册电气工程师执业资格制度暂行规定》(人发〔2003〕25号)
	注册公用设备工程师			《中华人民共和国建筑法》 《国务院关于修改〈建设工程勘察设计管理条例〉的决定》(国务院令第662号) 《勘察设计注册工程师管理规定》(建设部令第137号) 《注册公用设备工程师执业资格制度暂行规定》(人发〔2003〕24号)
	注册环保工程师	住建部、环境保护部、人社部		《中华人民共和国建筑法》 《国务院关于修改〈建设工程勘察设计管理条例〉的决定》(国务院令第662号) 《勘察设计注册工程师管理规定》(建设部令第137号) 《注册环保工程师制度暂行规定》(国人部发〔2005〕56号)
	注册石油天然气工程师	住建部、人社部		《中华人民共和国建筑法》 《国务院关于修改〈建设工程勘察设计管理条例〉的决定》(国务院令第662号) 《勘察设计注册工程师管理规定》(建设部令第137号) 《勘察设计注册石油天然气工程师制度暂行规定》(国人部发〔2005〕84号)

续表

<table>
<tr><th colspan="2">职业资格名称</th><th>实施部门(单位)</th><th>资格类别</th><th>设定依据</th></tr>
<tr><td rowspan="3">勘察设计注册工程师</td><td>注册冶金工程师</td><td rowspan="3">住建部、人社部</td><td rowspan="3">准入类</td><td>《中华人民共和国建筑法》
《国务院关于修改〈建设工程勘察设计管理条例〉的决定》(国务院令第662号)
《勘察设计注册工程师管理规定》(建设部令第137号)
《勘察设计注册冶金工程师制度暂行规定》(国人部发〔2005〕85号)</td></tr>
<tr><td>注册采矿/矿物工程师</td><td>《中华人民共和国建筑法》
《国务院关于修改〈建设工程勘察设计管理条例〉的决定》(国务院令第662号)
《勘察设计注册工程师管理规定》(建设部令第137号)
《勘察设计注册采矿/矿物工程师制度暂行规定》(国人部发〔2005〕86号)</td></tr>
<tr><td>注册机械工程师</td><td>《中华人民共和国建筑法》
《国务院关于修改〈建设工程勘察设计管理条例〉的决定》(国务院令第662号)
《勘察设计注册工程师管理规定》(建设部令第137号)
《勘察设计注册机械工程师制度暂行规定》(国人部发〔2005〕87号)</td></tr>
<tr><td colspan="2">注册设备监理师</td><td>质检总局、人社部</td><td>准入类</td><td>《国务院对确需保留的行政审批项目设定行政许可的决定》(国务院令第412号)
《注册设备监理师执业资格制度暂行规定》(国人部发〔2003〕40号)</td></tr>
<tr><td colspan="2">注册安全工程师</td><td>安全监管总局、人社部</td><td>准入类</td><td>《中华人民共和国安全生产法》
《注册安全工程师执业资格制度暂行规定》(人发〔2002〕87号)</td></tr>
<tr><td colspan="2">工程咨询(投资)专业技术人员职业资格</td><td>国家发展改革委、人社部、中国工程咨询协会</td><td>水平评价类</td><td>《工程咨询(投资)专业技术人员职业资格制度暂行规定》(人社部发〔2015〕64号)</td></tr>
</table>

任务3 建设工程交易中心

建设工程交易中心是我国建设市场有形化的管理方式。把所有代表国家或国有企事业单位投资的业主请进建设工程交易中心进行招标，并设置专门的监督机构，这是我国解决国有建设项目交易透明度差的问题和加强建筑市场管理的一种独特方式。

一、建设工程交易中心的性质与基本职能

图 1-1　建设工程交易中心

1. 建设工程交易中心的性质

建设工程交易中心(见图 1-1)是服务性机构,是独立法人机构,不是政府管理部门,也不是政府授权的监督机构,本身并不具备监督管理职能。但建设工程交易中心又不是一般意义上的服务机构,其设立需得到政府或政府授权主管部门的批准,并非任何单位和个人可随意成立的。它不以营利为目的,旨在为建立公开、公正、平等竞争的招标制度服务,只可经批准收取一定的服务费,工程交易行为不能在场外发生。

2. 建设工程交易中心的基本职能

(1) 贯彻执行建筑市场和建设工程管理的法律、法规和规章,按照交易规则及时收集及发布信息。

(2) 为进场交易各方提供服务。

(3) 配合进场各部门调节交易过程中发生的纠纷。

(4) 向政府有关部门汇报活动中发现的违法违纪行为。

(5) 负责建设工程交易活动中产生的有关资料、原始记录的保存。

二、建设工程交易中心的基本功能

我国的建设工程交易中心是按照三大功能,即场所服务、信息服务和集中办公功能构建的。

1. 场所服务功能

建设工程交易中心必须为工程承、发包交易双方包括建设工程的招标、评标、定标、合同谈判等提供设施和场所服务。因此,建设工程交易中心应具备信息发布大厅、洽谈室、开标室、会议室及相关设施,以满足业主和承包商、分包商、设备材料供应商之间的交易需要。同时,要为政府有关管理部门集中办公,办理有关手续和依法监督招标投标活动提供场所服务。

2. 信息服务功能

建设工程交易中心的信息服务功能包括收集、存储和发布各类工程信息、法律法规、造价信息、建材价格、承包商信息、咨询单位和专业人士信息等。在设施上配备有大型电子墙、计算机网络工作站,为承发包交易提供广泛的信息服务。

3. 集中办公功能

由于众多建设项目要进入有形建筑市场进行报建、招标投标交易和办理有关批准手续,

这就要求建设行政主管部门的各职能机构需进驻建设工程交易中心集中办公，公布各自的办事制度和程序，及时办理有关审批手续并进行管理。这使得各行政主管部门既能按照各自的职责依法对建设工程交易活动实施有力监督，又方便办事，有利于提高工作效率。集中办公的内容包括工程报建、招标登记、承包商资质审查、合同登记、质量报监、施工许可证发放等。

三、建设工程交易中心的运行原则和运作程序

1. 建设工程交易中心的运行原则

为了保证建设工程交易中心有良好的运行秩序，能充分发挥市场功能，必须坚持市场运行的一些基本原则。

1）信息公开原则

建设工程交易中心必须充分掌握政策法规，工程发包、承包商和咨询单位的资质，造价指数，招标规则，评标标准，专家评委库等各项信息，并保证市场各方主体都能及时获得所需要的信息资料。

2）依法管理原则

建设工程交易中心应严格按照法律、法规开展工作，尊重建设单位依照法律规定选择投标单位和选定中标单位的权利。尊重符合资质条件的建筑企业提出的投标要求和接受邀请参加投票的权利。任何单位和个人不得非法干预交易活动的正常进行。监察机关应当进驻建设工程交易中心实施监督。

3）公平竞争原则

建立公平竞争的市场秩序是建设工程交易中心的一项重要原则。进驻的有关行政监督管理部门应严格监督招标、投标单位的行为，防止行业、部门垄断和不正当竞争，不得侵犯参与交易活动各方的合法权益。

4）属地进入原则

按照我国有形建筑市场的管理规定，建设工程交易实行属地进入。每个城市原则上只能设立一个建设工程交易中心，特大城市可以根据需要设立区域性分中心，在业务上受中心领导。对于跨省、自治区、直辖市的铁路、公路、水利等工程，可在政府有关部门的监督下，通过项目法人组织招标投标。

5）办事公正原则

建设工程交易中心是政府建设行政主管部门批准建立的服务性机构，须配合进驻的各行政管理部门做好相应的工程交易活动管理和服务工作。要建立监督制约机制，公开办事规则和程序，制定完善的规章制度和工作人员守则，发现建设工程交易活动中的违法行为应当向政府有关管理部门报告，并协助进行处理。

2. 建设工程交易中心的运作程序

(1) 拟建工程经批准立项后，到交易中心办理报建备案手续；

(2) 由招标监督部门根据有关规定确认招标方式，核定工程类别；

(3) 对建设单位的资格进行审查,不符合要求则委托招标代理机构;
(4) 公开发布项目招标公告;
(5) 勘查、设计、施工、监理以及工程有关的重要设备、材料等的招标投标程序;
(6) 开标、评标、定标;
(7) 建设单位与中标单位签订合同;
(8) 进行质量、安全监督登记,领取建设工程施工许可证,缴纳有关工程前期费用。

专项实训:认识建设工程交易中心

参观当地建设工程交易中心,使学生对建设工程交易中心的功能建立感性认识,为招标综合能力训练和从事招标投标相关工作奠定基础。

1. 实践目的

通过参观,体验建设工程交易活动的过程,使学生熟悉建设工程交易中心的机构设置、功能划分及建设项目招标工作的程序,了解我国建筑交易市场的运作模式,提高建筑交易的认知能力。

2. 实践方式

参观、调研当地建设工程交易中心。具体步骤如下。

(1) 集中活动:由老师带队,请建设工程交易中心工作人员介绍基本情况,使学生对中心有基本了解。

(2) 分组活动:学生 5~6 人一组,由推选的组长负责组织,通过问询、请教、调查收集相关资料,了解交易中心的具体功能划分、机构设置,掌握建设项目招标工作的程序。

3. 实践内容和要求

(1) 认真回答相关问题:
① 建设工程交易中心的机构设置是怎样的?
② 建设工程交易中心的基本功能有哪些?
(2) 完成调研报告,并附相关照片。

项目小结

市场的概念有广义和狭义之分,狭义的市场是指商品交换的场所,是有形市场;广义的市场为商品交换关系的总和,包括有形市场和无形市场。

建筑市场是以建筑产品承发包交易活动为主要内容的市场,是市场体系中的重要组成部分,却又不同于其他市场。建筑市场的主体包括发包人、承包人以及各种中介机构等;建筑市场的客体包括有形的建筑产品(建筑物、构筑物)和无形的建筑产品(咨询、监理等各种智力型服务)。

建设工程交易中心是政府或政府授权主管部门批准设立的非一般意义上的服务机构，是保障建筑市场公开、公正、公平交易，维护建筑市场秩序，确保建设工程质量的有形建筑市场。

建筑市场中的资质管理是对从业企业的资质管理和对专业人士的资格管理。

习题

一、选择题

1. 项目建设程序的各项工作必须遵循先后次序。下列工作阶段顺序正确的是（　　）。
   ① 勘察设计阶段②策划决策阶段③建设准备阶段④考核评价阶段⑤竣工验收阶段⑥施工阶段
   A. ①②③④⑥⑤　　B. ②①③⑥⑤④　　C. ①②③④⑤⑥　　D. ②①⑥③⑤④
2. 下列哪项不属于建设准备阶段的工作？（　　）
   A. 组织材料、设备订货　　B. 办理建设工程质量监督手续
   C. 组织施工招标　　D. 工程试车
3. 下列哪项不属于市场主体？（　　）
   A. 商品生产者　　B. 商品消费者　　C. 生活资料　　D. 中介机构
4. 《中华人民共和国建筑法》规定，对从事建筑活动的建筑施工企业实行资质管理。其中施工总承包序列分为（　　）个等级。
   A. 一　　B. 二　　C. 三　　D. 四
5. 下列哪项不正确？（　　）
   A. 施工总承包序列设有 12 个类别，一般分为特级、一级、二级、三级 4 个等级
   B. 专业承包序列设有 36 个类别，一般分为一级、二级、三级 3 个等级
   C. 工程监理企业的资质等级分为甲级、乙级、丙级和丁级 4 个级别
   D. 施工劳务序列不分类别和等级
6. 我国的建设工程交易中心是按照三大功能构建，即（　　）功能。
   A. 招标登记、信息服务、协调管理　　B. 场所服务、信息服务、集中办公
   C. 场所服务、审批手续、集中办公　　D. 场所服务、信息服务、合同登记

二、思考题

1. 简述项目、建设项目的概念、特征。
2. 简述建筑市场的概念、特征。
3. 简述资质管理的内容及相关规定。
4. 简述建设工程交易中心的作用和运作程序。
5. 简述工程项目建设程序。
6. 简述建设工程交易中心的运行原则。
7. 简述建设工程交易中心的职能。
8. 简述建设工程交易中心的基本功能。

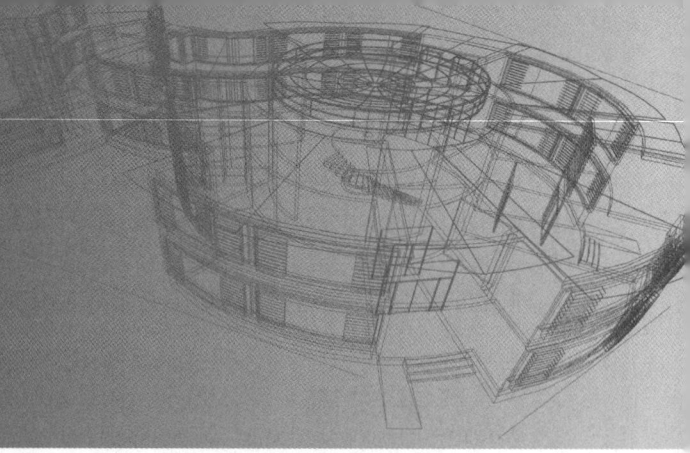

项目 2

建设工程项目招标

能力目标、知识目标

通过学习，了解我国建设工程项目招标基本知识；掌握招标的概念、分类及特点；重点掌握招标的适用范围、招标投标的主体资质、建设工程招标组织形式；掌握建设工程招标的基本工作程序。通过专项实训，提高学生对建设工程招标的综合认知能力。

任务1 建设工程项目招标概述

一、概述

1. 建设工程招标的概念

建设工程招标是指招标人提出条件、要求，在诸多投标人中经过评比，选择信誉可靠、技术能力强、管理水平高、报价合理的单位（设计单位、监理单位、施工单位、供货单位）并与之签订工程建设承包合同的行为。

2. 建设工程招标的目的

通过竞争择优选定项目的勘察、设计、设备安装、施工、装饰装修、材料设备供应、监理和工程总承包等单位，达到保证工程质量、缩短建设周期、控制工程造价、提高投资效益的目的。

3. 建设工程招标的特点

（1）通过竞争机制，实行交易公开。

（2）鼓励竞争、防止垄断、优胜劣汰，实现投资效益。

（3）通过科学合理和规范化的监管制度与运作程序，可有效地杜绝不正之风，保证交易的公平和公正。

4. 建设工程招标投标活动的原则

1）合法原则

合法原则是指建设工程招标投标主体的一切活动，必须符合法律、法规、规章和有关政策的规定。

（1）主体资格要合法。招标人必须具备一定的条件才能自行组织招标，否则只能委托具有相应资格的招标代理机构组织招标，投标人必须具有与其投标的工程相适应的资格等级。

（2）活动依据要合法。招标投标活动应按照相关的法律、法规、规章和政策性文件开展。

（3）活动程序要合法。建设工程招标投标活动的程序必须严格按照有关法规规定的要求进行。当事人不能随意增加或减少招标投标过程中某些法定步骤或环节，更不能颠倒次序、超过时限、任意变通。

（4）对招标投标活动的管理和监督要合法。建设工程招标投标管理机构必须依法监管、依法办事，不能越权干预招（投）标人的正常行为或对招（投）标人的行为进行包办代替，也不能懈怠职责、玩忽职守。

2）公开原则

公开原则是指招标投标活动应有较高的透明度，具体表现为建设工程招标投标信息公开、条件公开、程序公开和结果公开。公开原则的意义在于使每一个投标人获得同等的信息，知悉招标的一切条件和要求，避免“暗箱操作”。

3）公平原则

公平原则要求招标人或评标委员会严格按照规定的条件和程序办事，平等地对待每一个投标竞争者，不得对不同的投标竞争者采用不同的标准。招标人不得以任何方式限制或者排斥本地区、本系统以外的法人或者其他组织参加投标。

4）公正原则

公正原则是指招投标活动要按照招标文件中的统一标准实事求是地进行评标和决标，不偏袒任何一方。

5）诚实信用原则

诚实信用原则是指招标投标当事人应以诚实、守信的态度行使权利，履行义务，以保护双方的利益。诚实是指真实合法，不可用歪曲或隐瞒真实情况的手段去欺骗对方。信用是指遵守承诺，履行合同，不弄虚作假，损害他人、国家和集体的利益。

5. 招标投标的起源与发展

采用招标投标交易方式在国外已有 200 年的历史，始于 18 世纪末和 19 世纪初的西方资本主义国家。1782 年，英国政府首先设立文具公用局，负责采购政府部门所需办公用品。该局在设立之初就规定了招标投标的程序。1803 年，英国政府公布法令推行招标承包制。1861 年，美国又出台一项联邦法案，规定超过一定金额的联邦政府采购，都必须采取公开招标的方式，并要求每项采购至少要有三个投标人。1868 年，美国国会通过立法确立了公开开标和公开授予合同的程序。

我国采用招标投标交易方式起步较晚。

民国时期，1918 年《汉口新闻报》刊登了汉阳铁厂的两项扩建工程的招标公告。1929 年，武汉市采办委员会曾公布招标规则，规定公有建筑或一次采购物料在 3000 元以上者，均须通过招标决定承办厂商。这些都是我国招投标活动的雏形，也是对招投标制度的最初探索。而改革开放以后才正式兴起招投标活动。

1980 年开始，上海、广东、福建、吉林等省、直辖市开始试行工程招标投标。1984 年，国务院决定改革单纯用行政手段分配建设任务的老办法，实行招标投标制，并制定和颁布了相应的法规，随后便在全国得到了进一步推广。

1999 年 8 月 30 日第九届全国人民代表大会常务委员会第十一次会议通过了《中华人民共和国招标投标法》，并于 2000 年 1 月 1 日起施行。

2002 年 6 月 29 日第九届全国人民代表大会常务委员会第二十八次会议通过了《中华人民共和国政府采购法》。

2011 年 11 月 30 日国务院第 183 次常务会议通过了《中华人民共和国招标投标法实施条例》，自 2012 年 2 月 1 日起施行。

二、建设工程项目招标范围

对于工程建设项目的招标范围，我国在2000年1月1日起施行的《中华人民共和国招标投标法》中规定："在中华人民共和国境内进行下列工程建设项目的勘察、设计、施工、监理以及与工程建设有关的重要设备、材料等的采购，必须进行招标。"

经国务院批准，国家发展和改革委员会于2018年3月27日以2018年第16号令公布了《必须招标的工程项目规定》，自2018年6月1日起施行；6月6日印发了《必须招标的基础设施和公用事业项目范围规定》(发改法规〔2018〕843号)，自2018年6月6日起施行。对必须招标的工程建设项目的具体范围和规模做了新的规定。

1. 必须招标的建设工程项目

(1) 全部或者部分使用国有资金投资或者国家融资的项目：

① 使用预算资金200万元人民币以上，并且该资金占投资额10%以上的项目；

② 使用国有企业事业单位资金，并且该资金占控股或者主导地位的项目。

(2) 使用国际组织或者外国政府贷款、援助资金的项目：

① 使用世界银行、亚洲开发银行等国际组织贷款、援助资金的项目；

② 使用外国政府及其机构贷款、援助资金的项目。

(3) 不属于(1)、(2)条规定情形的大型基础设施、公用事业等关系社会公共利益、公众安全的项目，必须招标的具体范围由国务院发展改革部门会同国务院有关部门按照确有必要、严格限定的原则制订，报国务院批准。

① 煤炭、石油、天然气、电力、新能源等能源基础设施项目；

② 铁路、公路、管道、水运，以及公共航空和A1级通用机场等交通运输基础设施项目；

③ 电信枢纽、通信信息网络等通信基础设施项目；

④ 防洪、灌溉、排涝、引(供)水等水利基础设施项目；

⑤ 城市轨道交通等城建项目。

2. 必须招标的项目的规模标准

以上第1条规定范围内的项目，其勘察、设计、施工、监理以及与工程建设有关的重要设备、材料等的采购达到下列标准之一的，必须招标：

(1) 施工单项合同估算价在400万元人民币以上；

(2) 重要设备、材料等货物的采购，单项合同估算价在200万元人民币以上；

(3) 勘察、设计、监理等服务的采购，单项合同估算价在100万元人民币以上。

同一项目中可以合并进行的勘察、设计、施工、监理以及与工程建设有关的重要设备、材料等的采购，合同估算价合计达到前款规定标准的，必须招标。

3. 可不参加招标的建设项目范围

(1) 以上1、2条规定之外的建设项目。

(2) 原招标投标法及其实施条例关于不进行项目招标的情况的规定如下。

《中华人民共和国招标投标法》第66条规定：涉及国家安全、国家秘密、抢险救灾或者属于利用扶贫资金实行以工代赈、需要使用农民工等特殊情况，不适宜进行招标的项目，按照国家有关规定可以不进行招标。

《中华人民共和国招标投标法实施条例》第 9 条规定，除招标投标法第 66 条规定的可以不进行招标的特殊情况外，有下列情形之一的，可以不进行招标：

① 需要采用不可替代的专利或者专有技术；

② 采购人依法能够自行建设、生产或者提供；

③ 已通过招标方式选定的特许经营项目投资人依法能够自行建设、生产或者提供；

④ 需要向原中标人采购工程、货物或者服务，否则将影响施工或者功能配套要求；

⑤ 国家规定的其他特殊情形。

（3）国务院有关部委也对可以不招标的情况作了规定。

按照《建设项目申报材料增加招标内容以及核准招标事项暂行规定》第 5 条规定，属于下列情况之一的建设项目可以不进行招标，但必须在报送可行性研究报告中提出不招标申请，并说明不招标原因：

① 涉及国家安全、国家秘密、抢险救灾或者属于利用扶贫资金实行以工代赈、需要使用农民工等特殊情况，不适宜进行招标；

② 建设项目的勘察、设计，采用不可替代的专利或者专有技术的，或者其建筑艺术造型有特殊要求的；

③ 承包商、供应商或者服务提供者少于三家，不能形成有效竞争的；

④ 国家规定的其他特殊情形。

按照《工程建设项目施工招标投标办法》第 12 条规定，需要审批的工程建设项目，有下列情形之一的，经审批部门批准，可以不进行施工招标：

① 涉及国家安全、国家秘密、抢险救灾或者属于利用扶贫资金实行以工代赈需要使用农民工等特殊情况，不适宜进行招标；

② 施工主要技术采用不可替代的专利或者专有技术；

③ 已通过招标方式选定的特许经营项目投资人依法能够自行建设；

④ 采购人依法能够自行建设；

⑤ 在建工程追加的附属小型工程或者主体加层工程，原中标人仍具备承包能力，并且其他人承担将影响施工或者功能配套要求；

⑥ 国家规定的其他情形。

4. 法律责任

《中华人民共和国招标投标法》规定，必须进行招标的项目而不招标的，将必须进行招标的项目化整为零或者以其他任何方式规避招标的，责令限期改正，可以处项目合同金额千分之五以上千分之十以下的罚款；对全部或者部分使用国有资金的项目，可以暂停项目执行或者暂停资金拨付；对单位直接负责的主管人员和其他直接责任人员依法给予处分。

三、建设工程项目招标代理

1. 建设工程项目招标应具备的条件

招标项目按照国家有关规定需要履行项目审批手续的，应当先履行审批手续，取得批准。招标人应当有进行招标项目的相应资金或者资金来源已经落实，并在招标文件中如实载明。

依法必须招标的工程建设项目，应当具备下列条件：

(1) 招标人已经依法成立。

(2) 初步设计及概算应当履行审批手续的，已经被批准。

(3) 有相应资金或资金来源已经落实。

(4) 有招标所需的设计图纸及技术资料。

2. 自行招标

招标人具有编制招标能力和条件的，可以自行办理招标事宜，向有关行政监督部门进行备案即可，任何单位和个人不得强制其委托招标代理机构办理招标事宜。

招标人自行办理招标事宜，应当具有编制招标文件和组织评标的能力，具体包括以下几点：

(1) 具有项目法人资格(或者法人资格)。

(2) 具有与招标项目规模和复杂程度相适应的工程技术、概预算、财务和工程管理等方面的专业技术力量。

(3) 有从事同类工程建设项目招标的经验。

(4) 设有专门的招标机构或者拥有3名以上专职招标业务人员。

(5) 熟悉和掌握《中华人民共和国招标投标法》及有关法规规章。

不具备上述(2)～(5)项条件的，须委托招标代理机构代理招标。

如建设单位具备自行招标的条件，也可以委托招标代理机构代理招标。

3. 委托招标代理机构组织招标

建设工程招标代理是指工程建设单位将建设工程招标事务委托给具有相应资质的中介服务机构，由该中介服务机构在招标人委托授权的范围内，以招标人的名义独立组织建设工程招标活动，并由建设单位接受招标活动的具有法律效力的一种制度。代替他人进行建设工程招标活动的中介服务机构，称为招标代理机构。

1) 招标代理机构的性质

招标代理机构属于中介服务机构。

中介服务机构是指受当事人委托，向当事人提供有偿服务，以代理人的身份为委托方(即被代理人)与第三方进行某种经济行为的社会组织。如咨询监理公司、会计师事务所、资产评估公司都属于中介服务机构。

2) 招标代理机构应具备的条件

(1) 依法设立的中介组织。

(2) 与行政机关和其他国家机关没有行政隶属关系或其他利益关系。

(3) 有固定的营业场所和开展工程招标代理业务所需设施及办公条件。

(4) 有健全的组织机构和内部管理的规章制度。

(5) 具备编制招标文件和组织评标的相应的专业力量。

(6) 法律、法规规定的其他条件。

4. 工程招标代理机构的特征

工程招标代理机构的特征有如下几点。

(1) 代理人必须以被代理人(招标人或投标人)的名义办理招标或投标事务。

(2) 工程招标代理机构提供的是代理服务,代理行为的法律效果由被代理人承担。

(3) 招标代理是一种自愿行为。

(4) 招标代理机构的行为必须符合代理委托授权范围。委托代理招标必须签订书面委托代理合同。所谓委托代理合同,是指招标人委托招标代理机构处理招标事务,招标代理机构接受委托的协议。

(5) 招标代理人应具有独立意思表示的职能。

任务 2 建设工程招标方式

一、建设工程招标的主要类别

1. 按建设阶段分类

工程项目建设过程可分为建设决策阶段、勘察设计阶段和施工阶段。因而按工程项目建设程序,招标可分为项目可行性研究招标,勘察、设计招标和施工招标等类型。

(1) 项目可行性研究招标。这种招标是建设单位为选择科学、合理的投资开发建设方案,为进行项目的可行性研究,通过投标竞争寻找满意的咨询单位。中标人最终的工作成果是项目的可行性研究报告。

(2) 勘察、设计招标。勘察、设计招标指根据批准的可行性研究报告,择优选定承担项目勘察、方案设计或扩初的勘察、设计单位的招标。勘察和设计是两种不同性质的工作,可由勘察单位和设计单位分别完成,也可由具有勘察资质的设计单位独家承担。施工图设计可由方案设计或扩初设计中标单位承担,一般不再进行单独招标。

(3) 建设监理招标。工程施工招标前一般要首先选定建设监理单位。对于依法必须招标的工程建设项目的建设监理单位,必须通过招标确定。

(4) 施工招标。在工程项目的初步设计或施工图设计完成后,用招标的方式选择施工单位的招标。

2. 按承包范围分类

按承包范围分类,建设工程招标可分为:

(1) 项目总承包招标,即选择项目总包人的招标。这种招标又可分为两种类型:其一是指工程项目实施阶段的全过程招标;其二是指工程项目建设全过程的招标。前者是在设计任务书完成后，从项目勘察、设计到交付使用进行一次性招标。后者则是从项目的可行性研究到交付使用进行一次性招标。建设单位提出项目投资和使用要求及竣工、交付使用期限，项目的可行性研究、勘察设计、材料和设备采购、施工安装、生产准备和试生产、交付使用均由一个总承包商负责承包，即所谓的“交钥匙工程”。

(2) 施工总承包招标。由于我国设计与施工是分开管理的，因而建设工程招标往往是施工过程的总承包招标，与国际惯例所指的总承包尚有相当大的差距。

(3) 专项工程承包招标指在工程承包招标中，对其中某项比较复杂、专业性强、施工和制作要求特殊的单项工程进行单独招标。

3. 按工程专业分类

按照工程专业分类，常见的施工招标有房建工程施工招标、市政工程施工招标、交通工程施工招标、水利工程施工招标等。房建工程施工招标又可以分为土建工程施工招标、安装工程施工招标和装饰工程施工招标等。

4. 按是否涉外分类

按照工程是否具有涉外因素，可以将建设工程招标分为国内工程招标和国际工程招标。国际工程招标又可分为在国内建设的外资项目招标，国外设计、施工企业参与竞争的国内建设项目招标，以及国内设计、施工企业参加的国外项目招标等。

5. 按建设项目组成分类

按照建设项目组成，建设工程招标可分为建设项目招标、单项工程招标、单位工程招标、分部分项工程招标等。

二、建设工程项目招标的主要形式

《中华人民共和国招标投标法》明确规定，招标方式分为公开招标和邀请招标。目前，国内外建筑市场使用的招标形式主要有公开招标、邀请招标和议标等。

1. 公开招标

公开招标，又称“无限竞争性招标”，是指招标人通过报纸、广播、电视、信息网络等大众媒体，向社会公开发布招标公告，凡对此招标项目感兴趣并符合规定条件的不特定的承包商，都可自愿参加竞标的一种工程发包方式。

公开招标是最具竞争性的招标方式，也是所需费用最高、花费时间最长的招标方式。国际和国内工程通常所说的招标都是指公开招标。

优点：有利于开展真正意义上的竞争，最充分地展示公开、公正、公平竞争的招标原则，防止和克服垄断；能有效地促使承包商在增强竞争实力上修炼内功，努力提高工程质量，缩短工期，降低造价，求得节约和效率，创造最合理的利益回报；有利于防范招标投标活动操作人员和监督人员的舞弊现象。

缺点：参加竞争的投标人越多，每个参加者中标的概率越小，白白损失投标费用的风险也越大；招标人审查投标人资格、投标文件的工作量比较大，耗费的时间长，招标费用支出也比较多；参与投标的人数不确定，资料难以准备。

2. 邀请招标

邀请招标，又称“有限竞争性招标”或“选择性招标”，是指招标人根据自己的经验和掌握的信息资料，向被认为有能力承担工程任务的，经预先选择的特定的承包商发出邀请书，要求他们参加工程的投标竞争。

被邀请的投标人通常要具备以下几个因素：

(1) 该单位有与该项目相对应的资质，并且有足够的力量承担招标工程的任务。

(2) 该单位近期成功地承包过与招标工程类似的项目，有较丰富的经验。

(3) 该单位的技术装备、劳动者素质、管理水平等均应符合招标工程的要求。

(4) 该单位当前和过去的财务状况良好。

(5) 该单位有较好的信誉。

优点：目标集中，招标的组织工作较容易，工作量较小；投标人一般 3～5 家，评标工作量减少；邀标程序简化，耗费时间缩短；减小了合同履行过程中承包方违约的风险。

缺点：参加的投标人少，竞争性差，选择范围小；若选择单位前信息掌握不充分，则会失去发现最适合的承包商的机会。

注：《中华人民共和国招标投标法》第 11 条规定，国务院发展计划部门确定的国家重点项目和省、自治区、直辖市人民政府确定的地方重点项目不适宜公开招标的，经国务院发展计划部门或者省、自治区、直辖市人民政府批准，可以进行邀请招标。

《中华人民共和国招标投标法实施条例》第 8 条规定，国有资金占控股或者主导地位的依法必须进行招标的项目，应当公开招标；但有下列情形之一的，可以邀请招标：

(1) 技术复杂、有特殊要求或者受自然环境限制，只有少量潜在投标人可供选择；

(2) 采用公开招标方式的费用占项目合同金额的比例过大。

3. 议标

议标，又称“谈判招标”或“指定招标”，是指由招标人根据自己的经验和掌握的信息资料，邀请不少于 2 家的承包商，直接与承包商进行合同谈判并达成交易的一种方式。通常是在非公开状态下采取谈判方式进行。由于承包商在谈判前一般就明确候选人，不存在竞争对手，因此也被称为“非竞争性招标”。

既然议标不具有竞争性，也就无法进行行政监督，极易产生钱权交易。所以这种招标采购方式存在的问题和弊病较多，已在《中华人民共和国招标投标法》中取消。但是在实际实施过程中议标又是存在的，如果能够做到为了合同目标的实现，而直接选择合格的、有经验的、有实力和能力且标价合理的承包商，也就达到了招标的目的。

优点：节省时间，易达成协议，工作开展迅速，保密性好。

缺点：竞争性差，无法获得有竞争力的报价。

任务 3 建设工程施工招标程序

建设工程施工招标程序主要是指招标工作在时间和空间上应遵循的先后顺序。招投标是一个整体活动，招标作为整体活动的一部分主要是从业务角度揭示其工作内容，但同时又须注意招标与投标活动的关联性，不能将两者割裂开来。

建设工程施工项目公开招标的程序可分为 6 大步骤，即建设工程项目报建；编制招标文件；投标人资格预审；发售招标文件；开标、评标与定标；签订合同。建设工程施工公开招标工作程序如图 2-1 所示。

招标程序也可划分为招标准备阶段、招标投标阶段、定标签约阶段三个阶段。

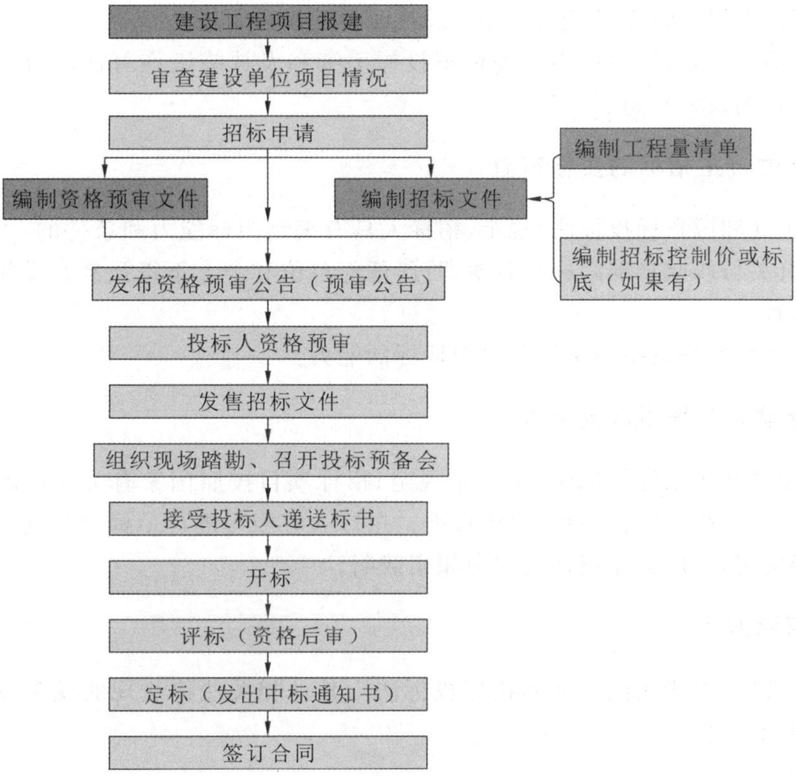

图 2-1　建设工程施工公开招标工作程序

一、招标准备阶段

招标前的准备工作由招标人独立完成，主要工作包括如下几项。

1. 确定招标范围

工程建设招标可分为工程建设总承包招标或全过程总体招标，或者其中某个阶段的招标，又或是某个阶段中某一专项的招标。

注：《中华人民共和国招标投标法实施条例》第 24 条规定，招标人对招标项目划分标段的，应当遵守招标投标法的有关规定，不得利用划分标段限制或者排斥潜在投标人。依法必须进行招标的项目的招标人不得利用划分标段规避招标。

2. 工程项目报建

(1) 建设工程项目获得立项批准文件或者列入国家投资计划后，应按规定到工程所在地的建设行政主管部门办理工程报建手续。

(2) 工程建设项目报建范围：各类房屋建筑、土木工程、设备安装、管道线路敷设、装饰装修等固定资产投资的新建、扩建、改建以及技改等建设项目。

凡未报建的工程建设项目，不得办理招投标手续和发放施工许可证，设计、施工单位不得承接该项工程的设计和施工任务。

3. 建设单位自主招标的资格审查

《中华人民共和国招标投标法》规定，招标人具有编制招标能力和条件的，可以自行办理招标事宜，向有关行政监督部门进行备案即可，任何单位和个人不得强制其委托招标代理机构办理招标事宜。

招标人应当具有编制招标文件和组织评标的能力。

4. 拟招标建设工程项目的审查

《中华人民共和国招标投标法》第 9 条规定，招标项目按照国家有关规定需要履行项目审批手续的，应当先履行审批手续，取得批准。招标人应当有进行招标项目的相应资金或者资金来源已经落实，并应当在招标文件中如实载明。

5. 选择招标方式

招标人应按照《中华人民共和国招标投标法》、其他相关法律法规的规定以及建设项目的特点确定招标方式。

6. 编制资格预审文件、招标文件

编制依法必须进行招标的项目的资格预审文件和招标文件，应当使用国务院发展改革部门会同有关行政监督部门制定的标准文本。

招标人编制的资格预审文件、招标文件的内容违反法律、行政法规的强制性规定，违反公开、公平、公正和诚实信用原则，影响资格预审结果或者潜在投标人投标的，依法必须进行招标的项目的招标人应当在修改资格预审文件或者招标文件后重新招标。

二、招标投标阶段

1. 发布招标公告(资格预审公告)或投标邀请书

招标公告的作用在于使潜在投标人获得招标信息,以便进行项目筛选,确定是否参与竞争。

公开招标的项目应当依照招标投标法和实施条例的规定发布招标公告。招标人采用资格预审办法对潜在投标人进行资格审查的,应当发布资格预审公告。

(1) 依法必须进行招标的项目的资格预审公告或招标公告,应当依法在指定的媒介发布。在不同媒介发布的同一招标项目的资格预审公告或招标公告的内容应当一致。

发布媒介应当免费提供依法必须招标项目的招标公告发布服务,并允许社会公众和市场主体免费、及时查阅前述招标公告的完整信息。

(2) 依法必须招标项目的资格预审公告和招标公告,应当载明以下内容:

① 招标项目名称、内容、范围、规模、资金来源;

② 投标资格能力要求,以及是否接受联合体投标;

③ 获取资格预审文件或招标文件的时间、方式;

④ 递交资格预审文件或投标文件的截止时间、方式;

⑤ 招标人及其招标代理机构的名称、地址、联系人及联系方式;

⑥ 采用电子招标投标方式的,潜在投标人访问电子招标投标交易平台的网址和方法;

⑦ 其他依法应当载明的内容。

(3) 拟发布的招标公告文本应当由招标人或其招标代理机构盖章,并由主要负责人或其授权的项目负责人签名。采用数据电文形式的,应当按规定进行电子签名。

实行邀请招标的工程项目,招标人应当向三个以上具备承担招标项目能力、资信良好的特定法人或其他组织发出投标邀请书。

2. 资格预审文件的发售与递交

1) 资格预审文件的发售

招标人或其招标代理机构应当按照资格预审公告规定的时间、地点发售资格预审文件。资格预审文件的发售期不得少于5日。招标人发售资格预审文件收取的费用应限于补偿印刷、邮寄的成本支出,不得以营利为目的。

2) 资格预审文件的澄清与修改

招标人可以对已发出的资格预审文件进行必要的澄清或者修改。澄清或者修改的内容可能影响资格预审申请文件编制的,招标人应当在提交资格预审申请文件截止时间至少3日前,以书面形式通知所有获取资格预审文件的潜在投标人;不足3日的,招标人应当顺延提交资格预审申请文件的截止时间。

潜在投标人或者其他利害关系人对资格预审文件有异议的,应当在提交资格预审申请文件截止时间2日前提出。招标人应当自收到异议之日起3日内作出答复;在作出答复前,应当暂停招标投标活动。

3) 资格预审申请文件的递交

招标人应当合理确定提交资格预审申请文件的时间。依法必须进行招标的项目提交资格预审申请文件的时间，自资格预审文件停止发售之日起不得少于5日。

3. 资格预审

1）资格审查

资格预审时不得超出资格预审文件规定的评审标准，不得提高资格标准、业绩标准等附加条件以限制或排斥投标申请人，不得对投标申请人实行歧视待遇。国有资金占控股或者主导地位的依法必须进行招标的项目，招标人应当组建资格审查委员会审查资格预审申请文件。资格审查委员会及其成员应当遵守招标投标法和本条例有关评标委员会及其成员的规定。

2）发放合格通知书

资格预审结束后，招标人应当及时向资格预审申请人发出资格预审结果通知书。未通过资格预审的申请人不具有投标资格。通过资格预审的申请人少于3个的，应当重新招标。

招标人采用资格后审办法对投标人进行资格审查的，应当在开标后由评标委员会按照招标文件规定的标准和方法对投标人的资格进行审查。

4. 发售招标文件

1）招标文件的发售

招标人应当按照招标公告规定的时间、地点发售招标文件。招标文件的发售期不得少于5日。

招标人发售招标文件收取的费用应限于补偿印刷、邮寄的成本支出，不得以营利为目的。对于其中的设计文件，招标人可以酌收押金，在确定中标人后，对于退回设计文件的投标人，招标人应当同时将其押金退还。

2）招标文件的澄清或修改

招标人可以对已发出的招标文件进行必要的澄清或者修改。澄清或者修改的内容可能影响投标文件编制的，招标人应当在投标截止时间至少15日前，以书面形式通知所有获取招标文件的潜在投标人；不足15日的，招标人应当顺延提交投标文件的截止时间。

潜在投标人或者其他利害关系人对招标文件有异议的，应当在投标截止时间10日前提出。招标人应当自收到异议之日起3日内作出答复；在作出答复前，应当暂停招标投标活动。

5. 踏勘现场、投标预备会

1）踏勘现场

招标人在投标须知规定的时间内，一般在投标预备会前1～2日组织投标人自费进行现场考察。投标人在踏勘现场中提出的疑问，招标人可以以书面形式答复，也可以在投标预备会口头答复。

2）投标预备会

在招标文件中规定的时间和地点，一般在发出招标文件后7～28日内由招标人主持召开投标预备会，也称标前会议或者答疑会。

6. 投标文件的编制

(1) 根据招标文件的要求编制投标文件，并按照招标文件的要求办理投标担保事宜。

(2) 投标文件应当对招标文件有关工期、投标有效期、质量要求、技术标准和要求、招标范围等实质性内容作出响应。

(3) 投标文件需经投标人的法定代表人签署并加盖公章和法定代表人印鉴,并按招标文件规定的要求密封、标志。

7. 投标文件的递交

招标人应当确定投标人编制投标文件所需要的合理时间。依法必须进行招标的项目,自招标文件发出之日起至投标人提交投标文件截止之日止,最短不得少于20日。

(1) 投标人应在招标文件规定的投标截止时间前将密封后的投标文件送达指定地点。

(2) 招标人收到投标文件后,向投标人出具签收凭证。

(3) 投标人所递交的投标文件不予退还。

(4) 逾期送达的或者未送达指定地点的投标文件,招标人不予受理。

8. 投标文件的修改与撤回

(1) 在规定的投标截止时间之前,可以修改或撤回已提交的投标文件,但应以书面形式通知招标人。在投标截止日期以后,不能更改或撤回投标文件。

(2) 投标人修改或撤回已递交的投标文件的书面通知应按招标文件的要求签字或盖章。

(3) 修改的内容为投标文件的组成部分。

9. 投标保证金

1) 投标保证金的提交

招标人在招标文件中要求投标人提交投标保证金的,投标保证金不得超过招标项目估算价的2%。投标保证金的有效期应当与投标有效期一致。

依法必须进行招标的项目的境内投标单位,以现金或者支票形式提交的投标保证金应当从其基本账户转出。

招标人不得挪用投标保证金。

2) 投标保证金的退还

投标人撤回已提交的投标文件,应当在投标截止时间前书面通知招标人。招标人已收取投标保证金的,应当自收到投标人书面撤回通知之日起5日内退还投标保证金。

投标截止后投标人撤销投标文件的,招标人可以不退还投标保证金。

招标人最迟应当在书面合同签订后5日内向中标人和未中标的投标人退还投标保证金及银行同期存款利息。

三、定标签约阶段

本阶段的工作主要包括开标、评标和定标。

1. 开标

(1) 招标人应按招标文件规定的投标截止时间(开标时间)和投标人须知前附表规定的

地点公开开标，并邀请所有投标人的法定代表人或其委托代理人准时参加。

（2）投标人少于 3 个的，不得开标，招标人应当重新招标。

（3）投标人对开标有异议的，应当在开标现场提出，招标人应当当场作出答复，并记录。

2. 评标

（1）评标由招标人依法组建的评标委员会负责。

（2）评标活动遵循公平、公正、科学和择优的原则。

（3）评标委员会按照招标文件规定的方法、评审因素、标准和程序对投标文件进行评审。招标文件没有规定的方法、评审因素和标准，不作为评标依据。

（4）评标完成后，评标委员会应当向招标人提交书面评标报告和中标候选人名单。中标候选人应当不超过 3 个，并标明排序。

3. 定标

（1）除投标人须知前附表规定评标委员会直接确定中标人外，招标人依据评标委员会推荐的中标候选人确定中标人。

（2）在招标文件规定的投标有效期内，招标人以书面形式向中标人发出中标通知书，同时将中标结果通知未中标的投标人。

（3）招标人和中标人应当自中标通知书发出之日起 30 日内，根据招标文件和中标人的投标文件订立书面合同。招标人与中标人不得再行订立背离合同实质性内容的其他协议。

（4）招标人与中标人签订合同后 5 日内，应当向中标人和未中标的投标人退还投标保证金。

四、邀请招标程序

邀请招标程序可参照公开招标程序进行。邀请招标程序与公开招标程序的主要差异是邀请招标无须发布资格预审通告和招标公告，无须进行资格预审。因为，邀请招标的投标人是招标人预先通过调查、考察选定的，投标邀请书是由招标人直接发给投标人的。除此之外，邀请招标的程序与公开招标完全相同。

任务 4 建设工程施工招标实务

一、项目报建

建设工程项目报建是建设工程招标投标的重要条件之一，是指工程项目建设单位在开工前一定期限内向建设行政主管部门申报工程项目，办理项目登记手续。

1. 工程建设项目报建范围

工程建设项目报建范围包括各类房屋建筑、土木工程、设备安装、管道线路敷设、装饰装修等固定资产投资的新建、扩建、改建以及技改等建设项目。

2. 工程建设项目的报建内容

工程建设项目的报建内容主要包括：
(1) 工程名称；
(2) 建设地点；
(3) 投资规模；
(4) 资金来源；
(5) 当年投资额；
(6) 工程规模；
(7) 计划开工、竣工日期；
(8) 发包方式；
(9) 基建班子及工程筹建情况。

3. 办理工程报建时应交验的文件资料

办理工程报建时应交验的文件资料包括：
(1) 立项批准文件或年度投资计划。
(2) 固定资产投资许可证。
(3) 建设工程规划许可证。
(4) 资金证明。

4. 报建程序

报建程序如下：
(1) 建设单位到建设行政主管部门或其授权机构领取《工程建设项目报建表》。
(2) 按报建表的内容及要求认真填写。
(3) 有上级主管部门的需经其批准同意后，一并报送建设行政主管部门，并按要求进行招标准备。
(4) 工程建设项目的投资和建设规模有变化时，建设单位应及时到建设行政主管部门或其授权机构进行补充登记。筹建负责人变更时，应重新登记。

凡未报建的工程建设项目，不得办理招投标手续和发放施工许可证，设计、施工单位不得承接该项工程的设计和施工任务。

二、建设工程施工发包工作内容

1. 工程承发包方式分类

工程承发包方式是指发包人与承包人双方之间的经济关系形式。从承发包的范围、承包人所处的地位、合同计价方法、获得承包任务的途径等不同的角度，可以对工程承发包方式进行不同分类，其主要分类如下。

(1) 按承发包范围(内容)划分。

建设全过程承发包：建设全过程承发包又称统包、一揽子承包、交钥匙合同。

阶段承发包：包括包工包料、包工部分包料、包工不包料3种方式。

专项承发包：发包人、承包人就某建设阶段中的一个或几个专门项目进行发包承包。主要适用于可行性研究阶段的辅助研究项目、勘察设计阶段的各专业设计、施工阶段的专门项目。

(2) 按承包人所处的地位划分，可分为总承包、分承包、独立承包、联合承包和直接承包。

(3) 按合同计价方法划分，可分为固定价合同、可调价合同和成本加酬金合同。

2. 确定施工发包范围应考虑的因素

1) 施工内容的专业要求

专业要求不强，技术不复杂的中小型通用项目可采用总包的形式。大型复杂性项目可以按专业分包，并采用不同招标方式。

2) 施工现场条件

划分合同标段时应考虑施工过程中不同承包商同时施工时发生的交叉干扰。划分的基本原则是施工现场尽可能避免平面和不同高程的作业干扰。

3) 对工程总投资的影响

只发一个合同包便于投标人进行合理的施工组织及管理费，合同价较高；划分多个合同包时，各投标书的报价中都要考虑动员准备费、施工机械闲置费、施工干扰的风险费等。

4) 招标人的情况

全部施工内容若只作为一个合同包发包，最终招标人仅与一个中标人签订合同，施工合同关系简单，易管理。如果招标人有相应的管理能力，也可以将全部施工内容分解成若干个单位工程或专业工程发包，发挥投标人的专业特长。

5) 其他因素的影响

工程项目的施工是个复杂的系统工程，影响合同包的因素很多，如建设资金筹措到位的时间、施工图完成的计划进度、工期要求等。

三、资格审查

招标人可以根据招标项目本身的特点和要求，对潜在投标人进行资格审查。

1. 资格审查的分类

资格审查分为资格预审和资格后审两种。

资格预审是指招标人在发放招标文件前，对报名参加投标的承包商的承包能力、业绩、资格和资质、财务状况和信誉等进行审查，并确定合格的投标人名单的过程。

资格后审是在开标后进行的资格审查。

2. 资格审查的主要内容

资格审查应主要审查潜在投标人或者投标人是否符合下列条件，只要有一项因素不符合审查标准的，就不能通过资格审查。

(1) 具有独立订立合同的权利。

(2) 具有履行合同的能力，包括专业、技术资格和能力，资金、设备和其他物质设施状况，管理能力，经验、信誉和相应的从业人员。

(3) 没有处于被责令停业，投标资格被取消，财产被接管、冻结，破产状态。

(4) 在最近3年内没有骗取中标和严重违约及重大工程质量问题。

(5) 法律、行政法规规定的其他资格条件。

注：投标人不得存在下列情形之一：

(1) 为招标人不具有独立法人资格的附属机构(单位)；

(2) 为本标段前期准备提供设计或咨询服务的，但设计施工总承包的除外；

(3) 为本标段的监理人；

(4) 为本标段的代建人；

(5) 为本标段提供招标代理服务的；

(6) 与本标段的监理人或代建人或招标代理机构同为一个法定代表人的；

(7) 与本标段的监理人或代建人或招标代理机构相互控股或参股的；

(8) 与本标段的监理人或代建人或招标代理机构相互任职或工作的；

(9) 被责令停业的；

(10) 被暂停或取消投标资格的；

(11) 财产被接管或冻结的；

(12) 在最近三年内有骗取中标或严重违约或重大工程质量问题的。

3. 资格审查办法

资格审查办法一般分为合格制和有限数量制两种。

合格制(见表2-1)即不限定资格审查合格者数量，凡通过各项资格审查设置的考核因素和标准者均可参加投标。

表2-1　资格审查办法(合格制)

条款号		审查因素	审查标准
2.1	初步审查标准	申请人名称	与营业执照、资质证书、安全生产许可证一致
		申请函签字盖章	有法定代表人或其委托代理人签字并加盖单位章
		申请文件格式	符合第四章“资格预审申请文件格式”的要求
		联合体申请人(如有)	提交联合体协议书，并明确联合体牵头人
		……	……

续表

条款号		审查因素		审查标准
2.2	详细审查标准	营业执照		具备有效的营业执照 是否需要核验原件：□是□否
		安全生产许可证		具备有效的安全生产许可证 是否需要核验原件：□是□否
		资质等级		符合第二章“申请人须知”第1.4.1项规定 是否需要核验原件：□是□否
		财务状况		符合第二章“申请人须知”第1.4.1项规定 是否需要核验原件：□是□否
		类似项目业绩		符合第二章“申请人须知”第1.4.1项规定 是否需要核验原件：□是□否
		信誉		符合第二章“申请人须知”第1.4.1项规定 是否需要核验原件：□是□否
		项目经理资格		符合第二章“申请人须知”第1.4.1项规定 是否需要核验原件：□是□否
		其他要求	拟投入主要施工机械设备	符合第二章“申请人须知”第1.4.1项规定
			拟设入项目管理人员	
			……	
		联合体申请人（如有）		符合第二章“申请人须知”第1.4.2项规定
		……		……

注：表中所指“第二章”“第四章”为《标准施工招标资格预审文件》中章节。

有限数量制（见表2-2）则预先限定通过资格预审的人数，依据资格审查标准和程序，将审查的各项指标量化，最后按得分由高到低的顺序确定通过资格预审的申请人。通过资格预审的申请人不得超过限定的数量。

表2-2　资格审查办法（有限数量制）

条款号		条款名称	编列内容
1		通过资格预审的人数	当通过详细审查的申请人多于____家时，通过资格预审的申请人限定为____家
2		审查因素	审查标准
2.1	初步审查标准	申请人名称	与营业执照、资质证书、安全生产许可证一致
		申请函签字盖章	有法定代表人或其委托代理人签字并加盖单章
		申请文件格式	符合第四章“资格预审申请文件格”的要求
		联合体申请人（如有）	提交联合体协议书，并明确联合体牵头人
		……	……

续表

条款号		审查因素		审查标准
2.2	详细审查标准	营业执照		具备有效的营业执照 是否需要核验原件：□是□否
		安全生产许可证		具备有效的安全生产许可证 是否需要核验原件：□是□否
		资质等级		符合第二章“申请人须知”第1.4.1项规定 是否需要核验原件：□是□否
		财务状况		符合第二章“申请人须知”第1.4.1项规定 是否需要核验原件：□是□否
		类似项目业绩		符合第二章“申请人须知”第1.4.1项规定 是否需要核验原件：□是□否
		信誉		符合第二章“申请人须知”第1.4.1项规定 是否需要核验原件：□是□否
		项目经理资格		符合第二章“申请人须知”第1.4.1项规定 是否需要核验原件：□是□否
		其他要求	拟投入主要施工机械设备	符合第二章“申请人须知”第1.4.1项规定
			拟设入项目管理人员	
			……	
		联合体申请人(如有)		符合第二章“申请人须知”第1.4.2项规定
		……		……
2.3	评分标准	评分因素		评分标准
		财务状况		……
		项目经理		……
		类似项目业绩		……
		认证体系		……
		信誉		……
		生产资源		……
		……		……

注：表中所指“第二章”“第四章”为《标准施工招标资格预审文件》中章节。

4. 资格审查的程序

(1) 初步审查。初步审查是一般符合性审查。

(2) 详细审查。通过第一阶段的初步审查后，即可进入详细审查阶段。审查的重点在于投标人的财务能力、技术能力和施工经验等内容。

(3) 资格预审申请文件的澄清。申请人的澄清或说明应采用书面形式，并不得改变资格预审申请文件的实质性内容。招标人和审查委员会不接受申请人主动提出的澄清或说明。

(4) 提交审查报告。审查委员会向招标人提交书面审查报告。

通过资格预审申请人的数量不足 3 个的，招标人重新组织资格预审或不再组织资格预审而直接招标。

资格预审评审报告一般包括工程项目概述、资格预审工作简介、资格评审结果和资格评审表等附件内容。

5. 资格预审的工作程序

（1）编制资格预审文件；

（2）发布资格预审公告；

（3）出售资格预审文件；

（4）资格预审文件的澄清、修改；

（5）潜在投标人编制并递交资格预审申请文件；

（6）组建资格审查委员会；

（7）资格审查委员会评审申请文件（对资格申请文件必要的澄清），起草评审报告；

（8）招标人审核资格评审报告，确定合格投标申请人；

（9）向通过资格预审的申请人发出资格预审结果通知书。

6. 联合体的资格预审

招标人接受联合体投标并进行资格预审的，联合体应当在提交资格预审申请文件前组成。资格预审后联合体增减、更换成员的，其投标无效。

（1）联合体各方应按招标文件提供的格式签订联合体协议书，明确联合体牵头人和各方的权利义务；

（2）由同一专业的单位组成的联合体，按照其中资质等级较低的单位确定资质等级；

（3）联合体各方不得再以自己名义单独投标，或参加其他联合体在同一标段中投标。

7. 资格审查文件的编制

1）资格审查文件的编制目的

通过资格审查文件的编制，可以较全面地了解申请投标人各方面的情况，以节省评标时间。资格预审文件的编制水平直接影响后期招标工作。

2）资格审查文件的内容

（1）《标准施工招标资格预审文件》在政府投资项目中试行。国务院有关部门和地方人民政府有关部门可选择若干政府投资项目作为试点，由试点项目招标人按本规定使用该文件。

（2）《标准施工招标资格预审文件》的内容包括资格预审公告、申请人须知、资格预审办法、资格预审格式和项目建设概况五章。

第一章　资格预审公告

包括招标条件、项目概况与招标范围、申请人资格要求、资格预审方法、资格预审文件的获取、资格预审申请文件的递交、发布公告的媒介和联系方式几个部分。

第二章　申请人须知

包括申请人须知前附表、总则、资格预审文件、资格预审申请文件的编制、资格预审申请文件的递交、资格预审申请文件的审查、通知和确认、申请人的资格改变、纪律与监督、需要补充的其他内容几个部分。

第三章　资格审查办法

包括资格审查办法前附表、审查方法、审查标准、审查程序、审查结果几个部分。

第四章　资格预审申请文件格式

第五章　项目建设概况

四、组织踏勘现场、召开投标预备会

踏勘现场一般安排在投标预备会前1～2日。

1. 踏勘现场的目的

一是使投标人了解工程项目的现场条件、自然条件、施工条件以及周围环境条件，以便编制投标文件。

二是要求投标人通过自己实地考察确定投标策略，避免在履行合同过程中以不了解现场情况推卸应承担的责任。

2. 现场勘察时招标人应介绍的情况

(1) 现场是否已经达到招标文件规定的条件。

(2) 现场的自然条件。包括地形地貌，水文地质，土质，地下水位及气温，风、雨、雪等气候条件。

(3) 工程建设条件。包括工程性质和标段、可提供的施工用地和临时设施、料场开采、污水排放、通讯、交通、电力、水源等条件。

(4) 现场生活条件和工地附近的治安情况等。

(5) 工程在施工现场的位置与布置。

(6) 临时用地、临时设施搭建等。

3. 投标预备会

投标预备会一般安排在发出招标文件后7～28日内举行。

投标预备会议主要用来澄清招标文件中的疑问，解答投标人提出的有关招标文件和现场勘察的问题。

(1) 投标人有关招标文件和现场勘察的疑问，应在投标预备会议前以书面形式提出。

(2) 对于投标人有关招标文件的疑问，招标人只能采取会议形式公开答复，不得私下单独作解释。

(3) 投标预备会应当形成书面的会议纪要，并同时送达所有获得招标文件的投标人。会议纪要与招标文件具有同等的效力。

(4) 投标预备会主要议程：

① 组织参加会议的人员签到，以证明投标人出席投标预备会；

② 介绍除投标人外参加会议的单位和主要人员；

③ 介绍问题解答人；

④ 解答投标单位提出的问题；

⑤ 通知有关事项。

五、开标

公开招标和邀请招标均应举行开标会议。

1. 参加开标会议的人员

开标会议由招标单位主持，并邀请所有投标单位的法定代表人或其代理人参加。开标会议在招投标管理机构的监督下进行，大中型项目也可以邀请公证机关对开标全过程进行公证。

参加开标会议的人员包括招标人或招标代理人的代表、投标人的法定代表人或其委托代理人、招标投标管理机构的监管人员和公证机构的人员。评标组织成员不参加开标会议。

2. 开标的时间、地点

开标的时间和地点应在招标文件中明确规定。

开标时间：开标应在招标文件确定的投标截止时间的同一时间公开进行。

开标地点：应在招标文件规定的地点开标；已经建立建设工程交易中心的地方，开标应当在当地建设工程交易中心举行。

3. 开标程序

(1) 签到，主持人宣布开标会议开始，宣布开标纪律。

(2) 公布在投标截止时间前递交投标文件的投标人名称，并点名确认投标人是否派人到场。

(3) 宣布开标人、唱标人、记录人、监标人等有关人员姓名。

(4) 按照投标人须知前附表的规定检查投标文件的密封情况。

(5) 按照投标人须知前附表的规定确定并宣布投标文件开标顺序。

(6) 设有标底的，公布标底。

(7) 按照宣布的开标顺序当众开标，公布投标人名称、标段名称、投标保证金的递交情况、投标报价、质量目标、工期及其他内容，并记录在案。

(8) 投标人代表、招标人代表、监标人、记录人等有关人员在开标记录上签字确认。

(9) 开标结束。

未通过资格预审的申请人提交的投标文件，以及逾期送达或者不按照招标文件要求密封的投标文件，招标人应当拒收。投标人少于 3 个的，不得开标，招标人应当重新招标。

投标人对开标有异议的，应当在开标现场提出，招标人应当当场作出答复，并制作记录。

六、评标

1. 评标原则

评标活动遵循公平、公正、科学和择优的原则。

2. 评标委员会

(1) 评标由招标人依法组建的评标委员会负责。评标委员会由招标人的代表和有关技术、经济等方面的专家组成，成员人数为5以上的单数，其中招标人、招标代理机构以外的技术、经济等方面专家人数不得少于成员总数的2/3。

依法必须进行招标的项目，其评标委员会的专家成员应当从评标专家库内相关专业的专家名单中以随机抽取方式确定。任何单位和个人不得以明示、暗示等任何方式指定或者变相指定参加评标委员会的专家成员。

评标委员会成员的名单一般应于开标前确定，在中标结果确定前应当保密。

(2) 评标专家应符合下列条件：

① 从事相关专业领域工作满八年并具有高级职称或者同等专业水平；

② 熟悉有关招标投标的法律法规，并具有与招标项目相关的实践经验；

③ 能够认真、公正、诚实、廉洁地履行职责。

(3) 与投标人有利害关系的人不得进入相关项目的评标委员会，已经进入的应当更换。评标委员会成员有下列情形之一的，应当回避：

① 招标人或投标人的主要负责人的近亲属。

② 项目主管部门或者行政监督部门的人员。

③ 与投标人有经济利益关系，可能影响对投标公正评审的。

④ 曾因在招标、评标及其他与招标投标有关活动中从事违法行为而受过行政处罚或刑事处罚的。

3. 纪律要求

1) 对招标人的纪律要求

招标人不得泄露招标投标活动中应当保密的情况和资料，不得与投标人串通损害国家利益、社会公共利益或者他人合法权益。

注：《中华人民共和国招标投标法实施条例》第41条规定，禁止招标人与投标人串通投标。有下列情形之一的，属于招标人与投标人串通投标：

(1) 招标人在开标前开启投标文件并将有关信息泄露给其他投标人；

(2) 招标人直接或者间接向投标人泄露标底、评标委员会成员等信息；

(3) 招标人明示或者暗示投标人压低或者抬高投标报价；

(4) 招标人授意投标人撤换、修改投标文件；

(5) 招标人明示或者暗示投标人为特定投标人中标提供方便；

(6) 招标人与投标人为谋求特定投标人中标而采取的其他串通行为。

2) 对投标人的纪律要求

投标人不得相互串通投标或者与招标人串通投标，不得向招标人或评标委员会成员行贿谋取中标，不得以他人名义投标或者以其他方式弄虚作假骗取中标，投标人不得以任何方式干扰、影响评标工作。

注：《中华人民共和国招标投标法实施条例》第39条规定，禁止投标人相互串通投标。有下列情形之一的，属于投标人相互串通投标：

（1）投标人之间协商投标报价等投标文件的实质性内容；

（2）投标人之间约定中标人；

（3）投标人之间约定部分投标人放弃投标或者中标；

（4）属于同一集团、协会、商会等组织成员的投标人按照该组织要求协同投标；

（5）投标人之间为谋取中标或者排斥特定投标人而采取的其他联合行动。

《中华人民共和国招标投标法实施条例》第40条规定，有下列情形之一的，视为投标人相互串通投标：

（1）不同投标人的投标文件由同一单位或者个人编制；

（2）不同投标人委托同一单位或者个人办理投标事宜；

（3）不同投标人的投标文件载明的项目管理成员为同一人；

（4）不同投标人的投标文件异常一致或者投标报价呈规律性差异；

（5）不同投标人的投标文件相互混装；

（6）不同投标人的投标保证金从同一单位或者个人的账户转出。

3）对评标委员会成员的纪律要求

评标委员会成员不得收受他人的财物或者其他好处，不得向他人透漏对投标文件的评审和比较、中标候选人的推荐情况以及与评标有关的其他情况。在评标活动中，评标委员会成员不得擅离职守，影响评标程序正常进行，不得使用第三章“评标办法”没有规定的评审因素和标准进行评标。

注：《中华人民共和国招标投标法实施条例》第71条规定，评标委员会成员有下列行为之一的，由有关行政监督部门责令改正；情节严重的，禁止其在一定期限内参加依法必须进行招标的项目的评标；情节特别严重的，取消其担任评标委员会成员的资格：

（1）应当回避而不回避；

（2）擅离职守；

（3）不按照招标文件规定的评标标准和方法评标；

（4）私下接触投标人；

（5）向招标人征询确定中标人的意向或者接受任何单位或者个人明示或者暗示提出的倾向或者排斥特定投标人的要求；

（6）对依法应当否决的投标不提出否决意见；

（7）暗示或者诱导投标人出澄清、说明或者接受投标人主动提出的澄清、说明；

（8）其他不客观、不公正履行职务的行为。

4）对与评标活动有关的工作人员的纪律要求

与评标活动有关的工作人员不得收受他人的财物或者其他好处，不得向他人透漏对投标文件的评审和比较、中标候选人的推荐情况及与评标有关的其他情况。在评标活动中，与评标活动有关的工作人员不得擅离职守，影响评标程序正常进行。

4. 评标程序及评标工作内容

评标程序一般包括：评标准备、初步评审、详细评审、提交评标报告和推荐中标候选人。

国内大型工程项目的评审因评审内容复杂、涉及面宽，通常分初步评审和详细评审两个阶段进行。

1）初步评审

初步评审也称对投标书的响应性审查，是以投标须知为依据，检查各投标书是否为响应性投标，确定投标书的有效性。初步评审主要包括以下内容：

（1）符合性评审。

投标文件的符合性评审包括投标人的资格、投标文件的有效性、投标文件的完整性、与招标文件的一致性。

通常符合性鉴定是初步评审的第一步，如果投标文件实质上不响应招标文件的要求，将被予以拒绝，并不允许投标人通过修正或撤销投标文件中不符合要求的差异或保留，使之成为响应性投标。

（2）技术性评审。

投标文件的技术性评审包括施工方案、工程进度与技术措施、质量管理体系与措施、安全保证措施、环境保护管理体系与措施以及资源（人、料、机）等方面是否与国家相应规定及招标项目符合。

（3）商务性评审。

投标文件的商务性评审主要是指投标报价的审核，审查全部报价数据计算的准确性。

投标报价有算术错误的，评标委员会按以下原则对投标报价进行修正，修正的价格经投标人书面确认后具有约束力。投标人不接受修正价格的，评标委员会将否决其投标。

① 投标文件中的大写金额与小写金额不一致的，以大写金额为准；

② 总价金额与依据单价计算出的结果不一致的，以单价金额为准修正总价，但单价金额小数点有明显错误的除外。

（4）对招标文件响应的偏差。

投标文件对招标文件实质性要求和条件响应的偏差分为重大偏差和细微偏差。所有存在重大偏差的投标文件在初评阶段都应淘汰。

细微偏差是指投标文件在实质上响应招标文件要求，但在个别地方存在遗漏或者提供了不完整的技术信息和数据等情况，并且补正这些遗漏或者不完整不会对其他投标人造成不公平的结果。

注：《中华人民共和国招标投标法实施条例》第51条规定，有下列情形之一的，评标委员会应当否决其投标：

（1）投标文件未经投标单位盖章和单位负责人签字；

（2）投标联合体没有提交共同投标协议；

（3）投标人不符合国家或者招标文件规定的资格条件；

（4）同一投标人提交两个以上不同的投标文件或者投标报价，但招标文件要求提交备选投标的除外；

（5）投标报价低于成本或者高于招标文件设定的最高投标限价；

（6）投标文件没有对招标文件的实质性要求和条件作出响应；

（7）投标人有串通投标、弄虚作假、行贿等违法行为。

2）详细评审

详细评审指在初步评审的基础上，对经初步评审合格的投标文件，按照招标文件确定的评标标准和方法，对其技术部分(技术标)和商务部分(经济标)进一步审查，评定其合理性以及合同授予该投标人在履行过程中可能带来的风险。并对这两部分的量化结果进行加权，之后比较并排序。详细评审的主要方法有经评审的最低投标价法和综合评估法。

3) 对投标文件的澄清

投标文件中有含义不明确的内容、明显文字或者计算错误，评标委员会认为需要投标人作出必要澄清、说明的，应当书面通知该投标人。投标人的澄清、说明应当采用书面形式，并不得超出投标文件的范围或者改变投标文件的实质性内容。

评标委员会不得暗示或者诱导投标人作出澄清、说明，不得接受投标人主动提出的澄清说明。

4) 评标报告

评标委员会在完成评标后，应向招标人提出书面评标报告，并抄送有关行政监督部门。

(1) 评标报告的内容。

① 基本情况和数据表；

② 评标委员会成员名单；

③ 开标纪录；

④ 符合要求的投标一览表；

⑤ 废标情况说明；

⑥ 经评审的投标人排序；

⑦ 评标标准、评标方法或者评标因素一览表；

⑧ 经评审的价格或者评分比较一览表；

⑨ 推荐的中标候选人名单与签订合同前要处理的事宜；

⑩ 澄清、说明、补正事项纪要。

(2) 评标报告由评标委员会全体成员签字，对评标结果有不同意见的评标委员会成员应当以书面形式说明其不同意见和理由，评标报告应当注明该不同意见。评标委员会成员拒绝在评标报告上签字又不书面说明其不同意见和理由的，视为同意评标结果。评标委员会应当对此作出书面说明并记录在案。

评标委员会推荐的中标候选人应当限定1～3人，并标明排序。向招标人提交书面评标报告后，评标委员会即告解散。评标过程中使用的文件、表格等资料应及时归还招标人。

5. 否决投标和重新招标

投标文件有下述情形之一的，为未能对招标文件作出实质性响应，应否决其投标：

(1) 没有按照招标文件要求提供投标担保或者所提供的投标担保有瑕疵；

(2) 投标文件没有投标人授权代表签字和加盖公章；

(3) 投标文件载明的招标项目完成期限超过招标文件规定的期限；

(4) 明显不符合技术规格、技术标准的要求；

(5) 投标文件载明的货物包装方式、检验标准和方法等不符合招标文件的要求；

(6) 投标文件附有招标人不能接受的条件；

(7) 不符合招标文件中规定的其他实质性要求。

否决不合格投标后,因有效投标不足三个使得投标明显缺乏竞争的,评标委员会可以否决全部投标。

投标人少于三个或者所有投标被否决的,招标人在分析招标失败的原因并采取相应措施后,应当依法重新招标。

注:《评标委员会和评标方法暂行规定》第20条规定,在评标过程中,评标委员会发现投标人以他人的名义投标、串通投标、以行贿手段谋取中标或者以其他弄虚作假方式投标的,应当否决该投标人的投标。

第21条规定,在评标过程中,评标委员会发现投标人的报价明显低于其他投标报价或者在设有标底时明显低于标底,使得其投标报价可能低于其个别成本的,应当要求该投标人作出书面说明并提供相关证明材料。投标人不能合理说明或者不能提供相关证明材料的,由评标委员会认定该投标人以低于成本报价竞标,应当否决其投标。

第22条规定,投标人资格条件不符合国家有关规定和招标文件要求的,或者拒不按照要求对投标文件进行澄清、说明或者补正的,评标委员会可以否决其投标。

第23条规定,评标委员会应当审查每一投标文件是否对招标文件提出的所有实质性要求和条件作出响应。未能在实质上响应的投标,应当予以否决。

6. 建设工程施工评标主要方法

我国目前常用的评标方法有经评审的最低投标价法和综合评估法等。

1) 经评审的最低投标价法

评标委员会对满足招标文件实质要求的投标文件,根据招标文件规定的量化因素及量化标准进行价格折算,按照经评审的投标价由低到高的顺序推荐中标候选人,或根据招标人授权直接确定中标人,但投标报价低于其成本的除外。经评审的投标价相等时,投标报价低的优先;投标报价也相等的,由招标人自行确定。详见表2-3。

(1) 适用情况:一般适用于具有通用技术、性能标准或者招标人对其技术、性能没有特殊要求的招标项目。

(2) 评标程序及原则:评标委员会应当根据招标文件中规定的评标价格调整方法,对所有投标人的投标报价及投标文件的商务部分作必要的价格调整。

表2-3 评标办法(经评审的最低投标价法)

条款号		评审因素	评审标准
2.1.1	形式评审标准	投标人名称	与营业执照、资质证书、安全生产许可证一致
		投标函签字盖章	有法定代表人或其委托代理人签字并加盖单位章
		投标文件格式	符合第八章“投标文件格式”的要求
		联合体投标人(如有)	提交联合体协议书,并明确联合体牵头人
		报价唯一	只能有一个有效报价
		……	……

续表

条款号		评审因素	评审标准
2.1.2	资格评审标准	营业执照	具备有效的营业执照
		安全生产许可证	具备有效的安全生产许可证
		资质等级	符合第二章“投标人须知”第 1.4.1 项规定
		财务状况	符合第二章“投标人须知”第 1.4.1 项规定
		类似项目业绩	符合第二章“投标人须知”第 1.4.1 项规定
		信誉	符合第二章“投标人须知”第 1.4.1 项规定
		项目经理	符合第二章“投标人须知”第 1.4.1 项规定
		其他要求	符合第二章“投标人须知”第 1.4.1 项规定
		联合体投标人(如有)	符合第二章“投标人须知”第 1.4.2 项规定
		……	……
2.1.3	响应性评审标准	投标内容	符合第二章“投标人须知”第 1.3.1 项规定
		工期	符合第二章“投标人须知”第 1.3.2 项规定
		工程质量	符合第二章“投标人须知”第 1.3.3 项规定
		投标有效期	符合第二章“投标人须知”第 3.3.1 项规定
		投标保证金	符合第二章“投标人须知”第 3.4.1 项规定
		权利义务	符合第四章“合同条款及格式”规定
		已标价工程量清单	符合第五章“工程量清单”给出的子目编码、子目名称、子目特征、计量单位和工程量
		技术标准和要求	符合第七章“技术标准和要求”规定
		投标价格	□ 低于(含等于)拦标价,拦标价 = 标底价 ×(1+____%)。 □ 低于(含等于)第二章“投标人须知”前附表第 10.2 款载明的招标控制价
		分包计划	符合第二章“投标人须知”第 1.11 款规定
		……	……
2.1.4	施工组织设计和项目管理机构评审标准	施工方案与技术措施	……
		质量管理体系与措施	……
		安全管理体系与措施	……
		环境保护管理体系与措施	……
		工程进度计划与措施	……
		资源配备计划	……
		技术负责人	……
		其他主要人员	……
		施工设备	……
		试验、检测仪器设备	……
条款号		评审因素	评审方法
2.2	详细评审标准	单价遗漏	……
		不平衡报价	……
		……	……

注:本表所指“第二章”等为《中华人民共和国标准施工招标文件》中的内容。

评标委员会应当拟定一份标价比较表，连同书面评标报告提交招标人。标价比较表应当注明投标人的投标报价、对商务偏差的价格调整和说明以及经评审的最终投标价。

除招标文件中授权评标委员会直接确定中标人外，评标委员会按照经评审的价格由低到高的顺序推荐中标候选人。

2）综合评估法

综合评估法是对价格、施工组织设计（或施工方案）、项目经理的资历和业绩、质量、工期、信誉和业绩等各方面因素进行综合评价。评标委员会对满足招标文件实质性要求的投标文件，按照招标文件规定的评分标准进行打分，并按得分由高到低的顺序推荐中标候选人，或根据招标人授权直接确定中标人，但投标报价低于其成本的除外。综合评分相等时，以投标报价低的优先；投标报价也相等的，由招标人自行确定。它是使用最广泛的评标定标方法。详见表2-4。

表2-4　评标办法（综合评估法）

条款号		评审因素	评审标准
2.1.1	形式评审标准	投标人名称	与营业执照、资质证书、安全生产许可证一致
		投标函签字盖章	有法定代表人或其委托代理人签字或加盖单位章
		投标文件格式	符合第八章“投标文件格式”的要求
		联合体投标人（如有）	提交联合体协议书，并明确联合体牵头人
		报价唯一	只能有一个有效报价
		……	……
2.1.2	资格评审标准	营业执照	具备有效的营业执照
		安全生产许可证	具备有效的安全生产许可证
		资质等级	符合第二章“投标人须知”第1.4.1项规定
		财务状况	符合第二章“投标人须知”第1.4.1项规定
		类似项目业绩	符合第二章“投标人须知”第1.4.1项规定
		信誉	符合第二章“投标人须知”第1.4.1项规定
		项目经理	符合第二章“投标人须知”第1.4.1项规定
		其他要求	符合第二章“投标人须知”第1.4.1项规定
		联合体投投人（如有）	符合第二章“投标人须知”第1.4.2项规定
		……	……
2.1.3	响应性评审标准	投标内容	符合第二章“投标人须知”第1.3.1项规定
		工期	符合第二章“投标人须知”第1.3.2项规定
		工程质量	符合第二章“投标人须知”第1.3.3项规定
		投标有效期	符合第二章“投标人须知”第3.3.1项规定
		投标保证金	符合第二章“投标人须知”第3.4.1项规定
		权利义务	投标函附录中的相关承诺符合或优于第四章“合同条款及格式”的相关规定
		已标价工程量清单	符合第五章“工程量清单”给出的子目编码、子目名称、子目特征、计量单位和工程量
		技术标准和要求	符合第七章“技术标准和要求”规定
		投标价格	□ 低于（含等于）拦标价，拦标价＝标底价×（1＋______%）。 □ 低于（含等于）第二章“投标人须知”前附表第10.2款载明的招标控制价
		分包计划	符合第二章“投标人须知”第1.11款规定
		……	……

续表

条款号		条款内容	编列内容
2.2.1		分值构成 （总分 100 分）	施工组织设计：______分 项目管理机构：______分 投标报价：______分 其他评分因素：______分
2.2.2		评标基准价计算方法	
2.2.3		投标报价的偏差率计算公式	偏差率=100%×（投标人报价－评标基准价）/评标基准价
条款号		**评分因素**	**评分标准**
2.2.4（1）	施工组织设计评分标准	内容完整性和编制水平	……
		施工方案与技术措施	……
		质量管理体系与措施	……
		安全管理体系与措施	……
		环保管理体系与措施	……
		工程进度计划与措施	……
		资源配备计划	……
		……	……
2.2.4（2）	项目管理机构评分标准	项目经理资格与业绩	……
		技术负责人资格与业绩	……
		其他主要人员	……
		……	……
2.2.4（3）	投标报价评分标准	偏差率	……
		……	……
2.2.4（4）	其他因素评分标准	……	……

注：本表所指“第二章”等为《中华人民共和国标准施工招标文件》中的内容。

（1）适用情况：不宜采用经评审的最低投标价法的招标项目，一般应当采取综合评估法进行评审。

（2）评标程序及原则：通常的做法是，事先在招标文件或评标定标办法中对评标的内容进行分类，形成若干评价因素，并确定各项评价因素在百分之内所占的比例和评分标准，开标后由评标组织中的每位成员按照评分规则，采用不记名方式打分，最后统计投标人的得分，得分最高者（排序第一名）或次高者（排序第二名）为中标人。

综合评估法的主要特点是要量化各评审因素。从理论上讲，评标因素指标的设置和评分标准分值的分配，应充分体现企业的整体素质和综合实力，准确反映公开、公平、公正的竞标法则，使质量好、信誉高、价格合理、技术强、方案优的企业能中标。

七、定标与签订合同

1. 定标

定标亦称决标，是指招标人最终确定中标的单位。除特殊情况外，评标和定标应当在投标有效期结束日 30 个工作日前完成。招标文件应当载明投标有效期，投标有效期从提交投标文件截止日起计算。

中标人的投标应当符合下列条件：

（1）能够最大限度满足招标文件中规定的各项综合评价标准。

（2）能够满足招标文件的实质性要求，并且经评审的投标价格最低，但是投标价格低于成本的除外。

在确定中标人之前，招标人不得与投标人就投标价格、投标方案等实质性内容进行谈判。

1）中标人确定

招标人根据评标委员会提出的书面评标报告和推荐的中标候选人确定中标人，也可以授权评标委员会直接确定中标人。

注：《中华人民共和国招标投标法实施条例》第 55 条规定，国有资金占控股或者主导地位的依法必须进行招标的项目，招标人应当确定排名第一的中标候选人为中标人。排名第一的中标候选人放弃中标、因不可抗力不能履行合同、不按照招标文件要求提交履约保证金，或者被查实存在影响中标结果的违法行为等情形，不符合中标条件的，招标人可以按照评标委员会提出的中标候选人名单排序依次确定其他中标候选人为中标人，也可以重新招标。

2）中标候选人公示

依法必须进行招标的项目，招标人应当自收到评标报告之日起 3 日内公示中标候选人，公示期不得少于 3 日。

投标人或者其他利害关系人对依法必须进行招标的项目的评标结果有异议的，应当在中标候选人公示期间提出。招标人应当自收到异议之日起 3 日内作出答复；作出答复前，应当暂停招标投标活动。

投标人或者其他利害关系人认为招标投标活动不符合法律、行政法规规定的，可以自知道或者应当知道之日起 10 日内向有关行政监督部门投诉。投诉应当有明确的请求和必要的证明材料。

3）发出中标通知书

中标人确定后，招标人应当向中标人发出中标通知书，同时通知未中标人。中标通知书对招标人和中标人具有法律约束力。

2. 签订合同

招标人和中标人应当在中标通知书发出之日起 30 日内，按照招标文件和中标人的投标文件订立书面合同，合同的标的、价款、质量、履行期限等主要条款应当与招标文件和中标人的投标文件的内容一致。招标人与中标人不得再行订立背离合同实质性内容的其他协议。

3. 投标保证金和履约保证

1）投标保证金的退还

招标人与中标人签订合同后5日内，应当向中标人和未中标的投标人退还投标保证金及银行同期存款利息。

2）提交履约保证

招标文件要求中标人提交履约保证金的，中标人应当提交。若中标人不能按时提供履约保证，可以视为投标人违约，没收其投标保证金。当招标文件要求中标人提供履约保证时，招标人也应当向中标人提供工程款支付担保。

任务 5 建设工程施工招标文件

为了规范施工招标文件编制活动，提高招标文件编制质量，促进招标投标活动的公开、公平和公正，由国家发改委等九部委联合编制了《标准施工招标资格预审文件》（2007年版）和《标准施工招标文件》（2007年版），并于2008年5月1日起施行。

2010年6月，住建部根据《〈标准施工招标资格预审文件〉和〈标准施工招标文件〉试行规定》（国家九部委第56号令），制定了《房屋建筑和市政工程标准施工招标资格预审文件》和《房屋建筑和市政工程标准施工招标文件》（2010年版），作为《标准施工招标资格预审文件》和《标准施工招标文件》的配套文件，适用于一定规模以上，且设计和施工不是由同一承包人承担的房屋建筑和市政工程的施工招标。

为落实中央关于建立工程建设领域突出问题专项治理长效机制的要求，由国家发改委等九部委联合编制了《简明标准施工招标文件》和《标准设计施工总承包招标文件》（2012年版），并于2012年5月1日起施行。依法必须进行招标的工程建设项目，工期不超过12个月、技术相对简单，且设计和施工不是由同一承包人承担的小型项目，其施工招标文件应当根据《简明标准施工招标文件》编制；设计施工一体化的总承包项目，其招标文件应当根据《标准设计施工总承包招标文件》编制。

为进一步完善标准文件编制规则，构建覆盖主要采购对象、多种合同类型、不同项目规模的标准文件体系，由国家发改委等九部委联合编制了《标准设备采购招标文件》《标准材料采购招标文件》《标准勘察招标文件》《标准设计招标文件》《标准监理招标文件》（2017年版），并于2018年1月1日起实施。以上文件适用于依法必须招标的与工程建设有关的设备、材料等货物项目和勘察、设计、监理等服务项目。机电产品国际招标项目，应当使用商务部编制的机电产品国际招标标准文本（中英文）。

本书以《房屋建筑和市政工程标准施工招标文件》（2010年版）为范本介绍相关内容。

一、招标文件的编制

1. 标准施工招标文件的组成

《房屋建筑和市政工程标准施工招标文件》(2010 年版)共包括八章内容。

第一章	招标公告(投标邀请书)	第五章	工程量清单
第二章	投标人须知	第六章	图纸
第三章	评标办法	第七章	技术标准和要求
第四章	合同条款及格式	第八章	投标文件格式

2. 编制施工招标文件的注意事项

(1) 招标文件应体现建设项目的特点和要求;

(2) 招标文件应明确投标人实质性响应的内容;

(3) 招标文件的内容及法定时限应符合现行法律、法规的规定;

(4) 招标文件的语言文字要严谨、规范,避免歧义。

3. 标底与招标控制价

标底和招标控制价是由招标人自行编制或委托具有编制标底资格和能力的代理机构编制的,是工程造价在招投标阶段的两种表现形式。

1) 标底

标底是招标人根据招标项目的具体情况编制的完成招标项目所需的全部费用,是招标人为了实现工程发包而提出的综合性理想控制指标或预期要求,简单地说就是“预期工程造价”。标底是根据国家规定的计价依据和计价办法计算出来的工程造价。

标底可有可无。标底应保密。一个工程只能编制一个标底。

招标项目设有标底的,招标人应当在开标时公布。标底只能作为评标的参考,不得以投标报价是否接近标底作为中标条件,不得以投标报价超过标底上下浮动范围作为否决投标的条件。2008 年,清单计价规范正式实施,标底逐渐淡出人们的视野,而普遍采用招标控制价的方式控制工程造价。

2) 招标控制价

招标控制价,即“拦标价”,是招标人可以承受的最高工程造价,是投标人投标报价的上限。投标人的投标报价高于招标控制价的,其投标应予以拒绝。

国有资金投资的工程建设项目应实行工程量清单招标,招标人应编制招标控制价。招标控制价应由具有编制能力的招标人或受其委托具有相应资质的工程造价咨询人编制和复核。招标控制价应在招标时公布,不应上调或下浮,招标人应将招标控制价及有关资料报送工程所在地工程造价管理机构备查。

招标控制价应根据下列依据编制与复核:

(1)《建设工程工程量清单计价规范》;

(2) 国家或省级、行业建设主管部门颁发的计价定额和计价办法；
(3) 建设工程设计文件及相关资料；
(4) 拟定的招标文件及招标工程量清单；
(5) 与建设项目相关的标准、规范、技术资料；
(6) 施工现场情况、工程特点及常规施工方案；
(7) 工程造价管理机构发布的工程造价信息，工程造价信息没有发布的，参照市场价；
(8) 其他相关资料。

3) 标底和招标控制价的区别

(1) 保密要求不同：标底要在开标前保密，在开标时宣布。招标控制价应该在招标文件中公开。

(2) 编制作用不同：标底可以用来比较分析评标中的投标报价，具有参考作用，但不能作为中标或废标的唯一直接依据；招标控制价可以有效防止抬标，超过招标控制价的投标即成为废标。另外，当投标人发现招标控制价存在明显问题时，可以向备案部门反映，核实后还可以调整。

4. 工程量清单

工程量清单是建设工程各个项目的名称和相应数量等的明细清单，由分部分项工程量清单、措施项目清单、其他项目清单、规费项目清单、税金项目清单组成。

工程量清单是由招标人组织具有相应资质的工程造价专业人员编制的。招标人在编制招标文件的同时，编制出拟建工程项目的工程量清单，随招标文件发送给投标人，投标人根据招标人提供的清单项目进行报价。

工程量清单将要求投标人完成的工程项目及其相应工程实体数量全部列出，为投标人提供拟建工程的基本内容、实体数量和质量要求等信息。

二、标准施工招标文件内容节选

《房屋建筑和市政工程标准施工招标文件》(2010 年版)第一卷

第一章 招标公告(未进行资格预审)

__________(项目名称)__________标段施工招标公告

1. 招标条件

本招标项目__________(项目名称)已由__________(项目审批、核准或备案机关名称)以________(批文名称及编号)批准建设，招标人(项目业主)为________，建设资金来自______(资金来源)，项目出资比例为______。项目已具备招标条件，现对该项目的施工进行公开招标。

2. 项目概况与招标范围

__________[说明本招标项目的建设地点、规模、合同估算价、计划工期、招标范围、标段划分(如果有)等]。

3.投标人资格要求

3.1　本次招标要求投标人须具备________资质，________（类似项目描述）业绩，并在人员、设备、资金等方面具有相应的施工能力，其中，投标人拟派项目经理须具备________专业________级注册建造师执业资格，具备有效的安全生产考核合格证书，且未担任其他在建工程项目的项目经理。

3.2　本次招标______（接受或不接受）联合体投标。联合体投标的，应满足下列要求：____________。

3.3　各投标人均可就上述标段中的__________（具体数量）个标段投标，但最多允许中标______（具体数量）个标段（适用于分标段的招标项目）。

4.投标报名

凡有意参加投标者，请于____年____月____日至____年____月____日（法定公休日、法定节假日除外），每日上午____时至____时，下午____时至____时（北京时间，下同），在____（有形建筑市场/交易中心名称及地址）报名。

5.招标文件的获取

5.1　凡通过上述报名者，请于____年____月____日至____年____月____日（法定公休日、法定节假日除外），每日上午____时至____时，下午____时至____时，在______________（详细地址）持单位介绍信购买招标文件。

5.2　招标文件每套售价____元，售后不退。图纸押金____元，在退还图纸时退还（不计利息）。

5.3　邮购招标文件的，需另加手续费（含邮费）____元。招标人在收到单位介绍信和邮购款（含手续费）后____日内寄送。

6.投标文件的递交

6.1　投标文件递交的截止时间（投标截止时间，下同）为____年____月____日时____分，地点为________________（有形建筑市场/交易中心名称及地址）。

6.2　逾期送达的或者未送达指定地点的投标文件，招标人不予受理。

7.发布公告的媒介

本次招标公告同时在____________（发布公告的媒介名称）上发布。

8.联系方式

招 标 人：__________________	招标代理机构：______________
地　　址：__________________	地　　址：__________________
邮　　编：__________________	邮　　编：__________________
联 系 人：__________________	联 系 人：__________________
电　　话：__________________	电　　话：__________________
传　　真：__________________	传　　真：__________________
电子邮件：__________________	电子邮件：__________________
网　　址：__________________	网　　址：__________________
开户银行：__________________	开户银行：__________________
账　　号：__________________	账　　号：__________________

____年____月____日

第一章　投标邀请书(适用于邀请招标)

____________(项目名称)____________标段施工投标邀请书

________________(被邀请单位名称)：

1.招标条件

本招标项目__________(项目名称)已由__________(项目审批、核准或备案机关名称)以________(批文名称及编号)批准建设，招标人(项目业主)为____________，建设资金来自__________(资金来源)，出资比例为__________。项目已具备招标条件，现邀请你单位参加__________(项目名称)标段施工投标。

2.项目概况与招标范围

____________[说明本招标项目的建设地点、规模、合同估算价、计划工期、招标范围、标段划分(如果有)等]。

3.投标人资格要求

3.1　本次招标要求投标人具备__________资质，__________(类似项目描述)业绩，并在人员、设备、资金等方面具有相应的施工能力。

3.2　你单位__________(可以或不可以)组成联合体投标。联合体投标的，应满足下列要求：________________。

3.3　本次招标要求投标人拟派项目经理具备__________专业__________级注册建造师执业资格，具备有效的安全生产考核合格证书，且未担任其他在施建设工程项目的项目经理。

4.招标文件的获取

4.1　请于____年____月____日至____年____月____日(法定公休日、法定节假日除外)，每日上午____时至____时，下午____时至____时(北京时间，下同)，在__________(详细地址)持本投标邀请书购买招标文件。

4.2　招标文件每套售价____元，售后不退。图纸押金____元，在退还图纸时退还(不计利息)。

4.3　邮购招标文件的，需另加手续费(含邮费)____元。招标人在收到邮购款(含手续费)后____日内寄送。

5.投标文件的递交

5.1　投标文件递交的截止时间(投标截止时间，下同)为____年____月____日____时____分，地点为________________(有形建筑市场/交易中心名称及地址)。

5.2　逾期送达的或者未送达指定地点的投标文件，招标人不予受理。

6.确认

你单位收到本投标邀请书后，请于__________(具体时间)前以传真或快递方式予以确认。

7.联系方式

招 标 人：________________	招标代理机构：________________
地　　址：________________	地　　址：________________
邮　　编：________________	邮　　编：________________

联 系 人：____________　　联 系 人：____________
电　　话：____________　　电　　话：____________
传　　真：____________　　传　　真：____________
电子邮件：____________　　电子邮件：____________
网　　址：____________　　网　　址：____________
开户银行：____________　　开户银行：____________
账　　号：____________　　账　　号：____________

____年____月____日

第一章　投标邀请书(代资格预审通过通知书)

__________(项目名称)__________标段施工投标邀请书

______________(被邀请单位名称)：

你单位已通过资格预审，现邀请你单位按招标文件规定的内容，参加______(项目名称)______标段施工投标。

请你单位于____年____月____日至____年____月____日(法定公休日、法定节假日除外)，每日上午____时至____时，下午____时至____时(北京时间，下同)，在______(详细地址)持本投标邀请书购买招标文件。

招标文件每套售价为______元，售后不退。图纸押金______元，在退还图纸时退还(不计利息)。邮购招标文件的，需另加手续费(含邮费)______元。招标人在收到邮购款(含手续费)后____日内寄送。

递交投标文件的截止时间(投标截止时间，下同)为____年____月____日____时____分，地点为______(有形建筑市场/交易中心名称及地址)。

逾期送达的或者未送达指定地点的投标文件，招标人不予受理。

你单位收到本投标邀请书后，请于____(具体时间)前以传真或快递方式予以确认。

招 标 人：____________　　招标代理机构：____________
地　　址：____________　　地　　址：____________
邮　　编：____________　　邮　　编：____________
联 系 人：____________　　联 系 人：____________
电　　话：____________　　电　　话：____________
传　　真：____________　　传　　真：____________
电子邮件：____________　　电子邮件：____________
网　　址：____________　　网　　址：____________
开户银行：____________　　开户银行：____________
账　　号：____________　　账　　号：____________

____年____月____日

第二章　投标人须知

投标人须知前附表

条　款　号	条 款 名 称	编 列 内 容
1.1.2	招标人	名称： 地址： 联系人： 电话： 电子邮件：
1.1.3	招标代理机构	名称： 地址： 联系人： 电话： 电子邮件：
1.1.4	项目名称	
1.1.5	建设地点	
1.2.1	资金来源	
1.2.2	出资比例	
1.2.3	资金落实情况	
1.3.1	招标范围	____________ 关于招标范围的详细说明见第七章“技术标准和要求”
1.3.2	计划工期	计划工期：____日历天 计划开工日期：____年____月____日 计划竣工日期：____年____月____日 除上述总工期外，发包人还要求以下区段工期： ____________ 有关工期的详细要求见第七章“技术标准和要求”
1.3.3	质量要求	质量标准： 关于质量要求的详细说明见第七章“技术标准和要求”
1.4.1	投标人资质条件、能力和信誉	资质条件： 财务要求： 业绩要求： 信誉要求： 项目经理资格：______专业______级(含以上级)注册建造师执业资格，具备有效的安全生产考核合格证书，且不得担任其他在施建设工程项目的项目经理。 其他要求：
1.4.2	是否接受联合体投标	□不接受 □接受，应满足下列要求： ____________ 联合体资质按照联合体协议约定的分工认定
1.9.1	踏勘现场	□不组织 □组织，踏勘时间： 踏勘集中地点：

续表

条款号	条款名称	编列内容
1.10.1	投标预备会	□不召开 □召开，召开时间： 召开地点：
1.10.2	投标人提出问题的截止时间	
1.10.3	招标人书面澄清的时间	
1.11	分包	□不允许 □允许，分包内容要求： 分包金额要求： 接受分包的第三人资质要求：
1.12	偏离	□不允许 □允许，可偏离的项目和范围见第七章“技术标准和要求”； 允许偏离最高项数：________ 偏差调整方法：________
2.1	构成招标文件的其他材料	
2.2.1	投标人要求澄清招标文件的截止时间	
2.2.2	投标截止时间	____年____月____日____时____分
2.2.3	投标人确认收到招标文件澄清的时间	在收到相应澄清文件后____小时内
2.3.2	投标人确认收到招标文件修改的时间	在收到相应修改文件后____小时内
3.1.1	构成投标文件的其他材料	
3.3.1	投标有效期	________天
3.4.1	投标保证金	投标保证金的形式： 投标保证金的金额： 递交方式：
3.5.2	近年财务状况的年份要求	____年，指____年____月____日起至____年____月____日止
3.5.3	近年完成的类似项目的年份要求	____年，指____年____月____日起至____年____月____日止
3.5.5	近年发生的诉讼及仲裁情况的年份要求	____年，指____年____月____日起至____年____月____日止
3.6	是否允许递交备选投标方案	□不允许 □允许，备选投标方案的编制要求见附表七“备选投标方案编制要求”，评审和比较方法见第三章“评标办法”
3.7.3	签字和（或）盖章要求	
3.7.4	投标文件副本份数	____份
3.7.5	装订要求	按照投标人须知第3.1.1项规定的投标文件组成内容，投标文件应按以下要求装订： □不分册装订 □分册装订，共分　　册，分别为： 投标函，包括____至____的内容 商务标，包括____至____的内容 技术标，包括____至____的内容 ____标，包括____至____的内容 每册采用________方式装订，装订应牢固、不易拆散和换页，不得采用活页装订

续表

条款号	条款名称	编列内容
4.1.2	封套上写明	招标人地址： 招标人名称： ______(项目名称)______标段投标文件 在____年____月____日____时____分前不得开启
4.2.2	递交投标文件地点	____________________________ (有形建筑市场/交易中心名称及地址)
4.2.3	是否退还投标文件	□否 □是，退还安排：
5.1	开标时间和地点	开标时间：同投标截止时间 开标地点：
5.2	开标程序	(4)密封情况检查： (5)开标顺序：
6.1.1	评标委员会的组建	评标委员会构成：____人，其中招标人代表____人(限招标人在职人员，且应当具备评标专家相应的或者类似的条件)，专家____人 评标专家确定方式：________
7.1	是否授权评标委员会确定中标人	□是 □否，推荐的中标候选人数：____
7.3.1	履约担保	履约担保的形式： 履约担保的金额：
10.需要补充的其他内容		
10.1　词语定义		
10.1.1	类似项目	类似项目是指：
10.1.2	不良行为记录	不良行为记录是指：
…	……	……
10.2　招标控制价		
	招标控制价	□不设招标控制价 □设招标控制价，招标控制价为：____元 详见本招标文件附件：________
10.3　“暗标”评审		
	施工组织设计是否采用“暗标”评审方式	□不采用 □采用，投标人应严格按照第八章“投标文件格式”中“施工组织设计(技术暗标)编制及装订要求”编制和装订施工组织设计
10.4　投标文件电子版		
	是否要求投标人在递交投标文件时，同时递交投标文件电子版	□不要求 □要求，投标文件电子版内容：________ 投标文件电子版份数：________ 投标文件电子版形式：________ 投标文件电子版密封方式：单独放入一个密封袋中，加贴封条，并在封套封口处加盖投标人单位章，在封套上标记“投标文件电子版”字样

续表

条款号	条款名称	编列内容
10.5	计算机辅助评标	
	是否实行计算机辅助评标	□否 □是，投标人需递交纸质投标文件一份，同时按本须知附表八"电子投标文件编制及报送要求"编制及报送电子投标文件。计算机辅助评标方法见第三章"评标办法"
10.6	投标人代表出席开标会	
	按照本须知第5.1款的规定，招标人邀请所有投标人的法定代表人或其委托代理人参加开标会。投标人的法定代表人或其委托代理人应当按时参加开标会，并在招标人按开标程序进行点名时，向招标人提交法定代表人身份证明文件或法定代表人授权委托书，出示本人身份证，以证明其出席，否则，其投标文件按废标处理	
10.7	中标公示	
	在中标通知书发出前，招标人将中标候选人的情况在本招标项目招标公告发布的同一媒介和有形建筑市场/交易中心予以公示，公示期不少于3个工作日	
10.8	知识产权	
	构成本招标文件各个组成部分的文件，未经招标人书面同意，投标人不得擅自复印和用于非本招标项目所需的其他目的。招标人全部或者部分使用未中标人投标文件中的技术成果或技术方案时，需征得其书面同意，并不得擅自复印或提供给第三人	
10.9	重新招标的其他情形	
	除投标人须知正文第8条规定的情形外，除非已经产生中标候选人，在投标有效期内同意延长投标有效期的投标人少于三个的，招标人应当依法重新招标	
10.10	同义词语	
	构成招标文件组成部分的"通用合同条款"、"专用合同条款"、"技术标准和要求"和"工程量清单"等章节中出现的措辞"发包人"和"承包人"，在招标投标阶段应当分别按"招标人"和"投标人"进行理解	
10.11	监督	
	本项目的招标投标活动及其相关当事人应当接受有管辖权的建设工程招标投标行政监督部门依法实施的监督	
10.12	解释权	
	构成本招标文件的各个组成文件应互为解释，互为说明；如有不明确或不一致，构成合同文件组成内容以合同文件约定内容为准，且以专用合同条款约定的合同文件优先顺序解释；除招标文件中有特别规定外，仅适用于招标投标阶段的规定，按招标公告（投标邀请书）、投标人须知、评标办法、投标文件格式的先后顺序解释；同一组成文件中就同一事项的规定或约定不一致的，以编排顺序在后者为准；同一组成文件不同版本之间有不一致的，以形成时间在后者为准。按本款前述规定仍不能形成结论的，由招标人负责解释	
10.13	招标人补充的其他内容	

1.总则

1.1　项目概况

1.1.1　根据《中华人民共和国招标投标法》等有关法律、法规和规章的规定，本招标项目已具备招标条件，现对本标段施工进行招标。

1.1.2　本招标项目招标人：见投标人须知前附表。

1.1.3 本标段招标代理机构:见投标人须知前附表。

1.1.4 本招标项目名称:见投标人须知前附表。

1.1.5 本标段建设地点:见投标人须知前附表。

1.2 资金来源和落实情况

1.2.1 本招标项目的资金来源:见投标人须知前附表。

1.2.2 本招标项目的出资比例:见投标人须知前附表。

1.2.3 本招标项目的资金落实情况:见投标人须知前附表。

1.3 招标范围、计划工期和质量要求

1.3.1 本次招标范围:见投标人须知前附表。

1.3.2 本标段的计划工期:见投标人须知前附表。

1.3.3 本标段的质量要求:见投标人须知前附表。

1.4 投标人资格要求(适用于已进行资格预审的)

投标人应是收到招标人发出投标邀请书的单位。

1.4 投标人资格要求(适用于未进行资格预审的)

1.4.1 投标人应具备承担本标段施工的资质条件、能力和信誉。

(1) 资质条件:见投标人须知前附表;

(2) 财务要求:见投标人须知前附表;

(3) 业绩要求:见投标人须知前附表;

(4) 信誉要求:见投标人须知前附表;

(5) 项目经理资格:见投标人须知前附表;

(6) 其他要求:见投标人须知前附表。

1.4.2 投标人须知前附表规定接受联合体投标的,除应符合本章第 1.4.1 项和投标人须知前附表的要求外,还应遵守以下规定:

(1) 联合体各方应按招标文件提供的格式签订联合体协议书,明确联合体牵头人和各方权利义务;

(2) 由同一专业的单位组成的联合体,按照资质等级较低的单位确定资质等级;

(3) 联合体各方不得再以自己名义单独或参加其他联合体在同一标段中投标。

1.4.3 投标人不得存在下列情形之一:

(1) 为招标人不具有独立法人资格的附属机构(单位);

(2) 为本标段前期准备提供设计或咨询服务的,但设计施工总承包的除外;

(3) 为本标段的监理人;

(4) 为本标段的代建人;

(5) 为本标段提供招标代理服务的;

(6) 与本标段的监理人或代建人或招标代理机构同为一个法定代表人的;

(7) 与本标段的监理人或代建人或招标代理机构相互控股或参股的;

(8) 与本标段的监理人或代建人或招标代理机构相互任职或工作的;

(9) 被责令停业的;

(10) 被暂停或取消投标资格的;

(11) 财产被接管或冻结的;

(12) 在最近三年内有骗取中标或严重违约或重大工程质量问题的。

1.5　费用承担

投标人准备和参加投标活动发生的费用自理。

1.6　保密

参与招标投标活动的各方应对招标文件和投标文件中的商业和技术等秘密保密，违者应对由此造成的后果承担法律责任。

1.7　语言文字

除专用术语外，与招标投标有关的语言均使用中文。必要时专用术语应附有中文注释。

1.8　计量单位

所有计量均采用中华人民共和国法定计量单位。

1.9　踏勘现场

1.9.1　投标人须知前附表规定组织踏勘现场的，招标人按投标人须知前附表规定的时间、地点组织投标人踏勘项目现场。

1.9.2　投标人踏勘现场发生的费用自理。

1.9.3　除招标人的原因外，投标人自行负责在踏勘现场中所发生的人员伤亡和财产损失。

1.9.4　招标人在踏勘现场中介绍的工程场地和相关的周边环境情况，供投标人在编制投标文件时参考，招标人不对投标人据此作出的判断和决策负责。

1.10　投标预备会

1.10.1　投标人须知前附表规定召开投标预备会的，招标人按投标人须知前附表规定的时间和地点召开投标预备会，澄清投标人提出的问题。

1.10.2　投标人应在投标人须知前附表规定的时间前，以书面形式将提出的问题送达招标人，以便招标人在会议期间澄清。

1.10.3　投标预备会后，招标人在投标人须知前附表规定的时间内，将对投标人所提问题的澄清，以书面方式通知所有购买招标文件的投标人。该澄清内容为招标文件的组成部分。

1.11　分包

投标人拟在中标后将中标项目的部分非主体、非关键性工作进行分包的，应符合投标人须知前附表规定的分包内容、分包金额和接受分包的第三人资质要求等限制性条件。

1.12　偏离

投标人须知前附表允许投标文件偏离招标文件某些要求的，偏离应当符合招标文件规定的偏离范围和幅度。

2. 招标文件

2.1　招标文件的组成

本招标文件包括：

(1) 招标公告(或投标邀请书)；

(2) 投标人须知；

(3) 评标办法；

(4) 合同条款及格式；

(5) 工程量清单；

(6) 图纸；

(7) 技术标准和要求；

(8) 投标文件格式；

(9) 投标人须知前附表规定的其他材料。

根据本章第1.10款、第2.2款和第2.3款对招标文件所作的澄清、修改，构成招标文件的组成部分。

2.2 招标文件的澄清

2.2.1 投标人应仔细阅读和检查招标文件的全部内容。如发现缺页或附件不全，应及时向招标人提出，以便补齐。如有疑问，应在投标人须知前附表规定的时间前以书面形式(包括信函、电报、传真等可以有形地表现所载内容的形式，下同)，要求招标人对招标文件予以澄清。

2.2.2 招标文件的澄清将在投标人须知前附表规定的投标截止时间15日前以书面形式发给所有购买招标文件的投标人，但不指明澄清问题的来源。如果澄清发出的时间距投标截止时间不足15日，相应延长投标截止时间。

2.2.3 投标人在收到澄清后，应在投标人须知前附表规定的时间内以书面形式通知招标人，确认已收到该澄清。

2.3 招标文件的修改

2.3.1 在投标截止时间15日前，招标人可以书面形式修改招标文件，并通知所有已购买招标文件的投标人。如果修改招标文件的时间距投标截止时间不足15日，相应延长投标截止时间。

2.3.2 投标人收到修改内容后，应在投标人须知前附表规定的时间内以书面形式通知招标人，确认已收到该修改。

3. 投标文件

3.1 投标文件的组成

3.1.1 投标文件应包括下列内容：

(1) 投标函及投标函附录；

(2) 法定代表人身份证明或附有法定代表人身份证明的授权委托书；

(3) 联合体协议书；

(4) 投标保证金；

(5) 已标价工程量清单；

(6) 施工组织设计；

(7) 项目管理机构；

(8) 拟分包项目情况表；

(9) 资格审查资料；

(10) 投标人须知前附表规定的其他材料。

3.1.2 投标人须知前附表规定不接受联合体投标的，或投标人没有组成联合体的，投标文件不包括本章第3.1.1(3)目所指的联合体协议书。

3.2 投标报价

3.2.1 投标人应按第五章“工程量清单”的要求填写相应表格。

3.2.2 投标人在投标截止时间前修改投标函中的投标总报价，应同时修改第五章“工程量清单”中的相应报价。此修改须符合本章第4.3款的有关要求。

3.3 投标有效期

3.3.1 在投标人须知前附表规定的投标有效期内,投标人不得要求撤销或修改其投标文件。

3.3.2 出现特殊情况需要延长投标有效期的,招标人以书面形式通知所有投标人延长投标有效期。投标人同意延长的,应相应延长其投标保证金的有效期,但不得要求或被允许修改或撤销其投标文件;投标人拒绝延长的,其投标失效,但投标人有权收回其投标保证金。

3.4 投标保证金

3.4.1 投标人在递交投标文件的同时,应按投标人须知前附表规定的金额、担保形式和第八章"投标文件格式"规定的投标保证金格式递交投标保证金,并作为其投标文件的组成部分。联合体投标的,其投标保证金由牵头人递交,并应符合投标人须知前附表的规定。

3.4.2 投标人不按本章第3.4.1项要求提交投标保证金的,其投标文件作废标处理。

3.4.3 招标人与中标人签订合同后5个工作日内,向未中标的投标人和中标人退还投标保证金。

3.4.4 有下列情形之一的,投标保证金将不予退还。

(1) 投标人在规定的投标有效期内撤销或修改其投标文件;

(2) 中标人在收到中标通知书后,无正当理由拒签合同协议书或未按招标文件规定提交履约担保。

3.5 资格审查资料(适用于已进行资格预审的)

投标人在编制投标文件时,应按新情况更新或补充其在申请资格预审时提供的资料,以证实其各项资格条件仍能继续满足资格预审文件的要求,具备承担本标段施工的资质条件、能力和信誉。

3.5 资格审查资料(适用于未进行资格预审的)

3.5.1 "投标人基本情况表"应附投标人营业执照副本及其年检合格的证明材料、资质证书副本和安全生产许可证等材料的复印件。

3.5.2 "近年财务状况表"应附经会计师事务所或审计机构审计的财务会计报表,包括资产负债表、现金流量表、利润表和财务情况说明书的复印件,具体年份要求见投标人须知前附表。

3.5.3 "近年完成的类似项目情况表"应附中标通知书和(或)合同协议书、工程接收证书(工程竣工验收证书)的复印件,具体年份要求见投标人须知前附表。每张表格只填写一个项目,并标明序号。

3.5.4 "正在施工和新承接的项目情况表"应附中标通知书和(或)合同协议书复印件。每张表格只填写一个项目,并标明序号。

3.5.5 "近年发生的诉讼及仲裁情况"应说明相关情况,并附法院或仲裁机构作出的判决、裁决等有关法律文书复印件,具体年份要求见投标人须知前附表。

3.5.6 投标人须知前附表规定接受联合体投标的,本章第3.5.1项至第3.5.5项规定的表格和资料应包括联合体各方相关情况。

3.6 备选投标方案

除投标人须知前附表另有规定外,投标人不得递交备选投标方案。允许投标人递交备选投标方案的,只有中标人所递交的备选投标方案方可予以考虑。评标委员会认为中标人的备选投标方案优于其按照招标文件要求编制的投标方案的,招标人可以接受该备选投标方案。

3.7 投标文件的编制

3.7.1 投标文件应按第八章“投标文件格式”进行编写,如有必要,可以增加附页,作为投标文件的组成部分。其中,投标函附录在满足招标文件实质性要求的基础上,可以提出比招标文件要求更有利于招标人的承诺。

3.7.2 投标文件应当对招标文件有关工期、投标有效期、质量要求、技术标准和要求、招标范围等实质性内容作出响应。

3.7.3 投标文件应用不褪色的材料书写或打印,并由投标人的法定代表人或其委托代理人签字或盖单位章。委托代理人签字的,投标文件应附法定代表人签署的授权委托书。投标文件应尽量避免涂改、行间插字或删除。如果出现上述情况,改动之处应加盖单位章或由投标人的法定代表人或其授权的代理人签字确认。签字或盖章的具体要求见投标人须知前附表。

3.7.4 投标文件正本一份,副本份数见投标人须知前附表。正本和副本的封面上应清楚地标记“正本”或“副本”的字样。当副本和正本不一致时,以正本为准。

3.7.5 投标文件的正本与副本应分别装订成册,并编制目录,具体装订要求见投标人须知前附表规定。

4. 投标

4.1 投标文件的密封和标记

4.1.1 投标文件的正本与副本应分开包装,加贴封条,并在封套的封口处加盖投标人单位章。

4.1.2 投标文件的封套上应清楚地标记“正本”或“副本”字样,封套上应写明的其他内容见投标人须知前附表。

4.1.3 未按本章第 4.1.1 项或第 4.1.2 项要求密封和加写标记的投标文件,招标人不予受理。

4.2 投标文件的递交

4.2.1 投标人应在本章第 2.2.2 项规定的投标截止时间前递交投标文件。

4.2.2 投标人递交投标文件的地点:见投标人须知前附表。

4.2.3 除投标人须知前附表另有规定外,投标人所递交的投标文件不予退还。

4.2.4 招标人收到投标文件后,向投标人出具签收凭证。

4.2.5 逾期送达的或者未送达指定地点的投标文件,招标人不予受理。

4.3 投标文件的修改与撤回

4.3.1 在本章第 2.2.2 项规定的投标截止时间前,投标人可以修改或撤回已递交的投标文件,但应以书面形式通知招标人。

4.3.2 投标人修改或撤回已递交投标文件的书面通知应按照本章第 3.7.3 项的要求签字或盖章。招标人收到书面通知后,向投标人出具签收凭证。

4.3.3 修改的内容为投标文件的组成部分。修改的投标文件应按照本章第 3 条、第 4 条规定进行编制、密封、标记和递交,并标明“修改”字样。

5. 开标

5.1 开标时间和地点

招标人在本章第 2.2.2 项规定的投标截止时间(开标时间)和投标人须知前附表规定的

地点公开开标，并邀请所有投标人的法定代表人或其委托代理人准时参加。

5.2　开标程序

主持人按下列程序进行开标：

（1）宣布开标纪律；

（2）公布在投标截止时间前递交投标文件的投标人名称，并点名确认投标人是否派人到场；

（3）宣布开标人、唱标人、记录人、监标人等有关人员姓名；

（4）按照投标人须知前附表规定检查投标文件的密封情况；

（5）按照投标人须知前附表的规定确定并宣布投标文件开标顺序；

（6）设有标底的，公布标底；

（7）按照宣布的开标顺序当众开标，公布投标人名称、标段名称、投标保证金的递交情况、投标报价、质量目标、工期及其他内容，并记录在案；

（8）投标人代表、招标人代表、监标人、记录人等有关人员在开标记录上签字确认；

（9）开标结束。

6.评标

6.1　评标委员会

6.1.1　评标由招标人依法组建的评标委员会负责。评标委员会由招标人或其委托的招标代理机构熟悉相关业务的代表，以及有关技术、经济等方面的专家组成。评标委员会成员人数以及技术、经济等方面专家的确定方式见投标人须知前附表。

6.1.2　评标委员会成员有下列情形之一的，应当回避：

（1）招标人或投标人的主要负责人的近亲属；

（2）项目主管部门或者行政监督部门的人员；

（3）与投标人有经济利益关系，可能影响对投标公正评审的；

（4）曾因在招标、评标以及其他与招标投标有关活动中从事违法行为而受过行政处罚或刑事处罚的。

6.2　评标原则

评标活动遵循公平、公正、科学和择优的原则。

6.3　评标

评标委员会按照第三章“评标办法”规定的方法、评审因素、标准和程序对投标文件进行评审。第三章“评标办法”没有规定的方法、评审因素和标准，不作为评标依据。

7.合同授予

7.1　定标方式

除投标人须知前附表规定评标委员会直接确定中标人外，招标人依据评标委员会推荐的中标候选人确定中标人，评标委员会推荐中标候选人的人数见投标人须知前附表。

7.2　中标通知

在本章第3.3款规定的投标有效期内，招标人以书面形式向中标人发出中标通知书，同时将中标结果通知未中标的投标人。

7.3　履约担保

7.3.1　在签订合同前，中标人应按投标人须知前附表规定的金额、担保形式和招标文件第四章“合同条款及格式”规定的履约担保格式向招标人提交履约担保。联合体中标的，其履约担保由牵头人递交，并应符合投标人须知前附表规定的金额、担保形式和招标文件第四章“合同条款及格式”规定的履约担保格式要求。

7.3.2　中标人不能按本章第 7.3.1 项要求提交履约担保的，视为放弃中标，其投标保证金不予退还，给招标人造成的损失超过投标保证金数额的，中标人还应当对超过部分予以赔偿。

7.4　签订合同

7.4.1　招标人和中标人应当自中标通知书发出之日起 30 天内，根据招标文件和中标人的投标文件订立书面合同。中标人无正当理由拒签合同的，招标人取消其中标资格，其投标保证金不予退还；给招标人造成的损失超过投标保证金数额的，中标人还应当对超过部分予以赔偿。

7.4.2　发出中标通知书后，招标人无正当理由拒签合同的，招标人向中标人退还投标保证金；给中标人造成损失的，还应当赔偿损失。

8. 重新招标和不再招标

8.1　重新招标

有下列情形之一的，招标人将重新招标：

(1) 投标截止时间止，投标人少于 3 个的；

(2) 经评标委员会评审后否决所有投标的。

8.2　不再招标

重新招标后投标人仍少于 3 个或者所有投标被否决的，属于必须审批或核准的工程建设项目，经原审批或核准部门批准后不再进行招标。

9. 纪律和监督

9.1　对招标人的纪律要求

招标人不得泄漏招标投标活动中应当保密的情况和资料，不得与投标人串通损害国家利益、社会公共利益或者他人合法权益。

9.2　对投标人的纪律要求

投标人不得相互串通投标或者与招标人串通投标，不得向招标人或者评标委员会成员行贿谋取中标，不得以他人名义投标或者以其他方式弄虚作假骗取中标；投标人不得以任何方式干扰、影响评标工作。

9.3　对评标委员会成员的纪律要求

评标委员会成员不得收受他人的财物或者其他好处，不得向他人透漏对投标文件的评审和比较、中标候选人的推荐情况以及评标有关的其他情况。在评标活动中，评标委员会成员不得擅离职守，影响评标程序正常进行，不得使用第三章“评标办法”没有规定的评审因素和标准进行评标。

9.4　对与评标活动有关的工作人员的纪律要求

与评标活动有关的工作人员不得收受他人的财物或者其他好处，不得向他人透漏对投标文件的评审和比较、中标候选人的推荐情况以及评标有关的其他情况。在评标活动中，与评标活动有关的工作人员不得擅离职守，影响评标程序正常进行。

9.5　投诉

投标人和其他利害关系人认为本次招标活动违反法律、法规和规章规定的，有权向有关行政监督部门投诉。

10. 需要补充的其他内容

需要补充的其他内容：见投标人须知前附表。

附表一：开标记录表

______(项目名称)______标段施工开标记录表

开标时间：____年____月____日____时____分

开标地点：______________________________

(一) 唱标记录

序　　号	投　标　人	密 封 情 况	投标保证金/元	投标报价/元	质 量 目 标	工　期	备　注	签名
招标人编制的标底(如果有)								

(二) 开标过程中的其他事项记录

____

____

____

____

____

____

(三) 出席开标会的单位和人员(附签到表)

招标人代表：______ 记录人：______ 监标人：______

______年______月______日

附表二：问题澄清通知

问题澄清通知

编号：__________

__________(投标人名称)：

__________(项目名称)__________标段施工招标的评标委员会，对你方的投标文件进行了仔细的审查，现需你方对本通知所附质疑问卷中的问题以书面形式予以澄清、说明或者补正。

请将上述问题的澄清、说明或者补正于____年____月____日____时前密封递交至______(详细地址)或传真至______(传真号码)。采用传真方式的，应在____年____月____日____时前将原件递交至______(详细地址)。

附件：质疑问卷

______(项目名称)______标段施工招标评标委员会

(经评标委员会授权的招标人代表签字或招标人加盖单位章)

____年____月____日

附表三：问题的澄清

问题的澄清、说明或补正

编号：__________

__________（项目名称）__________标段施工招标评标委员会：

问题澄清通知（编号：_____）已收悉，现澄清、说明或者补正如下：

1.

2.

……

投标人：__________（盖单位章）

法定代表人或其委托代理人：_____（签字）

____年____月____日

附表四：中标通知书

中标通知书

__________（中标人名称）：

你方于_____（投标日期）所递交的_____（项目名称）_____标段施工投标文件已被我方接受，被确定为中标人。

中标价：_____元。

工期：____日历天。

工程质量：符合_____标准。

项目经理：_____（姓名）。

请你方在接到本通知书后的____日内到__________（指定地点）与我方_____签订施工承包合同，在此之前按招标文件第二章“投标人须知”第7.3款规定向我方提交履约担保。

特此通知。

招标人：_____（盖单位章）

法定代表人：_____（签字）

____年____月____日

附表五：中标结果通知书

中标结果通知书

__________（未中标人名称）：

我方已接受__________（中标人名称）于____（投标日期）所递交的__________（项目名称）__________标段施工投标文件，确定__________（中标人名称）为中标人。

感谢你单位对我们工作的大力支持！

招标人：__________（盖单位章）

法定代表人：_____（签字）

____年____月____日

附表六：确认通知

确认通知

__________（招标人名称）：

你方____年____月____日发出的__________（项目名称）_____标段施工招标关于_____的通知，我方已于____年____月____日收到。

特此确认。

投标人：_____（盖单位章）

____年____月____日

附表七：备选投标方案编制要求

备选投标方案编制要求

备注：允许备选投标方案时，本附表应当作为本章“投标人须知”的附件，由招标人根据招标项目的具体情况和第三章“评标办法”中所附的评审和比较方法，对备选投标方案是否或在多大程度上可以偏离投标文件相关实质性要求、备选投标方案的组成内容，装订和递交要求等给予具体规定。

附表八：电子投标文件编制及报送要求

电子投标文件编制及报送要求

备注：采用计算机辅助评标，包括采用电子化招标投标的，本附表应当作为本章“投标人须知”的附件，由招标人根据各地和招标项目的具体情况给予规定。

第三章　评标办法(经评审的最低投标价法)

评标办法前附表

条款号		评审因素	评审标准
2.1.1	形式评审标准	投标人名称	与营业执照、资质证书、安全生产许可证一致
		投标函签字盖章	有法定代表人或其委托代理人签字并加盖单位章
		投标文件格式	符合第八章“投标文件格式”的要求
		联合体投标人(如有)	提交联合体协议书，并明确联合体牵头人
		报价唯一	只能有一个有效报价
		……	……
2.1.2	资格评审标准	营业执照	具备有效的营业执照
		安全生产许可证	具备有效的安全生产许可证
		资质等级	符合第二章“投标人须知”第1.4.1项规定
		财务状况	符合第二章“投标人须知”第1.4.1项规定
		类似项目业绩	符合第二章“投标人须知”第1.4.1项规定
		信誉	符合第二章“投标人须知”第1.4.1项规定
		项目经理	符合第二章“投标人须知”第1.4.1项规定
		其他要求	符合第二章“投标人须知”第1.4.1项规定
		联合体投标人(如有)	符合第二章“投标人须知”第1.4.2项规定
		……	……
2.1.3	响应性评审标准	投标内容	符合第二章“投标人须知”第1.3.1项规定
		工期	符合第二章“投标人须知”第1.3.2项规定
		工程质量	符合第二章“投标人须知”第1.3.3项规定
		投标有效期	符合第二章“投标人须知”第3.3.1项规定
		投标保证金	符合第二章“投标人须知”第3.4.1项规定
		权利义务	符合第四章“合同条款及格式”规定
		已标价工程量清单	符合第五章“工程量清单”给出的子目编码、子目名称、子目特征、计量单位和工程量
		技术标准和要求	符合第七章“技术标准和要求”规定
		投标价格	□ 低于(含等于)拦标价，拦标价＝标底价×(1＋____%)。 □ 低于(含等于)第二章“投标人须知”前附表第10.2款载明的招标控制价
		分包计划	符合第二章“投标人须知”第1.11款规定
		……	……

续表

条　款　号		评 审 因 素	评 审 标 准
2.1.4	施工组织设计和项目管理机构评审标准	施工方案与技术措施	……
		质量管理体系与措施	……
		安全管理体系与措施	……
		环境保护管理体系与措施	……
		工程进度计划与措施	……
		资源配备计划	……
		技术负责人	……
		其他主要人员	……
		施工设备	……
		试验、检测仪器设备	……
		……	……

条　款　号		评 审 因 素	评 审 方 法
2.2	详细评审标准	单价遗漏	……
		不平衡报价	……
		……	……

条　款　号		编 列 内 容
3	评标程序	详见评标详细程序
3.1.2	废标条件	详见废标条件
3.2.1	价格折算	详见评标价计算方法
3.2.2	判断投标报价是否低于其成本	详见投标人成本评审办法
补 1	备选投标方案的评审	详见备选投标方案的评审和比较办法
补 2	计算机辅助评标	详见计算机辅助评标方法

1.评标方法

本次评标采用经评审的最低投标价法。评标委员会对满足招标文件实质要求的投标文件，根据本章第 2.2 款规定的量化因素及量化标准进行价格折算，按照经评审的投标价由低到高的顺序推荐中标候选人，或根据招标人授权直接确定中标人，但投标报价低于其成本的除外。经评审的投标价相等时，投标报价低的优先；投标报价也相等的，由招标人自行确定。

2.评审标准

2.1　初步评审标准

2.1.1　形式评审标准：见评标办法前附表。

2.1.2　资格评审标准：见评标办法前附表(适用于未进行资格预审的)。

2.1.2　资格评审标准：见资格预审文件第三章“资格审查办法”详细审查标准（适用于已进行资格预审的）。

2.1.3　响应性评审标准：见评标办法前附表。

2.1.4　施工组织设计和项目管理机构评审标准：见评标办法前附表。

2.2　详细评审标准

详细评审标准：见评标办法前附表。

3.评标程序

3.1　初步评审

3.1.1　评标委员会可以要求投标人提交第二章“投标人须知”第3.5.1项至第3.5.5项规定的有关证明和证件的原件，以便核验。评标委员会依据本章第2.1款规定的标准对投标文件进行初步评审。有一项不符合评审标准的，作废标处理。（适用于未进行资格预审的）

3.1.1　评标委员会依据本章第2.1.1项、第2.1.3项、第2.1.4项规定的标准对投标文件进行初步评审。有一项不符合评审标准的，作废标处理。当投标人资格预审申请文件的内容发生重大变化时，评标委员会依据本章第2.1.2项规定的标准对其更新资料进行评审。（适用于未进行资格预审的）

3.1.2　投标人有以下情形之一的，其投标作废标处理：

（1）第二章“投标人须知”第1.4.3项规定的任何一种情形的；

（2）串通投标或弄虚作假或有其他违法行为的；

（3）不按评标委员会要求澄清、说明或补正的。

3.1.3　投标报价有算术错误的，评标委员会按以下原则对投标报价进行修正，修正的价格经投标人书面确认后具有约束力。投标人不接受修正价格的，其投标作废标处理。

（1）投标文件中的大写金额与小写金额不一致的，以大写金额为准；

（2）总价金额与依据单价计算出的结果不一致的，以单价金额为准修正总价，但单价金额小数点有明显错误的除外。

3.2　详细评审

3.2.1　评标委员会按本章2.2款规定的量化因素和标准进行价格折算，计算出评标价，并编制价格比较一览表。

3.2.2　评标委员会发现投标人的报价明显低于其他投标报价，或者在设有标底时明显低于标底，使得其投标报价可能低于其成本的，应当要求该投标人作出书面说明并提供相应的证明材料。投标人不能合理说明或者不能提供相应证明材料的，由评标委员会认定该投标人以低于成本报价竞标，其投标作废标处理。

3.3　投标文件的澄清和补正

3.3.1　在评标过程中，评标委员会可以书面形式要求投标人对所提交的投标文件中不明确的内容进行书面澄清或说明，或者对细微偏差进行补正。评标委员会不接受投标人主动提出的澄清、说明或补正。

3.3.2　澄清、说明和补正不得改变投标文件的实质性内容（算术性错误修正的除外）。投标人的书面澄清、说明和补正属于投标文件的组成部分。

3.3.3　评标委员会对投标人提交的澄清、说明或补正有疑问的，可以要求投标人进一步澄清、说明或补正，直至满足评标委员会的要求。

3.4　评标结果

3.4.1　除第二章“投标人须知”前附表授权直接确定中标人外，评标委员会按照经评审的价格由低到高的顺序推荐中标候选人。

3.4.2　评标委员会完成评标后，应当向招标人提交书面评标报告。

第三章　评标办法（综合评估法）

评标办法前附表

条款号		评审因素	评审标准
2.1.1	形式评审标准	投标人名称	与营业执照、资质证书、安全生产许可证一致
		投标函签字盖章	有法定代表人或其委托代理人签字或加盖单位章
		投标文件格式	符合第八章“投标文件格式”的要求
		联合体投标人（如有）	提交联合体协议书，并明确联合体牵头人
		报价唯一	只能有一个有效报价
		……	……
2.1.2	资格评审标准	营业执照	具备有效的营业执照
		安全生产许可证	具备有效的安全生产许可证
		资质等级	符合第二章“投标人须知”第1.4.1项规定
		财务状况	符合第二章“投标人须知”第1.4.1项规定
		类似项目业绩	符合第二章“投标人须知”第1.4.1项规定
		信誉	符合第二章“投标人须知”第1.4.1项规定
		项目经理	符合第二章“投标人须知”第1.4.1项规定
		其他要求	符合第二章“投标人须知”第1.4.1项规定
		联合体投标人（如有）	符合第二章“投标人须知”第1.4.2项规定
		……	……
2.1.3	响应性评审标准	投标内容	符合第二章“投标人须知”第1.3.1项规定
		工期	符合第二章“投标人须知”第1.3.2项规定
		工程质量	符合第二章“投标人须知”第1.3.3项规定
		投标有效期	符合第二章“投标人须知”第3.3.1项规定
		投标保证金	符合第二章“投标人须知”第3.4.1项规定
		权利义务	投标函附录中的相关承诺符合或优于第四章“合同条款及格式”的相关规定
		已标价工程量清单	符合第五章“工程量清单”给出的子目编码、子目名称、子目特征、计量单位和工程量
		技术标准和要求	符合第七章“技术标准和要求”规定
		投标价格	□ 低于（含等于）拦标价，拦标价＝标底价×（1＋____%）。 □ 低于（含等于）第二章“投标人须知”前附表第10.2款载明的招标控制价
		分包计划	符合第二章“投标人须知”第1.11款规定
		……	……
条款号		条款内容	编列内容
2.2.1		分值构成（总分100分）	施工组织设计：________分 项目管理机构：________分 投标报价：________分 其他评分因素：________分

续表

条款号		评审因素	评审标准
2.2.2		评标基准价计算方法	
2.2.3		投标报价的偏差率计算公式	偏差率＝100％×（投标人报价－评标基准价）/评标基准价
条款号		评分因素	评分标准
2.2.4（1）	施工组织设计评分标准	内容完整性和编制水平	……
		施工方案与技术措施	……
		质量管理体系与措施	……
		安全管理体系与措施	……
		环保管理体系与措施	……
		工程进度计划与措施	……
		资源配备计划	……
		……	……
2.2.4（2）	项目管理机构评分标准	项目经理资格与业绩	……
		技术负责人资格与业绩	……
		其他主要人员	……
		……	……
2.2.4（3）	投标报价评分标准	偏差率	……
		……	……
2.2.4（4）	其他因素评分标准	……	……

条款号		编列内容
3	评标程序	详见评标详细程序
3.1.2	废标条件	详见废标条件
3.2.2	判断投标报价是否低于其成本	详见投标人成本评审办法
补1	备选投标方案的评审	详见备选投标方案的评审和比较办法
补2	计算机辅助评标	详见计算机辅助评标方法

1. 评标方法

本次评标采用综合评估法。评标委员会对满足招标文件实质性要求的投标文件，按照本章第2.2款规定的评分标准进行打分，并按得分由高到低顺序推荐中标候选人，或根据招标人授权直接确定中标人，但投标报价低于其成本的除外。综合评分相等时，以投标报价低的优先；投标报价也相等的，由招标人自行确定。

2. 评审标准

2.1 初步评审标准

2.1.1 形式评审标准：见评标办法前附表。

2.1.2 资格评审标准:见评标办法前附表(适用于未进行资格预审的)。

2.1.2 资格评审标准:见资格预审文件第三章"资格审查办法"详细审查标准(适用于已进行资格预审的)。

2.1.3 响应性评审标准:见评标办法前附表。

2.2 分值构成与评分标准

2.2.1 分值构成

(1) 施工组织设计:见评标办法前附表;

(2) 项目管理机构:见评标办法前附表;

(3) 投标报价:见评标办法前附表;

(4) 其他评分因素:见评标办法前附表。

2.2.2 评标基准价计算

评标基准价计算方法:见评标办法前附表。

2.2.3 投标报价的偏差率计算

投标报价的偏差率计算公式:见评标办法前附表。

2.2.4 评分标准

(1) 施工组织设计评分标准:见评标办法前附表;

(2) 项目管理机构评分标准:见评标办法前附表;

(3) 投标报价评分标准:见评标办法前附表;

(4) 其他因素评分标准:见评标办法前附表。

3. 评标程序

3.1 初步评审

3.1.1 评标委员会可以要求投标人提交第二章"投标人须知"第3.5.1项至第3.5.5项规定的有关证明和证件的原件,以便核验。评标委员会依据本章第2.1款规定的标准对投标文件进行初步评审。有一项不符合评审标准的,作废标处理。(适用于未进行资格预审的)

3.1.1 评标委员会依据本章第2.1.1项、第2.1.3项规定的评审标准对投标文件进行初步评审。有一项不符合评审标准的,作废标处理。当投标人资格预审申请文件的内容发生重大变化时,评标委员会依据本章第2.1.2项规定的标准对其更新资料进行评审。(适用于已进行资格预审的)

3.1.2 投标人有以下情形之一的,其投标作废标处理:

(1) 第二章"投标人须知"第1.4.3项规定的任何一种情形的;

(2) 串通投标或弄虚作假或有其他违法行为的;

(3) 不按评标委员会要求澄清、说明或补正的。

3.1.3 投标报价有算术错误的,评标委员会按以下原则对投标报价进行修正,修正的价格经投标人书面确认后具有约束力。投标人不接受修正价格的,其投标作废标处理。

(1) 投标文件中的大写金额与小写金额不一致的,以大写金额为准;

(2) 总价金额与依据单价计算出的结果不一致的,以单价金额为准修正总价,但单价金额小数点有明显错误的除外。

3.2 详细评审

3.2.1 评标委员会按本章第2.2款规定的量化因素和分值进行打分,并计算出综合评估得分。

(1) 按本章第2.2.4(1)目规定的评审因素和分值对施工组织设计计算出得分A;

(2) 按本章第2.2.4(2)目规定的评审因素和分值对项目管理机构计算出得分B;

(3) 按本章第2.2.4(3)目规定的评审因素和分值对投标报价计算出得分C;

(4) 按本章第2.2.4(4)目规定的评审因素和分值对其他部分计算出得分D。

3.2.2 评分分值计算保留小数点后两位,小数点后第三位"四舍五入"。

3.2.3 投标人得分=A+B+C+D。

3.2.4 评标委员会发现投标人的报价明显低于其他投标报价,或者在设有标底时明显低于标底,使得其投标报价可能低于其个别成本的,应当要求该投标人作出书面说明并提供相应的证明材料。投标人不能合理说明或者不能提供相应证明材料的,由评标委员会认定该投标人以低于成本报价竞标,其投标作废标处理。

3.3 投标文件的澄清和补正

3.3.1 在评标过程中,评标委员会可以书面形式要求投标人对所提交投标文件中不明确的内容进行书面澄清或说明,或者对细微偏差进行补正。评标委员会不接受投标人主动提出的澄清、说明或补正。

3.3.2 澄清、说明和补正不得改变投标文件的实质性内容(算术性错误修正的除外)。投标人的书面澄清、说明和补正属于投标文件的组成部分。

3.3.3 评标委员会对投标人提交的澄清、说明或补正有疑问的,可以要求投标人进一步澄清、说明或补正,直至满足评标委员会的要求。

3.4 评标结果

3.4.1 除第二章"投标人须知"前附表授权直接确定中标人外,评标委员会按照得分由高到低的顺序推荐中标候选人。

3.4.2 评标委员会完成评标后,应当向招标人提交书面评标报告。

第四章 合同条款及格式

见附录C。

第五章 工程量清单

1. 工程量清单说明

1.1 本工程量清单是依据中华人民共和国国家标准《建设工程工程量清单计价规范》(以下简称《计价规范》)以及招标文件中包括的图纸等编制。计价规范中规定的工程量计算规则中没有的子目,应在本章第1.4款约定;计价规范中规定的工程量计算规则中没有且本章第1.4款也未约定的,双方协商确定;协商不成的,可向省级或行业工程造价管理机构申请裁定或按照有合同约束力的图纸所标示尺寸的理论净量计算。计量采用中华人民共和国法定的基本计量单位。

1.2 本工程量清单应与招标文件中的投标人须知、通用合同条款、专用合同条款、技术标准和要求及图纸等一起阅读和理解。

1.3 本工程量清单仅是投标报价的共同基础,竣工结算的工程量按合同约定确定。合同价格的确定以及价款支付应遵循合同条款(包括通用合同条款和专用合同条款)、技术标准和要求以及本章的有关约定。

1.4 补充子目的子目特征、计量单位、工程量计算规则及工作内容说明:____________。

2. 投标报价说明

2.1 投标报价应根据招标文件中的有关计价要求,并按照下列依据自主报价:

(1) 本招标文件；

(2)《建设工程工程量清单计价规范》；

(3) 国家或省级、行业建设主管部门颁发的计价办法；

(4) 企业定额，国家或省级、行业建设主管部门颁发的计价定额；

(5) 招标文件(包括工程量清单)的澄清、补充和修改文件；

(6) 建设工程设计文件及相关资料；

(7) 施工现场情况、工程特点及拟定的投标施工组织设计或施工方案；

(8) 与建设项目相关的标准、规定等技术资料；

(9) 市场价格信息或工程造价管理机构发布的工程造价信息；

(10) 其他相关资料。

2.2 工程量清单中的每一子目须填入单价或价格，且只允许有一个报价。

2.3 工程量清单中标价的单价或金额，应包括所需人工费、材料费、施工机械使用费和管理费及利润，以及一定范围内的风险费用。所谓“一定范围内的风险”是指合同约定的风险。

2.4 已标价工程量清单中投标人没有填入单价或价格的子目，其费用视为已分摊在工程量清单中其他已标价的相关子目的单价或价格之中。

2.5 “投标报价汇总表”中的投标总价由分部分项工程费、措施项目费、其他项目费、规费和税金组成，并且“投标报价汇总表”中的投标总价应当与构成已标价工程量清单的分部分项工程费、措施项目费、其他项目费、规费、税金的合计金额一致。

2.6 分部分项工程项目按下列要求报价：

2.6.1 分部分项工程量清单计价应依据计价规范中关于综合单价的组成内容确定报价。

2.6.2 如果分部分项工程量清单中涉及“材料和工程设备暂估单价表”中列出的材料和工程设备，则按照本节第3.3.2项的报价原则，将该类材料和工程设备的暂估单价本身以及除对应的规费及税金以外的费用计入分部分项工程量清单相应子目的综合单价。

2.6.3 如果分部分项工程量清单中涉及“发包人提供的材料和工程设备一览表”(见第三章合同条款及格式第三节附件三)中列出的材料和工程设备，则该类材料和工程设备供应至现场指定位置的采购供应价本身不计入投标报价，但应将该类材料和工程设备的安装、安装所需要的辅助材料、安装损耗以及其他必要的辅助工作及其对应的管理费及利润计入分部分项工程量清单相应子目的综合单价，并在其他项目清单报价中计取与合同约定服务内容相对应的总承包服务费。

2.6.4 “分部分项工程量清单与计价表”所列各子目的综合单价组成中，各子目的人工、材料和机械台班消耗量由投标人按照其自身情况做充分的竞争性考虑。材料消耗量包括损耗量。

2.6.5 投标人在投标文件中提交并构成合同文件的“主要材料和工程设备选用表”中所列的材料和工程设备的价格是指此类材料和工程设备到达施工现场指定堆放地点的落地价格，即包括采购、包装、运输、装卸、堆放等到达施工现场指定落地或堆放地点之前的全部费用，但不包括落地之后发生的仓储、保管、库损以及从堆放地点运至安装地点的二次搬运费用。“主要材料和工程设备选用表”中所列材料和工程设备的价格应与构成综合单价相应材料或工程设备的价格一致。落地之后发生的仓储、保管、库损以及从堆放地点运至安装地点的二次搬运等其他费用均应在投标报价中考虑。

2.7　措施项目按下列要求报价：

2.7.1　措施项目清单计价应根据投标人的施工组织设计进行报价。可以计量工程量的措施项目，应按分部分项工程量清单的方式采用综合单价计价；其余的措施项目可以“项”为单位的方式计价。投标人所填报价格应包括除规费、税金外的全部费用。

2.7.2　措施项目清单中的安全文明施工费应按国家、省级或行业建设主管部门的规定计价，不得作为竞争性费用。

2.7.3　招标人提供的措施项目清单中所列项目仅指一般的通用项目，投标人在报价时应充分、全面地阅读和理解招标文件的相关内容和约定，包括第七章“技术标准和要求”的相关约定，详实了解工程场地及其周围环境，充分考虑招标工程特点及拟定的施工方案和施工组织设计，对招标人给出的措施项目清单的内容进行细化或增减。

2.7.4　“措施项目清单与计价表”中所填写的报价金额，应全面涵盖招标文件约定的投标人中标后施工、竣工、交付本工程并维修其任何缺陷所需要履行的责任和义务的全部费用。

2.7.5　对于“措施项目清单与计价表”中所填写的报价金额，应按照“措施项目清单报价分析表”对措施项目报价的组成进行详细的列项和分析。

2.8　其他项目清单费应按下列规定报价：

2.8.1　暂列金额按“暂列金额明细表”中列出的金额报价，此处的暂列金额是招标人在招标文件中统一给定的，并不包括本章第2.8.3项的计日工金额。

2.8.2　暂估价分为材料和工程设备暂估单价和专业工程暂估价两类。其中的材料和工程设备暂估单价按本节第3.3.2项的报价原则进入分部分项工程量清单之综合单价，不在其他项目清单中汇总；专业工程暂估价直接按“专业工程暂估价表”中列出的金额和本节第3.3.3项的报价原则计入其他项目清单报价。

2.8.3　计日工按“计日工表”中列出的子目和估算数量，自主确定综合单价并计算计日工金额。计日工综合单价均不包括规费和税金，其中：

(1) 劳务单价应当包括工人工资、交通费用、各种补贴、劳动安全保护、社保费用、手提手动和电动工器具、施工场地内已经搭设的脚手架、水电和低值易耗品费用、现场管理费用、企业管理费和利润；

(2) 材料价格包括材料运到现场的价格以及现场搬运、仓储、二次搬运、损耗、保险、企业管理费和利润；

(3) 施工机械限于在施工场地（现场）的机械设备，其价格包括租赁或折旧、维修、维护和燃油等消耗品以及操作人员费用，包括承包人企业管理费和利润，但不包括规费和税金。辅助人员按劳务价格另计。

2.8.4　总承包服务费根据招标文件中列出的内容和要求，按“总承包服务费计价表”所列格式自主报价。

2.9　规费和税金应按“规费、税金项目清单与计价表”所列项目并根据国家、省级或行业建设主管部门的有关规定列项和计算，不得作为竞争性费用。

2.10　除招标文件有强制性规定以及不可竞争部分以外，投标报价由投标人自主确定，但不得低于其成本。

2.11　工程量清单计价所涉及的生产资源（包括各类人工、材料、工程设备、施工设备、临时设施、临时用水、临时用电等）的投标价格，应根据自身的信息渠道和采购渠道，分析其市场价格水平并判断其整个施工周期内的变化趋势，体现投标人自身的管理水平、技术水平和综合实力。

2.12 管理费应由投标人在保证不低于其成本的基础上做竞争性考虑；利润由投标人根据自身情况和综合实力做竞争性考虑。

2.13 投标报价中应考虑招标文件中要求投标人承担的风险范围以及相关的费用。

2.14 投标总价为投标人在投标文件中提出的各项支付金额的总和，为实施、完成招标工程并修补缺陷以及履行招标文件中约定的风险范围内的所有责任和义务所发生的全部费用。

2.15 有关投标报价的其他说明。

3. 其他说明

3.1 词语和定义

3.1.1 工程量清单

表现本工程分部分项工程项目、措施项目、其他项目、规费项目和税金的名称和相应数量等的明细清单。

3.1.2 总价子目

工程量清单中以总价计价，以“项”为计量单位，工程量为整数 1 的子目，除专用合同条款另有约定外，总价固定包干。采用总价合同形式时，合同订立后，已标价工程量清单中的工程量均没有合同约束力，所有子目均是总价子目，视同按项计量（合同条款第 15 条约定的变更除外）。

3.1.3 单价子目

工程量清单中以单价计价，根据有合同约束力的图纸和工程量计算规则进行计量，以实际完成数量乘以相应单价进行结算的子目。

3.1.4 子目编码

分部分项工程项目清单中所列的子目名称的数字标识和代码，子目编码与项目编码同义。

3.1.5 子目特征

构成分部分项工程项目清单子目、措施项目的实质内容、决定其自身价值的本质特征，子目特征与项目特征同义。

3.1.6 规费

承包人根据省级政府或省级有关权力部门规定必须缴纳的，应计入建筑安装工程造价的费用。

3.1.7 税金

国家税法规定的应计入建筑安装工程造价内的营业税、城市维护建设税及教育费附加等。

3.1.8 总承包服务费

总承包人为配合协调发包人发包的专业工程以及发包人采购的材料和工程设备等进行管理、服务以及施工现场管理、竣工资料汇总整理等所需的费用。

3.1.9 同义词语

本章中使用的词语“招标人”和“投标人”分别与合同条款中定义的“发包人”和“承包人”同义；就工程量清单而言，“子目”与“项目”同义。

3.2　工程量差异调整

3.2.1　工程量清单中的工作内容分类、子目列项、特征描述以及“分部分项工程量清单与计价表”中附带的工程量都不应理解为是对承包(招标)范围以及合同工作内容的唯一的、最终的或全部的定义。

3.2.2　投标人应对招标人提供的工程量清单进行认真细致的复核。这种复核包括对招标人提供的工程量清单中的子目编码、子目名称、子目特征描述、计量单位、工程量的准确性以及可能存在的任何书写、打印错误进行检查和复核，特别是对“分部分项工程量清单与计价表”中每个工作子目的工程量进行重新计算和校核。如果投标人经过检查和复核以后认为招标人提供的工程量清单存在差异，则投标人应将此类差异的详细情况连同按投标人须知规定提交的要求招标人澄清的其他问题一起提交给招标人，招标人将根据实际情况决定是否颁发工程量清单的补充和(或)修改文件。

3.2.3　如果招标人在检查投标人根据上文第3.2.2项提交的工程量差异问题后认为没有必要对工程量清单进行补充和(或)修改，或者招标人根据上文第3.2.2项对工程量清单进行了补充和(或)修改，但投标人认为工程量清单中的工程量依然存在差异，则此类差异不再提交招标人答疑和修正，而是直接按招标人提供的工程量清单[包括招标人可能的补充和(或)修改]进行投标报价。投标人在按照工程量清单进行报价时，除按照本节2.7.3项要求对招标人提供的措施项目清单的内容进行细化或增减外，不得改变(包括对工程量清单子目的子目名称、子目特征描述、计量单位以及工程量的任何修改、增加或减少)招标人提供的分部分项工程量清单和其他项目清单。即使按照图纸和招标范围的约定并不存在的子目，只要在招标人提供的分部分项工程量清单中已经列明，投标人都需要对其报价，并纳入投标总价的计算。

3.3　暂列金额和暂估价

3.3.1　“暂列金额明细表”中所列暂列金额(不包括计日工金额)中已经包含与其对应的管理费、利润和规费，但不含税金。投标人应按本招标文件规定将此类暂列金额直接纳入其他项目清单的投标价格并计取相应的税金，不需要考虑除税金以外的其他任何费用。

3.3.2　“材料和工程设备暂估价表”中所列的材料和工程设备暂估价是此类材料、工程设备本身运至施工现场内的工地地面价，不包括其本身所对应的管理费、利润、规费、税金以及这些材料和工程设备的安装、安装所需要的辅助材料、安装损耗、驻厂监造以及发生在现场内的验收、存储、保管、开箱、二次倒运、从存放地点运至安装地点以及其他任何必要的辅助工作(以下简称“暂估价材料和工程设备的安装及辅助工作”)所发生的费用及其对应的管理费、利润、规费和税金。除应按本招标文件规定将此类暂估价本身纳入分部分项工程量清单相应子目的综合单价以外，投标人还应将上述材料和工程设备的安装及辅助工作所发生的费用以及与此类费用有关的管理费和利润包含在分部分项工程量清单相应子目的综合单价中，并计取相应的规费和税金。

3.3.3　专业工程暂估价表中所列的专业工程暂估价已经包含与其对应的管理费、利润和规费，但不含税金。投标人应按本招标文件规定将此类暂估价直接纳入其他项目清单的投标价格并计取相应的税金。除按本招标文件规定将此类暂估价纳入其他项目清单的投标价格并计取相应的税金以外，投标人还需要根据招标文件规定的内容考虑相应的总承包服务费以及与总承包服务费有关的规费和税金。

3.4　其他补充说明

4. 工程量清单与计价表

4.1 工程量清单封面

______________________工程

工 程 量 清 单

招标人：（单位盖章）

工程造价咨询人：（单位资质专用章）

法定代表人或其授权人：（签字或盖章）

法定代表人或其授权人：（签字或盖章）

编制人：（造价人员签字盖专用章）

复核人：（造价工程师签字盖专用章）

编制时间： 年 月 日

复核时间： 年 月 日

4.2 投标总价表

投标总价

招标人：______________________

工程名称：______________________

投标总价(小写)：______________________

(大写)：______________________

投标人：（单位盖章）

法定代表人

或其授权人：（签字或盖章）

编制人：（造价人员签字盖专用章）

编制时间： 年 月 日

4.3 总说明

总说明

工程名称： 第 页 共 页

4.4 工程项目投标报价汇总表

工程项目投标报价汇总表

工程名称：　　　　　　　　　　　　　　　　　　　　　　第　页　共　页

序　号	单项工程名称	金额/元	其　中		
			暂估价/元	安全文明施工费/元	规费/元
合计					

4.5 单项工程投标报价汇总表

单项工程投标报价汇总表

工程名称：　　　　　　　　　　　　　　　　　　　　　　第　页　共　页

序　号	单项工程名称	金额/元	其　中		
			暂估价/元	安全文明施工费/元	规费/元
合计					

4.6 单位工程投标报价汇总表

单位工程投标报价汇总表

工程名称：　　　　　　　　　　　　　　　　　　　　　　　　第　页　共　页

序　号	汇 总 内 容	金额/元	其中：暂估价/元
1	分部分项工程		
1.1			
1.2			
1.3			
…	……	……	……
2	措施项目		—
2.1	其中：安全文明施工费		—
3	其他项目		—
3.1	暂列金额(不包括计日工)		—
3.2	专业工程暂估价		—
3.3	计日工		—
3.4	总承包服务费		—
4	规费		—
5	税金		—
报标报价合计=1+2+3+4+5			—

4.7 分部分项工程量清单与计价表

分部分项工程量清单与计价表

工程名称：　　　　　　　　　　　　　　　　　　　　　　　　第　页　共　页

序　号	子目编码	子目名称	子目特征描述	计量单位	工程量	金额/元		
						综合单价	合价	其中：暂估价
本页小计								
合　计								

注：根据《建筑安装工程费用组成》(建标[2003]206号)的规定，为计取规费等的使用，可在表中增设其中："直接费""人工费"或"人工费+机械费"。

4.8 工程量清单综合单价分析表

工程量清单综合单价分析表

工程名称：　　　　　　　　　　　　　　　　　　　　　　　　　　第　页　共　页

清单综合单价组成明细											
定额编号	定额名称	定额单位	数量	单价				合价			
				人工费	材料费	机械费	管理费和利润	人工费	材料费	机械费	管理费和利润
人工单价		小计									
元/工日		未计价材料和工程设备费									
清单子目综合单价											

材料费明细	主要材料和工程设备名称、规格、型号	单位	数量	单价	合计	暂估单价/元	暂估合价/元
	其他材料费						
	材料费小计						

注：如不使用省级或行业建设主管部门发布的计价定额，可不填定额项目、编号等。

4.9 措施项目清单与计价表(一)

措施项目清单与计价表(一)

工程名称：　　　　　　　　　　　　　　　　　　　　　　　　　　第　页　共　页

序　号	子目名称	计算基础	费率/(%)	金额/元
1	安全文明施工费			
2	夜间施工费			
3	二次搬运费			
4	冬雨季施工			
5	大型机械设备进出场及安拆费			
6	施工排水、降水			
7	地上、地下设施、建筑物的临时保护设施			
8	已完工程及设备保护			
9	各专业工程的措施项目			
合计				

注：1. 本表适用于以“项”计价的措施项目；

2. 根据建设部、财政部发布的《建筑安装工程费用组成》(建标[2003]206 号)的规定，“计算基础”可为“直接费”“人工费”或“人工费＋机械费”。

4.10 措施项目清单与计价表(二)

措施项目清单与计价表(二)

工程名称：　　　　　　　　　　　　　　　　　　　　　　　　　第　页　共　页

序　号	子目编码	子目名称	子目特征描述	计量单位	工　程　量	金额/元	
						综合单价	合　价
本页小计							
合　计							

注：本表适用于以综合单价形式计价的措施项目。

4.11 其他项目清单与计价汇总表

其他项目清单与计价汇总表

工程名称：　　　　　　　　　　　　　　　　　　　　　　　　　第　页　共　页

序　号	子目名称	计量单位	金额/元	备　注
1	暂列金额(不包括计日工)	项		明细详见表 4.11-1
2	暂估价			
2.1	材料和工程设备暂估价		(进入综合单价)	明细详见表 4.11-2
2.2	专业工程暂估价			明细详见表 4.11-3
3	计日工			明细详见表 4.11-4
4	总承包服务费			明细详见表 4.11-5
合计				—

注：材料和工程设备暂估单价进入清单子目综合单价，此处不汇总。

4.11-1 暂列金额明细表

暂列金额明细表

工程名称： 第 页 共 页

序 号	子目名称	计量单位	暂列金额/元	备 注
合计				

注：此表由招标人填写，不包括计日工。暂列金额项目部分如不能详列明细，也可只列暂列金额项目总金额，投标人应将上述暂列金额计入投标总价中。

4.11-2 材料和工程设备暂估单价表

材料和工程设备暂估单价表

工程名称： 第 页 共 页

序 号	材料和工程设备名称、规格、型号	计量单位	暂估单价/元	备 注

注：1. 此表由招标人填写，并在备注栏说明暂估价的材料和工程设备拟用在哪些清单子目中，投标人应将上述材料、工程设备暂估单价计入工程量清单综合单价报价中；达到规定的规模标准的重要设备、材料以外的其他材料、设备约定采用招标方式采购的，应当同时注明；

2. 投标人应注意，这些材料和工程设备暂估单价中不包括投标人的企业管理费和利润，组成相应清单子目综合单价时，应避免重复计取；

3. 材料、工程设备包括原材料、燃料、构配件以及按规定应计入建筑安装工程造价的设备。

4.11-3 专业工程暂估价表

专业工程暂估价表

工程名称： 第 页 共 页

序号	工程名称	工程内容	金额/元	备注
合计				

注：1. 此表由招标人填写，投标人应将上述专业工程暂估价计入投标总价中。

2. 备注栏中应当对未达到招标规模标准的是否采用分包做出说明，采用分包方式的应当由发包人和承包人依法招标方式选择分包人。

4.11-4 计日工表

计日工表

工程名称： 第 页 共 页

编号	子目名称	单位	暂定数量	综合单价	合价/元
一	劳务(人工)				
1					
2					
3					
4					
人工小计					
二	材料				
1					
2					
3					
4					
材料小计					
上述材料表中未列出的材料设备，投标人计取的包括企业管理费、利润(不包括规费和税金)在内的固定百分比：					占比/(%)
三	施工机械				
1					
2					
3					
4					
施工机械小计					
总计					

注：1. 此表暂定项目、数量由招标人填写，编制招标控制价时，单价由招标人按有关计价规定确定。

2. 投标时，子目和数量按招标人提供数据计算，单价由投标人自主报价，计入投标总价中。

3. 此表总计的计日工金额应当作为暂列金额的一部分，计入表 4.11-1 中。

4.11-5 总承包服务费计价表

总承包服务费计价表

工程名称： 第 页 共 页

序号	工程名称	项目价值/元	服务内容	费率/(%)	金额/元
1	发包人发包专业工程				
2	发包人供应材料和工程设备				
…	……				
合计					

4.12 规费、税金项目清单与计价表

规费、税金项目清单与计价表

工程名称： 第 页 共 页

序号	项目名称	计算基础	费率/(%)	金额/元
1	规费			
1.1	工程排污费			
1.2	社会保障费			
(1)	养老保险费			
(2)	失业保险费			
(3)	医疗保险费			
1.3	住房公积金			
1.4	危险作业意外伤害保险			
1.5	工程定额测定费			
…	……			
2	税金	分部分项工程费＋措施项目费＋其他项目费＋规费		

注：规费根据建设部、财政部发布的《建筑安装工程费用组成》(建标[2003]206号)的规定，“计算基础”可为“直接费”“人工费”或“人工费＋机械费”。

4.13 措施项目报价组成分析表

措施项目报价组成分析表

工程名称： 第 页 共 页

子目编码	措施项目名称	拟采取主要方案或投入资源描述	实际成本详细计算过程	报价构成分析			报价金额/元
				实际成本	管理费	利润	

4.14　费率报价表

费率报价表

工程名称：

序　　号	费 用 名 称	取 费 基 数	报价费率/(%)
A	建筑工程		
1	企业管理费		
2	利润		
B	装饰和装修工程		
3	企业管理费		
4	利润		
C	机电安装工程		
5	企业管理费		
6	利润		
D	市政/园林绿化工程		
7	企业管理费		
8	利润		

注：本报价表中的费率应与分部分项工程清单综合单价分析表中的费率一致。

4.15　主要材料和工程设备选用表

主要材料和工程设备选用表

序　　号	材料和工程设备名称	单　　位	单价/元	数　　量	品牌/厂家	规 格 型 号	备　　注

注：本表中所列材料设备应仅限于承包人自行采购范围内的材料设备。本表格可以按照同样的格式扩展。

三、招标文件案例

在施工招标过程中，应根据招标文件范本及工程实际编制招标文件，下面就某省动迁安置房工程招标文件的部分内容示例。

1. 施工招标文件封面

招标文件

项目名称：某省动迁安置房工程

招标编号：NO. 201803013700000

招标人：X 房产投资有限公司

招标代理机构：Y 工程投资咨询有限公司

2018 年 03 月 26 日

2. 目录（略）

3. 正文

第一章　招标公告（资格后审）

招标编号：NO. 201803213700000

2018 年 03 月 26 日

1. X 房产投资有限公司的动迁安置房工程已由 XX 市吴开区发展和改革委员会，以吴发改行审发〔2018〕35 号批准建设。工程所需资金来自自筹，现已落实。项目已具备招标条件，现对该项目进行公开招标。

2. Y 工程投资咨询有限公司受招标人委托具体负责本工程的招标事宜。

3. 工程概况。

(1) 工程地点：吴开区湖东路 118 号；招标类型：施工招标。

(2) 工程规模：建筑面积约 17212 平方米，建筑高度 53.95 米，最大跨度 10.2 米，建筑层数为－1＋18 层；工程性质：建筑工程；招标金额：约 5300 万元。

(3) 计划开、竣工时间：2018 年 5 月 8 日至 2019 年 11 月 8 日。

4. 本次招标共分 1 个标段，标段划分及相应招标内容如下。

标段序号	标段内容	工程性质	工程类别	合同估算价/万元	对企业的资质、等级要求	对注册建造师（项目经理）的资质、等级要求	是否网上支付	招标文件售价/元	评标办法
1	动迁安置房工程	建筑工程	房屋建筑	5300	建筑工程施工总承包二级及以上资质	建筑工程二级及以上资质	是	220	合理低价法

企业允许申请标段数：1；注册建造师（项目经理）允许申请标段数：1；是否采用网上投标：是。

5. 投标申请人资格合格条件。

1) 投标申请人资格合格条件：

(1) 具有独立订立合同的能力。

(2) 投标申请人资质类别和等级：同上表。

（3）企业具备安全生产条件，并取得安全生产许可证（相关规定不作要求的除外）。

（4）拟选派注册建造师（项目经理）资质类别等级：同上表。

（5）注册建造师（项目经理）取得安全B类证书。

（6）项目负责人必须满足下列条件：

① 项目负责人不得同时在两个或两个以上单位受聘或者执业。

a. 不得同时在两个及以上单位签订劳动合同或缴纳社会保险。

b. 不得将本人执（职）业资格证书同时注册在两个及以上单位。

② 项目负责人是非变更后无在建工程的，或项目负责人是变更后无在建工程的（必须原合同工期已满且距变更备案之日已满6个月），或因非承包方原因致使工程项目停工或因故不能按期开工，且已办理了项目负责人解锁手续，或项目负责人有在建工程，但该在建工程与本次招标的工程属于同一工程项目、同一项目批文、同一施工地点分段发包或分期施工的情况且总的工程规模在项目负责人执业范围之内。

（7）本次招标不接受联合体投标。

2）资格审查必要合格可选条件：

要求自2015年3月以来，投标申请人须承担过单项合同金额为3000万元及以上的居住建筑工程（商住楼除外）。类似工程需上传中标通知书（或直接发包备案表）、施工合同、竣工验收证明的扫描件。时间以竣工验收证明中注明的竣工验收时间为准，金额以中标通知书或直接发包备案表为准。如果直接发包备案表中没有金额的，以施工合同中的签约合同价为准。

3）投标申请人有以下情形的，为资格审查不合格：

（1）处于被责令停业、投标资格被取消或者财产被接管、冻结和破产状态；

（2）在最近三年内骗取中标或者严重违约或者发生重大工程质量问题；

（3）正被列为失信被执行人的。

6. 招标文件的获取。

（1）凡有意参加投标者，请于2018年3月26日11:00时至2018年4月2日17:00时，在“建设工程网上交易（公共资源）系统”下载招标文件。

（2）潜在投标人应在截标时间十天前随时查看“建设工程网上交易（公共资源）系统”中有关该工程招标文件的答疑内容。否则，由此引起的投标损失自负。

7. 投标文件的递交。

（1）投标文件递交的截止时间（投标截止时间，下同）为2018年4月20日9:30时，投标文件的递交是指使用“建设工程网上交易（公共资源）系统”在投标截止时间前完成投标文件的上传，采用电子光盘递交标书的应在投标截止时间前送达，地点为：吴开区公共资源交易中心三楼315室。

（2）逾期上传的或者未送达指定地点的投标文件，招标人不予受理。

8. 招标人地址：吴开区湖东路118号；联系人：沈××；电话：63960757。

9. 招标代理机构地址：吴开区双桥路172号；联系人：费××；电话：63405799；传真：63405799；邮编：215200。

10. 本公告发布时间：2018年3月26日。

第二章　投标人须知

投标人须知前附表

条款号	条款名称	编列内容
1.1.2	招标人	名称：X房产投资有限公司 地址：吴开区湖东路118号 联系人：沈×× 电话：63960757
1.1.3	招标代理机构	名称：Y工程投资咨询有限公司 地址：吴开区双桥路172号 联系人：费×× 电话：63405799
1.1.4	项目名称	动迁安置房工程
1.1.5	建设地点	吴开区湖东路118号
1.2.1	资金来源	☑国有资金□非国有资金
1.2.2	出资比例	国有资金：100%；非国有资金：%
1.2.3	资金落实情况	已落实
1.3.1	招标范围	动迁安置房工程桩基、土建、安装等，关于招标范围的详细说明见第七章“技术标准和要求”
1.3.2	计划工期	计划工期：550日历天 定额工期：550日历天 计划开工日期：2018年5月8日 计划竣工日期：2019年11月8日 除上述总工期外，发包人还要求以下区段工期：____/____ 有关工期的详细要求见第七章“技术标准和要求”
1.3.3	质量要求	质量标准：合格 关于质量要求的详细说明见第七章“技术标准和要求”
1.4.1	投标人资质条件、能力和信誉	资质条件：同招标公告 财务要求：无财产被接管、冻结，破产状态 业绩要求：同招标公告 信誉要求：没有处于被责令停业，投标资格被取消；在最近三年内没有骗取中标和严重违约及重大工程质量问题 项目经理资格：建筑工程专业二级(含以上)注册建造师执业资格，具备有效的安全生产考核合格证书，且不得担任其他在建工程项目的项目经理 其他要求：/
1.4.2	是否接受联合体投标	☑不接受 □接受，应满足下列要求：________ 联合体资质按照联合体协议约定的分工认定
1.9.1	踏勘现场	☑不组织，投标人可自行踏勘 □组织，踏勘时间： 踏勘集中地点：
1.10.1	投标预备会	☑不召开 □召开，召开时间： 召开地点：

续表

条款号	条款名称	编列内容
1.10.2	投标人提出问题的截止时间	2018年4月2日
1.10.3	招标人书面澄清的时间	2018年4月3日
1.11	分包	□不允许 ☑允许，分包内容要求： 分包金额要求：按规定 接受分包的第三人资质要求：按规定
1.12	偏离	☑不允许 □允许，可偏离的项目和范围见第七章“技术标准和要求”； 允许偏离最高项数：______ 偏差调整方法：______
2.1	构成招标文件的其他材料	/
2.2.1	投标人要求澄清招标文件的截止时间	2018年4月9日17:00
2.2.2	投标截止时间	2018年4月20日9时30分
2.2.3	投标人确认收到招标文件澄清的时间	在收到相应澄清文件后24小时内
2.3.2	投标人确认收到招标文件修改的时间	在收到相应修改文件后24小时内
3.1.1	构成投标文件的其他材料	/
3.3.1	投标有效期	60天
3.4.1	投标保证金	投标保证金的形式：支票、汇票、电汇、网上支付 投标保证金的金额：80万 递交方式：从投标人本单位的基本账户上直接转、汇
3.5.2	近年财务状况的年份要求	3年，指2015年3月26日起至2018年3月26日止
3.5.3	近年完成的类似项目的年份要求	3年，指2015年3月26日起至2018年3月26日止
3.5.5	近年发生的诉讼及仲裁情况的年份要求	3年，指2015年3月26日起至2018年3月26日止
3.6	是否允许递交备选投标方案	☑不允许 □允许，备选投标方案的编制要求见附表七“备选投标方案编制要求”，评审和比较方法见第三章“评标办法”
3.7.3	签字和(或)盖章要求	电子签名
3.7.4	投标文件副本份数	本项目为网上电子投标，中标人在领取中标通知书后需向招标人额外提供与投标所报电子文件一致的纸质投标书3份
3.7.5	装订要求	按照投标人须知第3.1.1项规定的投标文件组成内容，投标文件应按以下要求装订：

续表

条款号	条款名称	编列内容
3.7.5	装订要求	☑不分册装订 □分册装订，共分__册，分别为： 投标函，包括__至__的内容 商务标，包括__至__的内容 技术标，包括__至__的内容 ______标，包括__至__的内容 每册采用______方式装订，装订应牢固、不易拆散和换页，不得采用活页装订
4.1.2	封套上写明	招标人地址：吴开区湖东路118号 招标人名称：X房产投资有限公司 动迁安置房工程1标段标段投标文件在2018年4月__日20时30分前不得开启
4.2.2	递交投标文件地点	地点：吴开区公共资源交易中心三楼315室 地址：吴开区平湖路21号 网上投标网址：www.wukai.gov.cn.
4.2.3	是否退还投标文件	☑否 □是，退还安排：
5.1	开标时间和地点	开标时间：同投标截止时间 开标地点：吴开区公共资源交易中心三楼315室
6.1.1	评标委员会的组建	评标委员会构成：7人，其中招标人代表0人（限在职人员，且应当具备评标专家相应的或者类似的条件），专家7人 评标专家确定方式：随机抽取
7.1	是否授权评标委员会确定中标人	□是 ☑否，推荐的中标候选人数：3人
7.3.1	履约担保	履约担保的形式：/ 履约担保的金额：/
10	需要补充的其他内容	
10.1	词语定义	
10.1.1	类似项目	类似项目是指：要求自2015年3月以来，投标申请人须承担过单项合同金额为3000万元及以上的居住建筑工程（商住楼除外）
10.1.2	不良行为记录	不良行为记录是指：不良行为记录的信息以×市、×省、住房与城乡建设部公布的为准
10.2	招标控制价	□不设招标控制价 ☑设招标控制价，招标控制价为：5280万元
10.3	施工组织设计是否采用“暗标”评审方式	□不采用 ☑采用，投标人应严格按照第八章“投标文件格式”中“施工组织设计（技术暗标）编制及装订要求”编制和装订施工组织设计
10.5	是否实行计算机辅助评标	☑否 □是，投标人需递交纸质投标文件一份，同时按本须知附表八“电子投标文件编制及报送要求”编制及报送电子投标文件。计算机辅助评标方法见第三章“评标办法”

续表

条款号	条款名称	编列内容
10.6	投标人代表出席开标会	按照本须知第5.1款的规定，招标人邀请所有投标人的法定代表人或其委托代理人参加开标会。投标人的法定代表人或其委托代理人应当按时参加开标会，并在招标人按开标程序进行点名时，向招标人提交法定代表人身份证明文件或法定代表人授权委托书，出示本人身份证，以证明其出席，否则，其投标文件按废标处理
10.7	中标公示	在中标通知书发出前，招标人将中标候选人的情况在本招标项目招标公告发布的同一媒介和有形建筑市场/交易中心予以公示，公示期不少于3日
10.8	知识产权	构成本招标文件各个组成部分的文件，未经招标人书面同意，投标人不得擅自复印和用于非本招标项目所需的其他目的。招标人全部或者部分使用未中标人投标文件中的技术成果或技术方案时，需征得其书面同意，并不得擅自复印或提供给第三人
10.9	重新招标的其他情形	除投标人须知正文第8条规定的情形外，除非已经产生中标候选人，在投标有效期内同意延长投标有效期的投标人少于三个的，招标人应当依法重新招标
10.10	同义词语	构成招标文件组成部分的“通用合同条款”“专用合同条款”“技术标准和要求”和“工程量清单”等章节中出现的措辞“发包人”和“承包人”，在招标投标阶段应当分别按“招标人”和“投标人”进行理解
10.11	监督	本项目的招标投标活动及其相关当事人应当接受有管辖权的建设工程招标投标行政监督部门依法实施的监督
10.12	解释权	构成本招标文件的各个组成文件应互为解释，互为说明；如有不明确或不一致，构成合同文件组成内容，以合同文件约定内容为准，且以专用合同条款约定的合同文件优先顺序解释；除招标文件中有特别规定外，仅适用于招标投标阶段的规定，按招标公告（投标邀请书）、投标人须知、评标办法、投标文件格式的先后顺序解释；同一组成文件中就同一事项的规定或约定不一致的，以编排顺序在后者为准；同一组成文件不同版本之间有不一致的，以形成时间在后者为准。按本款前述规定仍不能形成结论的，由招标人负责解释
10.13	招标人补充的其他内容	

1. 总则

1.1 项目概况

1.1.1 根据《中华人民共和国招标投标法》等有关法律、法规和规章的规定，本招标项目已具备招标条件，现对本标段施工进行招标。

1.4 投标人资格要求

1.4.1 本工程对投标人资格审查方式：资格后审。

对投标人进行资格后审时：投标人应具备承担本标段施工的资质条件、能力和信誉。

1.5 费用承担

投标人准备和参加投标活动发生的费用自理。

投标单位应承担其编制投标文件以及递交投标文件所涉及的一切费用。无论投标结果如何，招标单位对上述费用不负任何责任。

2.招标文件

2.1　招标文件的组成

本招标文件包括：

(1) 投标人须知；

(2) 评标办法；

(3) 合同条款及格式；

(4) 工程量清单、招标控制价；

(5) 图纸；

(6) 技术标准和要求；

(7) 投标文件格式；

(8) 投标人须知前附表规定的其他材料。

根据本章第 2.2 款和第 2.3 款对招标文件所作的澄清、修改(招标答疑、补遗文件)，构成招标文件的组成部分。投标人在投标截止时间前，应通过"公共资源交易中心网"随时查看有关该工程招标文件的澄清、招标文件的修改(招标答疑、补遗文件)、招标控制价公示等内容。查询如有遗漏，其风险应由投标人自行承担。

投标人从"公共资源交易中心网"下载招标文件后，应仔细阅读招标文件及附件的全部内容，招标文件与附件具有同等效力。投标人同时应认真审阅招标文件中所有的事项、条款、格式和标准要求等，如果投标人的投标文件没有按照招标文件要求提交全部资料或者投标文件没有对招标文件做出实质性响应，其风险应由投标人自行承担，并且根据有关条款规定，其投标有可能被拒绝。

2.2　招标文件的澄清

2.2.1　投标人从"公共资源交易中心网"下载招标文件后，应仔细阅读招标文件的全部内容。如有疑问，应及时向招标人提出，以便澄清。

2.2.2　招标人不集中组织答疑，实行网上提疑和答疑。投标人若对招标文件有疑问，需要招标人予以澄清，应登录"公共资源交易中心网"以不署名的形式提出。在投标人须知前附表规定时限前停止提疑。详见公共资源交易中心网上招投标系统操作手册。

2.2.3　招标人将按投标人须知前附表规定时限在网上解答招标文件的疑问，并形成招标文件的澄清答疑。招标文件的澄清答疑将在"公共资源交易中心网"向所有投标人公示，但不指明来源。

2.3　招标文件的修改

2.3.1　招标文件发布后，在投标人须知前附表规定时限的任何时候，确实需要变更招标文件内容的，招标人可主动或在解答投标人提出的澄清答疑时对招标文件进行修改，并同时报招标办备案。招标文件的修改以答疑形式在"公共资源交易中心网"发布，招标文件的答疑作为招标文件的组成部分，并具有约束力。

2.3.2　招标文件的答疑在"公共资源交易中心网" 公示后，若投档人对招标文件的答疑有需要进一步澄清的，应在 24 小时内以不署名的形式在"区公共资源交易中心网"提出。

2.3.3　投标人应在截标时间十天前随时查看"公共资源交易中心网"中有关该工程招标文件的答疑内容。否则，由此引起的投标损失自负。

2.3.4　招标文件、招标文件的答疑内容均以网上发布的为准。

2.3.5　为使投标人在编写投标文件时有充分时间对招标文件的答疑部分进行研究，招标人可以酌情延长递交投标文件的截止日期，具体时间将在招标文件的答疑中明确。

2.3.6 当招标文件、招标文件的答疑内容相互矛盾时，若无其他特别说明一般均以最后发出的文件为准。

3. 投标文件

3.1 投标文件的组成

3.1.1 本工程投标文件包括下列内容（中标单位递交纸质投标书要求见投标人须知前附表）：

（1）法定代表人申明。

（2）资格审查申请书。

① 投标人基本情况表；

② 近年财务状况；

③ 近年完成的类似项目情况表；

④ 企业其他信誉情况表；

⑤ 主要项目管理人员简历表；

⑥ 联合体协议书（如有）。

（3）商务标部分。

① 投标函；

② 法定代表人身份证明、授权委托书（如有授权）；

③ 联合体协议书（如有）；

④ 投标保证金已收确认函或年度保证金已收确认函（扫描件）；

⑤ 已标价工程量清单：包括封面、投标总价表、工程项目总价表、单项工程费汇总表、单位工程费汇总表、分部分项工程量清单计价表、措施项目清单计价表、其他项目清单计价表、零星工作项目计价表、综合单价分析表、措施项目费分析表、甲供材料、设备表、主要材料价格表等；

⑥ 项目管理机构；

⑦ 拟分包项目情况表；

⑧ 项目负责人业绩加分表、需要的其他证明材料。

（4）技术标部分（施工组织设计）。

施工组织设计应简明扼要、重点突出、针对性强、篇幅适宜。投标人可参考以下要点编制：

① 施工方案及技术措施；

② 质量保证措施和创优计划；

③ 施工总进度计划及保证措施（包括以横道图或标明关键线路的网络进度计划、保障进度计划需要的主要施工机械设备、劳动力需求计划及保证措施、材料设备进场计划及其他保证措施等）；

④ 施工安全措施计划；

⑤ 文明施工措施计划；

⑥ 施工场地治安保卫管理计划；

⑦ 施工环保措施计划；

⑧ 冬季和雨季施工方案；

⑨ 施工现场总平面布置（投标人应递交一份施工总平面图，绘出现场临时设施布置图表并附文字说明，说明临时设施、加工车间、现场办公、设备及仓储、供电、供水、卫生、生活、道路、消防等设施的情况和布置）；

⑩ 项目组织管理机构（若施工组织设计采用“暗标”方式评审，则在任何情况下，“项目管理机构”不得涉及人员姓名、简历、公司名称等暴露投标人身份的内容）；

⑪ 承包人自行施工范围内拟分包的非主体和非关键性工作（按本章第 1.10 款的规定）、材料计划和劳动力计划；

⑫ 成品保护和工程保修工作的管理措施和承诺；

⑬ 任何可能的紧急情况的处理措施、预案以及抵抗风险（包括工程施工过程中可能遇到的各种风险）的措施；

⑭ 对总包管理的认识以及对专业分包工程的配合、协调、管理、服务方案；

⑮ 与发包人、监理及设计人的配合；

⑯ 招标文件规定的其他内容。

3.2 投标报价

3.2.1 投标报价内容。

投标报价应根据招标文件所确定的招标范围内提供的工程量清单的全部内容，以及为完成上述内容所必需的附属工程、临时工程、材料、劳务、机械设备、利润、税金及政策规定应有的各项的全部费用。详细参见以下“投标报价编制要求”。

投标人应到工地现场踏勘以了解相关足以影响投标价格的情况，任何因忽视或误解而导致的增加费用、索赔及工期延长申请将不被批准。

3.2.2 投标报价方式。

本项目采用投标人须知前附表规定的投标报价方式，具体要求如下：

（1）固定综合单价报价。投标单位的报价应包括完成招标文件规定的工程量清单项目所需的全部费用，在约定的风险范围内，投标人所报综合单价不再调整。在工程实施过程中，招标单位有权调整工作内容，变更品牌及材质等，但变更部分的材料价格须经招标单位认可。

执行综合单价合同的基本规定：投标单位投标时，必须按统一的工程量清单报价，中标后，在施工过程中，不论是由于工程量清单有误或漏项，还是由于设计变更、现场变更、签证引起的工程量清单项目或清单项目工程数量的增减，均按实调整。

（2）固定总价报价。投标单位应确认工程量清单的准确性，并充分考虑施工期间各类建材的市场风险，并计入总报价，今后总价不作调整。若出现工程量清单错误、设计变更以及施工条件变更等需调整总价的，除合同另有约定外，应按照下列办法确定：

① 如果包干范围仅指招标人提供的工程量清单，出现漏项属于招标人提供的工程量清单漏项，应当由发包人负责并补充计入相应费用；

② 如果包干范围是指完成该项目，出现漏项承包人应当及时提出，并与发包人协商计入相应费用。

（3）可变价格报价。投标单位的投标报价可根据合同实施期间的市场变化按有关文件的规定进行调整。调整因素包括：

① 法律、行政法规和国家有关政策变化影响合同价款；

② 省、市工程造价管理机构的价格调整；

③ 经批准的设计变更；

④ 发包人更改经审定批准的施工组织设计(修改错误除外)造成费用增加；

⑤ 双方约定的其他因素。

3.2.3　投标报价编制依据。

(1) 现行的《建设工程工程量清单计价规范》(GB 50500—2013)、《房屋建筑与装饰工程工程量计算规范》(GB 50854—2013)等 9 本工程量计算规范和省建筑与装饰、安装、市政工程计价定额，省建设工程费用定额，省住建厅、市住建局等相关最新文件规定。

(2) 本次招标文件、招标范围内的施工图纸、招标文件的答疑及招标控制价(最高限价)。

(3) 本次工程的工程量清单，工程量清单中规定的材料、设备品牌，投标人不得随意更改；工程量清单中规定了材料、设备的技术要求的，投标人必须予以满足。

3.2.4　投标报价编制要求。

(1) 报价时以招标人提供的工程量清单，按照工程量清单计价格式，依据市场行情自主进行投标报价。

(2) 投标单位不得将不可竞争费用(费率)降低标准计取，计费低于或高于规定标准的将不得推荐为中标候选人。

(3) 投标文件报价中单价、合价均采用人民币表示。投标报价应根据招标文件中的工程量清单和有关要求、施工现场实际情况及拟定的施工方案或施工组织设计，依据企业定额参照"计价表"及本招标文件规定进行编制，并充分考虑风险因素，进行自主报价，但不得低于企业成本价。

(4) 招标单位提供的暂列金额，该部分价格投标人不得下浮，且须包含在投标报价中。暂列金额部分除合同另有约定外，由招标人结合工程具体情况，指令全部或部分使用，或者根本不予动用。

(5) 投标单位的投标报价，应当包括完成提供的工程量清单范围内的所有项目所需的全部费用，如果出现少算、漏算费用或未填单价和合价的工程项目，该部分费用招标人将不予支付并均视为此费用已包括在投标报价中，除本招标文件或合同另有约定外，结算时不得调整。

(6) 工程量清单计价成果文件必须按照招标文件所提供的格式填入。

(7) 甲供工程设备是否列入报价，其现场保管费明确计取办法。

(8) 招标文件中《合同主要条款》中明确的由承包人承担的或考虑的所有工作及内容所发生的各项费用，投标人应综合考虑后一并计入投标报价中。

(9) 招标人反对盲目压价，投标人应根据工程实际情况和本企业经营管理水平，充分考虑合同期间的市场风险，确定合理报价。

3.3　投标有效期

3.3.1　投标文件自投标截止时间起至前附表投标须知规定的时间内有效。

3.3.2　在原定投标有效期期满之前，如果出现特殊情况，招标人可以以书面形式向投标单位提出延长投标有效期的要求。投标单位须以书面形式予以答复。投标单位可以拒绝要求，并不会因此而被没收投标保证金。同意延长投标有效期的投标单位不允许修改其投标文件，但需要相应延长投标保证金的有效期限。

3.4　投标保证金

3.4.1　具体投标保证金递交、退还的方式方法如下。

(1) 投标单位投标时须按投标须知的要求向区公共资源交易中心缴纳投标人须知前附表规定的金额作为投标保证金。

(2) 负责受理投标保证金的单位:区公共资源交易中心。

(3) 投标保证金的受理地点和时间:

受理地点:吴开区平湖路 21 号(区公共资源交易中心);

受理时间:法定工作日 9:00～11:30,13:00～16:30。

(4) 投标保证金的提交程序。

投标保证金可以选择线上模式或线下模式。

① 线下模式提交程序如下:

投标保证金可以是银行汇票、电汇、支票等方式,但不接受任何形式的保函方式提交。投标保证金必须以投标人自身的名义且必须从投标人基本账户提交,不得以分支机构等其他名义提交。投标人基本账户须至区公共资源交易中心备案。由交易中心委托银行收款,经银行确认投标保证金到账后,方可开具"投标保证金已收确认函"及收据,投标人可通过电话查询保证金到账情况。

② 线上模式提交程序如下:

投标人通过转账方式(包含转账,电汇,网银等)直接将保证金通过投标人基本户汇入区公共资源交易中心金融服务平台分配给投标人缴纳保证金的专用账户,缴纳成功后可通过公共资源交易中心金融服务平台打印确认函及上传投标文件。

银行基本账户注册需要企业提供企业基本信息、法人代表信息、基本账户开户证明材料等信息。投标人登录金融服务平台需先取得区公共资源交易中心窗口发放的 CA 数字证书,系统统一采用 CA 数字证书登录方式。

(5) 投标保证金退还程序。

① 线下模式程序如下:

a. 未中标人在中标公示结束后的 5 日内于交易中心柜台办理投标保证金退还手续。

b. 中标人在与招标人签订合同并经建设行政主管部门指定机构备案后,凭"投标保证金已收确认函"和经办人有效身份证件(原件)及单位收据,到交易中心办理投标保证金退还手续。

② 线上模式程序如下:

允许未中标人在中标公示结束后的 5 日内通过公共资源交易中心金融服务平台发起投标保证金退还申请,管理部门受理通过后将投标保证金和利息一并退还至投标人银行基本账户。投标保证金的利息由公共资源交易中心按照办理退还当日的央行活期存款利率计算利息。

3.4.2　投标单位出现下列情况,经招标办批准同意,招标单位有权取消其中标资格,并没收其投标保证金。

(1) 投标人在规定的投标有效期内撤销或修改其投标文件,投标单位在投标后无正当理由和书面澄清即撤回投标的;

(2) 投标单位在投标有效期内撤回其投标文件;

(3) 中标单位无正当理由拒绝签订合同,由此给招标人造成的损失超过投标保证金数额的，应当对超过部分予以赔偿；

(4) 投标单位串通投标的。

3.5　资格审查资料

投标人在编制投标文件时，应按实际情况提供资料，以证实其各项资格条件满足投标资格要求，具备承担本标段施工的资质条件、能力和信誉。

3.6　投标文件的编制

3.6.1　投标文件应按第七章"投标文件格式"使用专用软件工具编制。投标文件以上传至"公共资源交易中心网上招投标系统"为准，电子标书光盘作为备用标书。

3.6.2　投标文件应当对招标文件有关工期、投标有效期、质量要求、技术标准和要求、招标范围等实质性内容作出响应。

(1) 投标人必须根据总工期要求编制详细施工进度计划，设备进退场计划，材料进场计划；

(2) 投标人应根据本招标文件及本工程具体情况充分考虑风险因素，以决定是否投标，一旦决定投标，投标人必须按招标文件规定的投标书格式编制投标文件，否则将视为重大偏差。

3.6.3　投标文件应在投标函、授权委托书(如有)上加盖数字证书中的电子印章。

3.7　投标文件的格式及签署

具体生成投标文件的方法及电子签名请详见"区公共资源交易中心网上招投标系统操作手册"。

3.7.1　商务标：投标单位提供的电子文档部分应包括所有单位工程的以 13jt 为后缀的文件。如果投标单位未提供上述内容，将作为重大偏差处理。

3.7.2　技术标：采用"暗标"形式，须按下列格式编制，否则视为无效投标文件。

(1) 技术标正文所用文字采用 "宋体" 四号"常规"字(黑色)，大、小标题所用文字采用 "宋体" 三号"加粗"字(黑色)，图表中所用文字采用 "宋体""常规"字(黑色)，字号不限。需设置目录，不得设置页码、页眉、页脚，段落行间距为单倍行间距。

(2) 技术标文件内容、文字均不得出现彩色文字、标设图形；不得出现投标单位名称、相关人员姓名等能体现有关投标单位信息的提示性标记、文字、语句等。

3.7.3　电子标书光盘：投标人可根据本章第 3.1.1 款规定递交电子标书光盘。

若需要在开标前递交电子标书光盘，投标人递交的一份电子标书光盘应包括投标人填写的招标文件所要求提供的全部电子文档。投标人应在电子标书光盘(含商务标和技术标)封面上正确标明工程名称(有标段之分的还应另行注明标段)、投标单位名称等内容以便区分，然后一并放入投标文件封袋中。若不需在开标前递交电子标书光盘，则中标人在领取中标通知书后提供一份电子标书光盘给招标人。

4. 投标

4.1　投标文件的密封和标记

4.1.1　投标文件采用光盘的，封袋上应写明招标人名称、投标人名称、工程名称。

4.1.2　网上投标上传的投标文件应使用数字证书认证并加密，具体详见"区公共资源交易中心网上招投标系统操作手册"。

4.1.3　未按本章第 4.1.2 项要求使用数字证书认证并加密的投标文件，将被视为无效投标文件，其投标文件将被拒绝，招标人不予受理。

4.2　投标文件的递交

4.2.1　投标人应在本章第4.3项规定的投标截止时间前完成投标文件的递交。投标文件的递交是指使用区公共资源交易中心网上招投标系统在投标截止时间前完成投标文件的上传，采用电子光盘递交标书的应在投标截止时间前送达，未在投标截止时间前完成上传或送达的，视为逾期送达。

4.2.2　除投标人须知前附表另有规定外，投标人所递交的投标文件不予退还。

4.2.3　逾期送达的或者未送达指定地点的投标文件，招标人不予受理。

4.3　投标截止时间

4.3.1　投标人须在投标人须知前附表规定的投标文件递交截止时间之前将投标文件递交至开标现场给招标人。

4.3.2　延长递交投标文件截止时间的，招标人与投标人在原投标截止期的全部权利、义务、责任将适用于延长后的新的投标截止期。

4.3.3　超过投标截止时间送达的投标文件将被拒绝并原封退给投标人。

4.3.4 提交投标文件的有效投标人少于三家的，招标人有权依法重新招标或不再招标。

4.4　投标文件的修改与撤回

4.4.1　在本章第4.3项规定的投标截止时间前，投标人可以多次修改或撤回已递交的投标文件，最终投标文件以投标截止时间前完成上传至区公共资源交易中心网上招投标系统的最后一份投标文件为准。

4.4.2　在本章第4.3项规定的投标截止时间前，投标人可以修改或撤回已递交的投标文件。

4.4.3　投标截止时间之后，投标单位不得修改或撤回投标文件；

4.4.4　投标截止时间之后，在投标有效期内，投标人不得撤回投标文件，否则投标保证金将被没收。

5.开标

5.1　开标时间和地点

招标人在本章第4.3项规定的投标截止时间(开标时间)和投标人须知前附表规定的地点公开开标，并邀请所有投标人的法定代表人或其委托代理人参加开标会。

5.2　开标程序

5.2.1　招标单位将按第5.1项规定的时间和地点举行开标会议，参加开标的投标人代表及项目负责人携带身份证明和投标人须知前附表规定的项目负责人证书原件在投标截止时间前签到，投标人的法定代表人或其委托代理人及项目负责人应当按时参加开标会，并在招标人按开标程序进行点名时，向招标人提交法定代表人身份证明文件或法定代表人授权委托书，出示本人身份证，以证明其出席，未参加开标会的投标人，视为其认可开标程序和结果。法定代表人或授权委托人还须携带投标人数字证书。

项目负责人未在投标截止时间前到达或未带证书原件的，则视为该投标人自动放弃该项目的投标，其投标书视为无效标书。(采用合理造价区间随机确定中标人的工程项目，可不要求项目负责人参加开标活动，招标文件中未要求项目负责人到场的，不得以项目负责人未到场判无效标。)

5.2.2　开标会议由招标人、招标代理单位主持，向到会的投标单位代表宣布评标、定标方法及实施细则。当众解密起封投标文件，检验投标单位法人或委托代理人、项目负责人身份，宣布收到的投标文件。投标人代表宣读投标人名称、投标单位价格和投标文件的其他主要内容。

5.2.3　开标时，如投标人提交虚假证明材料的，该投标人的投标书无效，建设行政主管部门按有关法律法规处理，并记入企业、项目负责人信用档案。

5.2.4　投标文件有下列情形之一的，招标人将不予受理，该投标文件不予送交评标委员会评审：

（1）在本须知第 4.3 条规定的投标截止时间以后逾期送达的；

（2）不符合本须知第 4.1 条“投标文件的密封和标记”规定的；

（3）投标人提交的电子标书格式不符合第 3.8 条要求或开标后无法读取导入的。

6.评标

6.1　评标

评标委员会按照第二章“评标办法”规定的方法、评审因素、标准和程序对投标文件进行评审。第二章“评标办法”没有规定的方法、评审因素和标准，不作为评标依据。

6.2　废标条款

投标文件出现下列情况之一的，将作为无效投标文件处理，无效投标文件不予参加评标，其所报造价不作为计算评标基准价的依据。招标文件未列明的无效条款，不得作为否决投标、判定无效标的依据：

（1）第一章“投标人须知”第 1.4.3 项规定的任何一种情形的；

（2）未按招标文件要求加盖电子签名；

（3）投标人资格条件不符合国家有关规定或招标文件要求的；

（4）投标人名称或组织结构与资格预审时不一致的；

（5）除在投标截止时间前经招标人书面同意外，项目负责人与资格预审时不一致的；

（6）组成联合体投标未提供联合体各方共同投标协议的；

（7）在同一招标项目中，联合体成员以自己名义单独投标或者参加其他联合体投标的；

（8）联合体成员与资格预审确定的结果不一致的；

（9）投标报价低于成本或者高于招标文件设定的最高投标限价的；

（10）同一投标人提交两个及以上不同的投标文件或者投标报价，但招标文件要求提交备选投标的除外；

（11）与招标文件规定的暂估价、暂列金额及甲供材料价格不一致的；

（12）与招标文件明确列出的不可竞争费用项目或费率或计算基础不一致的；

（13）与招标文件提供的工程量清单中的项目编码、项目名称、项目特征、计量单位、工程量不一致的；

（14）未按招标文件要求提供投标保证金的；

（15）投标文件载明的招标项目完成期限超过招标文件规定的期限的；

（16）明显不符合技术规范、技术标准的要求的；

（17）投标文件载明的货物包装方式、检验标准和方法等不符合招标文件的要求的；

（18）投标文件提出了不能满足招标文件要求或招标人不能接受的工程验收、计量、价款结算和支付办法的；

（19）未按招标文件要求提供电子投标文件，或者投标文件未能解密且按照招标文件明确的投标文件解密失败的补救方案补救不成功的；

（20）不同投标人的投标文件以及投标文件制作过程出现了评标委员会认为不应当雷

同的情况的；

（21）以他人的名义投标、串通投标、以行贿手段谋取中标或者以其他弄虚作假方式投标的；

（22）不符合招标文件有关暗标的要求。

6.3　投标文件的澄清

（1）在评标过程中，若评标小组认为需要，在招投标办人员在场的情况下，可要求投标单位对投标文件中的有关问题进行澄清或提供补充说明及有关资料，投标单位应做出书面答复。书面答复中不得变更价格、工期、自报质量等级等实质性内容。

（2）书面答复须经投标单位法定代表人或其授权代理人签字或盖印鉴，签字或盖印鉴的书面答复将视为投标文件的组成部分。投标截止时间后，投标人对投标报价或其他实质性内容修正的函件和增加的任何优惠条件，一律不得作为评标、定标的依据。

（3）投标文件中的大写金额与小写金额不一致的，以大写金额为准；总价金额与单价金额不一致的，以单价金额为准，但单价金额小数点有明显错误的除外；对不同文字文本投标文件的解释发生异议的，以中文文本为准。

（4）在投标文件的审查、澄清、评价和比较以及授予合同过程中，投标单位对招标单位和评标组织成员施加影响的任何行为，都将导致取消其中标资格。

6.4　评标过程的保密及得分更正注意事项

（1）开标后，直至宣布授予中标人合同为止，凡属审查、澄清、评价和比较投标的有关资料和授予合同的有关信息，都不得向投标人或与该过程无关的其他人员泄漏。

（2）评标小组在评审过程中，评分结果一般均以保留两位小数点记取，若同一标段中中标结果出现并列或其他特殊情况，难以依据得分确定中标人时，选择报价低的投标人优先中标；其他情况由评标委员会讨论决定。

6.5　评标、定标工作在招投标办的指导、监督下，由招标人组织进行。

6.6　本招标文件未尽事宜，均按招投标办各项管理办法或规定执行。

7.合同授予

7.1　定标方式

除投标人须知前附表规定评标委员会直接确定中标人外，招标人依据评标委员会推荐的中标候选人确定中标人，评标委员会推荐中标候选人的人数见投标人须知前附表。

7.2　中标通知

7.2.1　中标候选人和拟中标人公示。

招标人在收到评标报告之日起 3 日内应当在建设工程交易中心以及招标公告发布媒介上公示如下中标候选人情况、评标结果及拟定中标人名称，公示期不得少于 3 日。

（1）评标委员会推荐的中标候选人名单、投标总价（含暂估价、暂列金额）、投标文件提供的类似工程业绩、奖项的具体情况及其排序；

（2）采用资格后审方式的，资格后审不合格的投标人的名称以及不合格的具体原因；

（3）被判为无效投标文件的投标人名称以及被判定为无效投标文件的依据；

（4）评标委员会对投标报价修正的原因、依据和修正结果；

（5）投标人及其拟派项目负责人类似工程业绩、奖项、投标报价、投标报价合理性等得分情况；

（6）每一评审技术标的评标委员会成员为各投标人技术标部分的评分情况（评标委员会成员的名单不公布）；

(7) 各投标人的最终总得分;

(8) 拟定中标人名称。

7.2.2 对评标结果有异议。

投标人或者其他利害关系人对评标结果有异议的,应当在中标候选人公示期间以实名书面方式向招标人提出。招标人应当自收到异议之日起 3 日内作出答复,作出答复前,应当暂停招标投标活动。

招标人同意投诉人的异议并需要重新招标或评标的,应经招投标监管机构核准后重新招标或评标。投标人或者其他利害关系人对招标人的答复仍有异议的,可以向招投标监管机构投诉。招投标监管机构收到投诉后应当对评标报告和其他有关材料进行核查。经核查,评标报告遗漏必要的内容或者存在错误的,原评标委员会应当进行复议、补充或者纠正;对中标结果造成实质性影响,且不能采取补救措施予以纠正的,招标人应当依法重新招标或者评标。

7.2.3 因招投标当事人质疑、投诉、复议等原因,改变拟中标人的,应当重新公示拟中标人,公示期不得少于 3 日。

7.2.4 中标人公告及发出中标通知书。

评标委员会提出书面评标报告后,且投标人或者其他利害关系人在中标候选人、评标结果及拟定中标人公示期间无异议的,招标人一般应当在 15 日内确定中标人,最迟应当在投标有效期前确定。

中标人确定后,招标人应当将中标人名称、中标价和项目负责人在招标公告发布媒介上予以公告,并以书面形式向中标人发出中标通知书(公告时间与中标通知书签发时间应当一致)。同时将中标结果通知未中标的投标人。自发出中标通知书之日起 15 日内,招标人应当向招投标监管机构提交招标投标情况的书面报告。

7.3 签订合同

招标人和中标人应当自中标通知书发出之日起 30 天内,根据招标文件和中标人的投标文件订立书面合同。中标人无正当理由拒签合同的,招标人取消其中标资格,其投标保证金不予退还;给招标人造成的损失超过投标保证金数额的,中标人还应当对超过部分予以赔偿。

8.招标控制价

招标控制价的公布:本工程计价、招标控制价在"公共资源交易中心网"进行公示,实行网上备查。各投标人可以在"公共资源交易中心网"查看及下载相应电子版,并可于投标人须知前附表规定时间内以不署名的形式在"公共资源交易中心网"提出质疑。招标控制价公布的时间、内容及异议处理按规定。

第三章 评标办法(综合评估法)

评标办法前附表

条 款 号	条 款 内 容	编 列 内 容
2.1.1	评标入围条件	投标文件存在所列情况之一的,不再进行后续评标: ☑至投标截止时间止,未足额递交投标保证金 ☑投标函中载明的招标项目完成期限超过招标文件规定的期限 ☑投标函中载明的投标质量标准未响应招标文件的实质性要求和条件 □投标函中载明的投标报价高于招标人期望值:招标人期望值=招标控制价×____%

续表

条款号	条款内容	编列内容
2.1.2	评标入围方法和数量	1.评标入围方法： ☑直接确定：☑方法一；□方法二；□方法三 □开标时从以下方法中随机抽取确定：□方法一；□方法二；□方法三 2.评标入围方法具体细则见附件A。其中： 方法二中R取值为：______ 方法三中R取值为：______，平均值以上________家、平均值以下______家

条款号		评审因素	评审标准
2.2.1	形式评审标准	投标人名称	与营业执照、资质证书、安全生产许可证一致
		投标函签字盖章	有法定代表人或其委托代理人签字或加盖单位章
		报价唯一	只能有一个有效报价
		暗标	符合招标文件有关暗标的要求
2.2.2	资格评审标准	营业执照	具备有效的营业执照
		安全生产许可证	具备有效的安全生产许可证
		资质证书	具备有效的资质证书
		资质等级	符合第二章“投标人须知”第1.4.1项规定
		财务状况	符合第二章“投标人须知”第1.4.1项规定
		类似项目业绩	符合第二章“投标人须知”第1.4.1项规定
		信誉	符合第二章“投标人须知”第1.4.1项规定
		项目经理	符合第二章“投标人须知”第1.4.1项规定
		其他要求	符合第二章“投标人须知”第1.4.1项规定
2.2.3	响应性评审标准	投标内容	符合第二章“投标人须知”第1.3.1项规定
		工期	符合第二章“投标人须知”第1.3.2项规定
		工程质量	符合第二章“投标人须知”第1.3.3项规定
		投标有效期	符合第二章“投标人须知”第3.3.1项规定
		投标保证金	符合第二章“投标人须知”第3.4.1项规定
		已标价工程量清单	符合第二章“投标人须知”第3.2.2项规定：①投标报价不低于工程成本或者不高于招标文件设定的招标控制价或者招标人设置的投标限价的；②未改变“招标工程量清单”给出的项目编码、项目名称、项目特征、计量单位和工程量的；③未改变招标文件规定的暂估价、暂列金额及甲供材料价格；④未改变不可竞争费用项目或费率或计算基础的
		其他要求	无评标办法第3.3.6条所列情形

条款号	条款内容	编列内容
2.3.1	分值构成 （总分87分）	投标报价：82分　投标人业绩：____分 施工组织设计：5分　投标人市场信用评价：____分 投标报价合理性：最高扣1分

续表

条 款 号	条款内容	编列内容
2.3.2	评标基准价计算方法	1. 评标基准值计算方法的确定 □直接确定：□方法五 ☑开标时从以下方法中随机抽取确定： ☑方法一；☑方法二；□方法三；□方法四；□方法五 2. 评标基准值计算具体细则见附件 B，参数设置如下： 方法一：K 值取值范围：95%～98%，开标时随机抽取确定 方法二：K1 值取值范围：95%～98%，开标时随机抽取确定 Q1 值取值范围：65%～85%，开标时随机抽取确定；K2 取值为：98% 方法四：□K 取值为：______ □K 值取值范围：______，开标时随机抽取确定 方法五：K 值取值范围：______，开标时随机抽取确定 Δ 值取值范围：______，开标时随机抽取确定 3. 特殊情形下，评标基准价调整方式： □评标基准价不因招投标当事人质疑、投诉、复议以及其他任何情形而改变 □除确认存在评委评审和计算错误外，评标基准价不因招投标当事人质疑、投诉、复议以及其他任何情形而改变
2.3.3(1)	投标报价得分计算	投标报价等于评标基准价的得满分，投标报价相对评标基准价每低 1% 扣 0.6 分(不少于 0.6 分)，每高 1% 扣 0.9 分(负偏离扣分的 1.5 倍)；偏离不足 1% 的，按照插入法计算得分

条 款 号		评分因素	评分标准
2.3.3(2)	施工组织设计评分标准	1. 评标委员会按下列评分因素和评分标准对施工组织设计进行评审。 2. 施工组织设计各评分点得分应当取所有技术标评委评分中分别去掉一个最高和最低评分后的平均值为最终得分。 3. 施工组织设计中除缺少相应内容的评审要点不得分外，其他各项评审要点得分不应低于该评审要点满分的 70%(不包含第 4 项篇幅扣分)。 4. 施工组织设计各评分点篇幅要求如下，每超过 1 页的，扣☑0.01 分□0.02 分	
		总体概述：施工组织总体设想、方案针对性及施工标段划分	0.5
		施工现场平面布置和临时设施、临时道路布置	0.5
		施工进度计划和各阶段进度的保证措施	0.5
		劳动力、机械设备和材料投入计划	0.5
		关键施工技术、工艺及工程项目实施的重点、难点和解决方案	0.5
		新技术、新产品、新工艺、新材料应用	0.5
		□BIM 等信息技术的使用	
		☑项目负责人陈述及答辩(采用书面暗标形式)	2
2.3.3(4)		投标人业绩	/
		投标人市场信用评价	/
2.3.3(5)	报价合理性得分标准	1. 报价合理性分析基准值的确定。招标控制价各子目综合单价下浮比率：6%，乘以权重系数 50%(50%及以上)，加所有通过评标入围的投标报价中相应子目综合单价的算术平均值(剔除超过招标控制价中相应价格正负 20% 的综合单价)，乘以权重系数 50%(50%及以下)，确定报价合理性分析基准价。 2. 将投标文件中工程量清单相应子目的综合单价金额与报价合理性分析基准值进行比较，其偏差率的绝对值大于 10% 且该子目的合价金额超过该投标文件的评标价 0.1% 的，一项扣 0.1 分，最多扣 1 分	

1.评标方法

本次评标采用综合评估法。评标委员会对满足招标文件实质性要求的投标文件，按照本章第2.2款规定的评分标准进行打分，并按得分由高到低的顺序推荐中标候选人，或根据招标人授权直接确定中标人，但投标报价低于其成本的除外。综合评分相等时，以投标报价低的优先；投标报价也相等的，由招标人自行确定。

2.评审标准

2.1 评标入围

2.1.1 投标文件存在评标办法前附表评标入围所列情况之一的，不再进行后续评标。

2.1.2 当满足评标入围条件的投标文件超过20家时，评标委员会根据评标办法前附表载明的评标入围方法和数量，确定进入后续评标程序的入围投标人。

2.2 详细评审

以投标报价为唯一评审因素的，本章中关于投标人市场信用评价的条款不适用。

3.评标程序

3.1 评标准备

3.1.1 评标委员会成员到达评标现场时应在签到表上签到以证明其出席。

3.1.2 评标委员会成员首先推选一名评标委员会负责人，负责评标活动的组织领导工作。

3.1.3 招标人或招标代理机构应向评标委员会提供评标所需的信息和数据。评标委员会负责人应组织评标委员会成员认真研究招标文件，未在招标文件中规定的标准和方法不得作为评标的依据。

3.2 评标入围

评标委员会按本章2.1条规定的方法确定进入初步评审的投标人名单。

3.3 初步评审

3.3.1 形式性评审，评标委员会根据评标办法前附表第2.2.1款列出的评审标准，有一项不符合评审标准的，作无效标处理。

3.3.2 资格评审，评标委员会根据评标办法前附表第2.2.2款列出的评审标准，有一项不符合评审标准的，作无效标处理。

3.3.3 响应性评审，评标委员会根据评标办法前附表第2.2.3款列出的评审标准，有一项不符合评审标准的，作无效标处理。

3.3.4 投标报价有算术错误的，评标委员会按以下原则对投标报价进行修正，修正的价格经投标人书面确认后具有约束力。投标人不接受修正价格的，评标委员会应当否决其投标。

(1) 投标文件中的大写金额与小写金额不一致的，以大写金额为准；

(2) 总价金额与依据单价计算出的结果不一致的，以单价金额为准修正总价，但单价金额小数点有明显错误、四舍五入原因的除外。

3.3.5 澄清、说明或补正。

在初步评审过程中，评标委员会应当就投标文件中不明确的内容要求投标人进行澄清、说明或补正，澄清、说明或补正按照本章第3.5款的规定进行。

3.3.6 投标人有以下情形之一的，其投标作无效标处理。

(1) 第二章“投标人须知”第1.4.3项、第1.4.4项规定的任何一种情形的；

(2) 以他人的名义投标、串通投标、以行贿手段谋取中标或者以其他弄虚作假方式投标的；

(3) 不同投标人的投标文件出现了评标委员会认为不应当雷同的情况的；

(4) 投标人资格条件不符合国家有关规定或招标文件要求的；

(5) 明显不符合技术规范、技术标准的要求的；

(6) 投标文件载明的货物包装方式、检验标准和方法等不符合招标文件的要求的；

(7) 投标文件提出了不能满足招标文件要求或招标人不能接受的工程验收、计量、价款结算和支付办法的；

(8) 未按招标文件要求提供电子投标文件，或者投标文件未能解密且按照招标文件明确的投标文件解密失败的补救方案补救不成功的；

(9) 投标文件关键内容模糊、无法辨认的。

3.4 详细评审

3.4.1 按评标办法前附表第 2.3.2 规定的方法确定评标基准价。

3.4.2 评标委员会按评标办法前附表第 2.3 款规定的量化因素和分值进行打分，并计算出综合评估得分。

(1) 按评标办法前附表第 2.3.3(2)目规定的评审因素和分值对投标报价计算出得分 A；

(2) 按评标办法前附表第 2.3.3(3)目规定的评审因素和分值对投标人市场信用评价计算出得分 B。

3.4.3 评分分值计算保留小数点后两位，小数点后第三位“四舍五入”。

3.4.4 投标人得分＝A＋B。

3.5 投标文件的澄清和补正

在评标过程中，评标委员会发现投标人的报价明显低于其他投标报价，使得其投标报价可能低于其个别成本的，有可能影响质量或者不能诚信履约的，应当要求其在评标现场合理的时间内提供书面说明并提供相关证明材料。投标人不能合理说明或者不能提供相关证明材料的，评标委员会应当否决其投标。

3.6 推荐中标候选人

评标委员会在推荐中标候选人时，应遵照以下原则。

3.6.1 评标委员会按照最终得分由高至低的次序排列，推荐 1～3 名中标候选人。

3.6.2 如果评标委员会根据本章的规定作无效标处理后，有效投标不足三个，评标委员会应当对其是否具有竞争性进行判断：有竞争性的，按有效投标最终得分由高至低的次序推荐中标候选人；缺乏竞争性的，评标委员会应当否决全部投标。

3.6.3 评标委员会完成评标后，应当向招标人提交评标报告。

附件 A

评标入围方法

方法一：全部入围。进入评标入围环节的投标人全部进入后续评标程序。

方法二：低价排序法。先按报价由低到高的顺序去除进入评标入围环节的占投标人数量 10%(去尾取整)的最低报价的投标人(末位投标报价相同的均去除)，再按报价由低到高的顺序取不少于 R 家(R 一般不少于 15 家，具体数量在招标文件中明确)投标人进入后续评标程序。投标报价相同的，同时入围；不足 R 家时，按实际数量计取。

方法三：均值入围法。先按报价由高到低的顺序去除进入评标入围环节的占投标人数量10%（去尾取整）的最高报价的投标人后（末位投标报价相同的均去除），计算剩余投标人的报价平均值，取平均值以上和以下若干家投标人进入后续评标程序。

招标文件中应明确取平均值以上的具体数量和平均值以下的具体数量，平均值以下的投标人应多于平均值以上的投标人，合计数量不少于R家（R一般不少于15家，具体数量在招标文件中明确）。评标入围过程中，当投标人平均值以上（或以下）的数量不足时按实际数量计取，但不因此增加平均值以下（或以上）的数量。按顺序取平均值以上的投标人时，报价相同的投标人均不入围；按顺序取平均值以下的投标人时，报价相同的投标人同时入围。

附件 B

评标基准价的计算

方法一：以有效投标文件（有效投标文件是指初步评审合格的投标文件，下同）的评标价（评标价是指经澄清、补正和修正算术计算错误的投标报价，下同）算术平均值为A〔当有效投标文件数≥7时，去掉最高和最低20%（四舍五入取整）后进行平均；当有效投标文件数为4～6时，剔除最高报价后进行算术平均；当有效投标文件数<4时，则次低报价作为投标平均价A〕，则

$$\text{评标基准价}=AK$$

K值的取值范围为95%～98%，在开标时由投标人推选的代表随机抽取确定。

方法二：以有效投标文件的评标价算术平均值为A〔当有效投标文件数≥7时，去掉最高和最低20%（四舍五入取整）后进行平均；当有效投标文件数为4～6时，剔除最高报价后进行算术平均；当有效投标文件数<4时，则次低报价作为投标平均价A〕，招标控制价为B，则

$$\text{评标基准价}=A\times K1\times Q1+B\times K2\times Q2,\ Q2=1-Q1$$

$Q1$的取值范围为65%～85%，$K1$的取值范围为95%～98%，$Q1$、$K1$值在开标时由投标人推选的代表随机抽取确定；$K2$的取值范围，建筑工程为90%～100%，装饰、安装工程为88%～100%，市政工程为86%～100%，园林绿化工程为84%～100%，其他工程为88%～100%，由招标人在招标文件中明确。

方法三：以有效投标文件的次低评标价作为评标基准价。

方法四：以合理最低价作为评标基准价。

对有效投标文件工程量清单中的分部分项工程项目清单综合单价子目（指单价）、单价措施项目清单综合单价子目（指单价）、总价措施项目清单费用（指总费用）、其他项目清单费用（指总费用）等所有报价由低到高分别依次排序。

当有效投标文件数≥7时，先剔除各报价中最高的20%（四舍五入取整）和最低的20%（四舍五入取整）后进行算术平均；当有效投标文件数为4～6时，剔除各报价中最高值后进行算术平均；当有效投标文件数<4时，取各报价中的次低值。由此计算出分部分项工程项目清单综合单价、单价措施项目清单综合单价、总价措施项目清单费用和其他项目清单费用，再按招标清单所列费率计算规费、税金，得出一个投标平均总价A。则

$$\text{评标基准价（合理最低价）}=AK$$

K的取值范围，建筑工程为93%～97%，装饰、安装工程为90%～95%，市政工程为88%～93%，园林绿化工程为85%～92%，其他工程为90%～95%，各地可根据情况适时对下浮范围进行调整。招标人需在招标文件中明确具体下浮区间。项目具体下浮率根据招标文件规定的下浮区间在开标时抽取，或者在招标文件中明确确定固定下浮率（下浮率取整）。

方法五：ABC 合成法。

$$评标基准价=(A\times50\%+B\times30\%+C\times20\%)K$$

A=招标控制价×(100%－下浮率 Δ)。B=在规定范围内的评标价除 C 值外的任意一个评标价，在开标时随机抽取确定。抽取方式：若评标价在 A 值的 95%(含)以上范围内，则该类评标价不纳入 B 值抽取范围；若在 A 值的 92%(含)～95%、89%(含)～92%范围内，则在两个区间内各抽取一个评标价，与在 A 值的 89%以下至规定范围内的其他评标价合并后作为 B 值抽取范围；若按上述办法未能抽取 B 值，则在规定范围内的任意一个评标价(除 C 值外)中随机抽取 B 值。C=在规定范围内的最低评标价，规定范围指评标价算术平均值×70%与招标控制价×30%之和下浮 25%以内的所有评标价。

下浮系数 K、下浮率 Δ，在开标时按下表取值范围随机抽取。下浮系数、下浮率各地可根据实际调整。

分　类		取值范围
下浮系数 K		95%、95.5%、96%、96.5%、97%、97.5%、98%
下浮率 Δ	房屋建筑工程	6%、7%、8%、9%、10%、11%、12%
	装饰装修、建筑幕墙及钢结构工程	8%、9%、10%、11%、12%、13%、14%、15%
	机电安装工程	10%、11%、12%、13%、14%、15%、16%、17%
	市政工程	15%、16%、17%、18%、19%、20%、21%、22%、23%
	绿化工程	17%、18%、19%、20%、21%、22%、23%、24%、25%、26%

上述招标控制价和评标价均应扣除专业工程暂估价(含税金)后参与计算和抽取；应扣除的专业工程暂估价(含税金)须在招标文件中予以明确，开标时不再另行计算。

第四章　合同条款及格式

合同协议书(略)

通用合同条款直接引用《建设工程施工合同》(GF—2017—0201)的合同条件。

专用条款(略)

第五章　工程量清单

(略)

第六章　图纸

(略)

第七章　技术标准和要求

(略)

第八章　投标文件格式

(略)

专项实训1:建设工程施工招标文件识读

1. 实践目的

通过招标文件的识读,学生熟悉建设工程招标文件的内容及要求,具备识读建设工程招标文件的能力,具备通过网站查询有关招标信息的能力。为编制建设施工招标文件奠定基础,为学生毕业后在工程咨询公司、建设单位从事招标相关工作奠定基础。

2. 实践(训练)方式

学生在教师指导下分组进行。具体步骤如下:

(1) 学生分组:3～4 人一组,由各组组长负责。

(2) 教师提前准备招标文件,分组发放,学生采取学习、提问、讨论的方式,读懂招标文件。

(3) 成立学习小组,通过省(市)招标投标信息平台,查看建筑工程招标公告、资格预审公告、中标结果公告、开标公告等信息,使学生具备通过网站查询有关招标信息的能力。

3. 实践(训练)内容和要求

(1) 认真完成学习日记。

(2) 完成实践(训练)总结。

专项实训2:建设工程施工招标文件编制

1. 实践目的

学生根据已掌握的建设工程施工招标文件的内容及要求,通过网站查询有关信息,运用《中华人民共和国标准施工招标文件》范本,在教师的指导下独立地完成实际建设工程施工招标文件的编制。使学生具有独立编写建设工程施工招标文件的能力,为学生毕业后在工程咨询公司、建设单位从事招标相关工作奠定基础。

2. 实践(训练)方式

学生在老师的指导下独立完成。具体步骤如下:

(1) 学生分组:5～6 人一组,由各组组长负责。

(2) 教师提供建筑施工工程背景材料。

(3) 学生根据背景材料,参考《中华人民共和国标准施工招标文件》格式,先制定编写计划,由教师审核。

3. 实践（训练）内容和要求

(1) 制定编写计划。

(2) 教师根据教学实际需要，指导学生根据范本完成资格预审公告或招标公告编制，完成资格预审文件及招标文件部分章节的编制。

(3) 完成实践（训练）总结。

专项实训3：模拟某建设项目施工招标开标会

1. 实践目的

通过开标过程的模拟训练，使学生熟悉建筑工程施工招标开标会的内容及要求，熟悉开标流程。为学生毕业后在招标代理公司、建设单位从事招标相关工作奠定基础。

2. 实践（训练）方式

学生在教师指导下分组进行。具体步骤如下：

(1) 学生分组：5～6人一组，作为招标人代表、开标人、唱标人、记录人、监标人、投标人等角色参与开标现场。

(2) 学生采取学习、提问、讨论的方式，熟悉开标工作流程及工作内容。

(3) 教师提前准备建筑工程的招标文件、投标文件若干份，分组发放，熟悉投标文件的密封及签字盖章要求。

(4) 学生进行开标演示。

3. 实践（训练）内容和要求

(1) 制定开标议程及相关内容。

(2) 完成开标报告。

(3) 完成实践（训练）总结。

项目小结

建设工程施工招标是建设工程招标投标的重要组成部分。一般按下列程序进行：建设项目报建；编制招标文件；发放招标文件；开标、评标与定标；签订合同。在施工招标工作中，招标人应首先合理划分招标标段，编制详细合理的资格审查文件和招标文件；建设工程施工开标、评标和定标必须遵循国家相关规定。在招标人主持下邀请所有投标人参加开标会。评标时评标委员会可以采用综合评估法和经评审的最低投标价法。中标人的投标应当能够最大限度地满足招标文件中规定的各项综合评价标准。参照《房屋建筑和市政工程标准施工招标资格预审文件》和《房屋建筑和市政工程标准施工招标文件》编制详细合理的资格审查文件和招标文件。

习题

一、选择题

1.《中华人民共和国招标投标法》自(　　)起实施。

A. 2011 年 11 月 30 日　　B. 2012 年 2 月 1 日

C. 1999 年 8 月 30 日　　D. 2000 年 1 月 1 日

2. 资格预审文件或者招标文件的发售期不得少于(　　)日。

A. 3　　B. 5　　C. 7　　D. 10

3. 国家规定依法必须招标的规模标准,叙述错误的是:(　　)。

A. 勘察、设计、监理等服务的采购,单项合同估算价在 100 万元人民币以上的

B. 施工单项合同估算价在 400 万元人民币以上的

C. 重要设备和材料等货物的采购,单项合同估算价在 200 万元以上的

D. 单项合同估算价低于上述规定的规模标准,总投资额在 3000 万元人民币以上的

4. 下列关于招标工作的说法,不正确的是(　　)。

A. 招标人可以自行决定是否编制标底

B. 招标人可以限定或者指定特定的专利、商标、品牌、原产地或者供应商

C. 招标人不得组织单个或者部分潜在投标人踏勘项目现场

D. 对技术复杂或者无法精确拟定技术规格的项目,招标人可以分两阶段进行招标

5. 下列关于资格审查工作的说法,不正确的是(　　)。

A. 资格预审应当按照资格预审文件载明的标准和方法进行

B. 招标人应当合理确定提交资格预审申请文件的时间

C. 资格后审应当在开标前由评标委员会按照招标文件规定的标准和方法进行审查

D. 资格预审结束后,招标人应当及时向资格预审申请人发出资格预审结果通知书

6. 下列关于投标的说法,正确的是(　　)。

A. 在投标有效期内,投标人可以补充、修改或者撤回其投标文件

B. 投标人在招标文件要求提交投标文件的截止时间前,可补充、修改或者撤回投标文件

C. 投标人可以挂靠或借用其他企业的资质证书参加投标

D. 投标人之间可以先进行内部竞价,内定中标人,然后再参加投标

7. 下列关于联合体共同投标的说法,不正确的是(　　)。

A. 招标人不得强制投标人组成联合体共同投标,不得限制投标人之间的竞争

B. 联合体各方只要其中任意一方具备承担招标项目的能力即可

C. 联合体中标的,联合体各方应当共同与招标人签订合同,就中标项目向招标人承担连带责任

D. 联合体各方应当签订共同投标协议,明确约定各方拟承担的工作和责任,并将共同投标协议连同投标文件一并提交招标人

8. 投标人不按招标文件要求提交投标保证金的,(　　)。

A. 投标文件将被拒绝　　B. 在评标时予以降分处理
C. 要求投标人补交投标保证金　　D. 视当时情况而定

9. 招标文件要求提交投标保证金，金额一般为工程估价的（　　），且不大于 80 万元。
A. 1%　　B. 1.5%　　C. 2%　　D. 3%

10. 开标应当在招标文件确定的提交投标文件截止时间的（　　）公开进行。
A. 同一时间　　B. 至少 15 天后
C. 后 5 天内　　D. 后 3 天内再经研究

11. 评标委员会的组成人员中，要求技术经济方面的专家不得少于成员总数的（　　）。
A. 1/2　　B. 2/3　　C. 1/3　　D. 1/5

12. 中标人应当由（　　）确定。
A. 评标委员会　　B. 招标代理机构
C. 政府招标投标办　　D. 招标人

13. 根据《招标投标法》规定，招标人和中标人应当在中标通知书发出之日起（　　）日内，按照招标文件和中标人的投标文件订立书面合同。
A. 20　　B. 30　　C. 10　　D. 15

14. 依法必须进行招标的项目，招标人应当自收到评标报告之日起（　　）日内公示中标候选人，公示期不得少于 3 日。
A. 3　　B. 4　　C. 5　　D. 6

15. 招标人对已发出的招标文件进行必要的澄清或者修改的，该澄清或修改的内容为（　　）的组成部分。
A. 投标文件　　B. 招标文件
C. 评标报告　　D. 投标文件和招标文件

二、思考题

1. 简述推行招标投标制度的意义。
2. 简述法律对我国建设工程招标范围的规定。
3. 建设工程招投标应遵守的原则是什么？
4. 简述招标人、投标人、招标项目必须满足的条件以及对投标者资格预审的作用。
5. 简述招标投标管理机构的职责。
6. 建设工程招标的方式有哪些？哪些项目可以实行邀请招标？需履行什么手续？
7. 投标资格审查的目的是什么？有哪几种方式？对投标联合体的资格审查应满足哪些要求？
8. 简述建筑工程招标程序。建筑工程施工招标的主要工作有哪些？
9. 简述现场踏勘的意义。
10. 简述开标程序。
11. 初步评审的内容有哪些？投标文件中的重大偏差有哪些？
12. 什么是招标控制价？它的编制有什么规定？
13. 简述常见的评标方法以及对建设工程评标委员会的基本要求。
14. 中标通知书的作用有哪些？

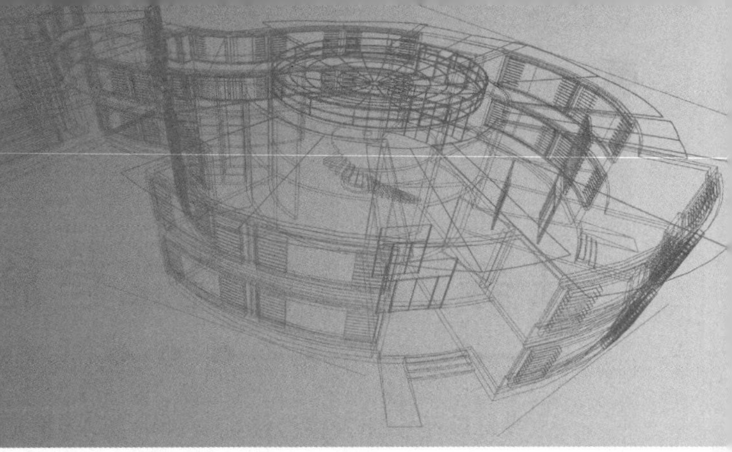

项目 3

建设工程施工投标

能力目标、知识目标

通过本节的学习，使学生能够了解投标工作的过程，掌握施工投标文件的组成，熟悉投标文件编制内容及要求，熟悉影响投标决策的因素。

任务1 建设工程施工投标概述

投标就是投标人根据招标文件的要求，根据企业自身实际情况提出完成发包业务的方法、措施和报价，竞争取得业务承包权的活动。

一、概述

1. 投标的组织

投标过程竞争十分激烈，需要有专门的机构和人员对投标全过程加以组织与管理，以提高工作效率和中标的可能性。建立一个强有力的、内行的投标班子是投标获得成功的基本保证。

投标团队应由三类人才组成：

(1) 经营管理类人才，指专门从事工程业务承揽工作的公司经营部门管理人员和拟定的项目经理。经营部门人员应具备一定的法律知识，掌握大量的调查和统计资料，具备分析和预测等科学手段，有较强的社会活动与公共关系能力。而项目经理应熟悉项目运行的内在规律，具有丰富的实践经验和大量的市场信息。这类人才在投标班子中起核心作用，制定和贯彻经营方针与规划，负责工作的全面筹划和安排。

(2) 专业技术人才，主要指工程施工中的各类技术人才，诸如土木工程师、水暖电工程师、专业设备工程师等各类专业技术人员。他们具有较丰富的专业知识，具备较强的实际操作能力，负责确定各项专业实施方案。

(3) 商务金融类人才，指从事预算、财务和商务等方面的人才。他们具有概预算、材料设备采购、财务会计、金融、保险和税务等方面的专业知识。投标报价主要由这类人才进行具体编制。

另外，在参加涉外工程投标时，还应配备懂得相关专业和合同管理的翻译人员。

2. 投标的程序

投标活动的一般程序如下：

(1) 成立投标组织；

(2) 投标初步决策；

(3) 参加资格预审，并购买标书；

(4) 参加现场踏勘和投标预备会；

(5) 进行技术环境和市场环境调查；

(6) 编制施工组织设计；

(7) 编制并审核施工图预算；

(8) 投标最终决策；

(9) 标书成稿;

(10) 标书装订和封包;

(11) 递交标书,参加开标会议;

(12) 接到中标通知书后,与建设单位签订合同。

二、投标前期准备与投标决策

投标人应当具备承担投标项目的能力及资格条件。

做好投标前各项准备工作,有助于投标成功。投标前期准备工作主要包括获取投标信息、调查分析研究、投标前期决策、成立投标组织、寻求合作伙伴和办理注册手续等工作内容。

1. 获取投标信息

及时获取准确的投标信息是投标工作的首要任务。

(1) 对项目的了解,可从投资主管部门、建设银行、金融机构获得具体项目规划信息;

(2) 跟踪大型企业新建、扩建和改建项目计划信息;

(3) 搜集同行业其他投标人了解到的项目信息;

(4) 注重从报纸、杂志、网络获取招标信息。

2. 调查研究

投标人要认真研究获取的投标信息,对建设工程项目是否具备招标条件及项目业主的资信情况、偿付能力进行必要的调查研究,确认其信息的可靠性。另外,投标人还需对投标项目的外部和内部环境因素进行调查,以便为后期投标决策做准备。

(1) 投标项目的外部环境因素主要包括:政治环境、经济环境、市场环境、法律环境、自然环境。

(2) 投标项目的内部环境因素主要包括:建设单位情况、竞争对手情况、项目自身情况等。

3. 投标决策的含义

承包商通过投标获得工程项目是市场经济的必然要求。对于承包商而言,经过前期的调查研究后,应针对实际情况做出决策。

4. 投标决策的原则

投标决策十分复杂,为保证投标决策的科学性,必须遵守一定的原则。

(1) 目标性。投标的目的是实现投标人的某种目的,因此投标前投标人应首先明确投标目标,如获取盈利、占领市场、创造信誉等,只有这样投标才能有的放矢。

(2) 系统化。决策中应根据投标人的具体情况,从系统的角度出发,采用系统分析的方法,综合平衡质量、进度与费用三者的关系,以实现整体目标的最优化。同时,投标人在追求利润最大化的同时,往往还有追求信誉、抢占市场等目的。对于这些目标也要采用系统的方法进行分析、平衡。

(3) 信息化。决策应在充分掌握信息的基础上进行，只有最大限度地掌握诸如项目特点、材料价格、人工费水平、建设单位信誉、可能参与竞争的对手情况等信息，才能保证决策的科学性。

(4) 预见性。投标决策的正确性取决于对投标竞争环境和未来的市场环境预测的正确性。因此预测是决策的基础和前提，没有科学的预测，就没有科学的决策。

(5) 针对性。投标人不但要保证报价符合建设单位目标，而且要保证竞争的策略具有较强的针对性。

5. 投标决策的内容

一是投标项目选择的决策，针对项目基本情况确定是否投标。

二是如果确定投标，投标报价的类型是选择盈利、亏损还是保本。

三是投标策略与技巧的决策。

1) 投标项目选择的决策

对于投标项目选择的决策，一般来说，有下列情形之一的招标项目，承包商不宜选择投标：

(1) 工程规模超过企业资质等级的项目；

(2) 超越企业业务范围和经营能力的项目；

(3) 企业当前任务比较饱满，而招标工程是风险较大或盈利水平较低的项目；

(4) 企业劳动力、机械设备和周转材料等资源不能保证的项目；

(5) 竞争对手在技术、经济、信誉和社会关系等方面具有明显优势的项目。

2) 投标报价类型的决策

投标人对投标项目内外部因素进行分析并充分考虑该项目的风险后，基于对风险的不同态度，可以选择保险标、风险标、盈利标。

(1) 一般来说，有下列情形之一的，投标人可以考虑投标以追求效益为主，可采取高价：

① 招标人对投标人特别满意，希望发包给本承包商的；

② 竞争对手较弱，而投标人与之相比有明显的技术、管理优势的；

③ 投标人在建任务虽饱满，但招标项目利润丰厚，值得且能实际承受超负荷运转的。

(2) 一般来说，有下列情形之一的，投标人可以考虑投标以保本为主，采取低利或保本价：

① 竞争对手多，投标人无明显优势，而投标人又有一定的市场或信誉上的目的；

② 投标人在建任务少，无后继工程，可能出现或已经出现部分窝工的。

(3) 一般来说，有下列情形之一的，投标人可以决定承担一定额度的亏损，采取亏损价：

① 招标项目的强劲竞争对手众多，但投标人出于发展的目的志在必得的；

② 投标人企业已出现大量窝工，严重亏损，急需寻求支撑的；

③ 招标项目属于投标人的新市场领域，投标人渴望打入的；

④ 招标工程属于垄断领域，而投标人强烈希望插足的。

注：我国有关法律法规对低于成本价的恶意竞争进行了限制，因此对于国内工程来说，目前阶段是不能报亏损价的，因此，可采取低利或保本价。

3）投标报价的技巧

投标报价所占比重达60%左右，报价策略在投标中所占比重非常高。

投标技巧是指投标人通过投标决策确定的既能提高中标率，又能在中标后获得期望效益的编制投标文件及其标价的方针、策略和措施。在国内外的建筑市场上，经常运用的投标技巧主要包括：不平衡报价法、多方案报价法、扩大标价法、开口升级法、突然降价法、先亏后盈法等。

6. 影响投标决策的企业内部因素

(1) 技术实力。

投标人的技术条件主要应考虑下列因素：拥有的各种精通业务的专业人才的情况；设计、施工及解决技术难题的能力；有与招标工程相类似工程的施工经验；具有一定的固定资产和机具设备；具有一定技术实力的合作伙伴。

(2) 经济实力。

投标人的经济实力主要应考虑下列因素：具有融资的实力；自有资金能够满足生产需要；具有办理各种担保和承担不可抗力风险的实力。经济实力决定了承包商承揽工程规模的大小，因此投标决策时应充分考虑这一因素。

(3) 管理实力。

投标人的管理实力主要应考虑下列因素：成本管理、质量管理、进度控制的水平；材料资源及供应情况；合同管理及施工索赔的水平。

(4) 信誉实力。

投标人的信誉实力主要应考虑下列因素：企业的履约情况；获奖情况；资信情况和经营作风。承包商的信誉是其无形的资产，这是企业竞争力的一项重要内容。因此投标决策时应正确评价自身的信誉实力。

7. 影响投标决策的企业外部因素

影响投标决策的企业外部因素主要分为投标项目所处的外部环境因素及内部环境因素，包括政治环境、经济环境、市场环境、法律环境、自然环境、建设单位情况、竞争对手情况、项目自身情况等。

对于国内工程主要归纳如下：

(1) 建设单位情况。主要包括招标人的合法地位、支付能力和履约信誉等。招标人的支付能力差、履约信誉不好都将损害承包商的利益，因此是投标决策时应予以充分重视的因素。

(2) 竞争对手情况。包括竞争对手的数量、实力、优势等，这些情况直接决定了竞争的激烈程度。竞争越激烈，中标概率越小，投标的费用风险越大；竞争越激烈，一般来说中标价越低，对承包商的经济效益影响越大。因此，竞争对手情况是对投标决策影响最大的因素之一。

(3) 监理工程师情况。监理工程师立场是否公正，直接关系到承包商是否能顺利实现索赔以及合同争议是否能顺利得到解决，从而关系到承包商的利益是否能得到合理的维护。因此，监理工程师的情况对投标决策也是有很大影响的。

(4) 法制环境情况。对于国内工程承包，自然适用本国的法律、法规。我国的法律、法规具有统一或基本统一的特点，但投标所涉及的地方性法规在具体内容上有所不同。因而对外地项目的投标决策，除研究国家颁布的相关法律、法规外，还应研究地方性法规。

(5) 地理环境情况，其中包括项目所在地的交通环境。地质、地貌、水文、气象情况部分决定了项目实施的难度，从而会影响项目建设成本。而交通环境不但对项目实施方案有影响，而且对项目的建设成本有一定影响。因此地理环境也是投标决策的影响因素。

(6) 市场环境情况。在工程造价中劳动力、建筑材料、设备以及施工机械等直接成本要占70%以上，因此项目所在地的工、料、机的市场价格对承包商的效益影响很大，从而对投标决策的影响也必定较大。

(7) 项目自身情况。项目自身特征决定了项目的建设难度，也部分决定了项目获利的丰厚程度，因此是投标决策的影响因素。

8. 办理注册手续

如果是去企业注册地以外的地方承揽工程项目，还需在工程所在地建设行政主管部门办理注册登记手续后才可以参加投标。

如果是国际工程项目，投标人必须按照工程所在国的相关规定办理注册登记手续，取得合法地位后才能从事工程项目的投标工作。

任务 2 建设工程施工投标文件的编制

投标文件，是建设工程投标人单方面阐述自己响应招标文件要求，旨在向招标人提出愿意订立合同的意思表示，是投标人确定和解释有关投标事项的各种书面表达形式的统称。在投标人参与投标的工作过程中，编制一份具有竞争力的投标文件是使其能够中标的重要因素之一。

一、施工投标文件的编制

1. 投标文件的组成

投标书一般由商务标、技术标、电子标书、开标一览表组成。根据《标准施工招标文件》的要求，投标文件应包括下列内容：

(1) 投标函及投标函附录；

(2) 法定代表人身份证明或附有法定代表人身份证明的授权委托书；

(3) 联合体协议书；

(4) 投标保证金或保函；

(5) 已标价工程量清单；

(6) 施工组织设计；

(7) 项目管理机构；

(8) 拟分包项目情况表；

(9) 资格审查资料；

(10) 投标人须知前附表规定的其他材料。

2. 投标文件的编制要求

(1) 投标文件应按招标文件中的“投标文件格式”进行编写，如有必要，可以增加附页，作为投标文件的组成部分。其中，投标函附录在满足招标文件实质性要求的基础上，可以做出比招标文件要求更有利于招标人的承诺。

(2) 投标人根据招标文件的要求和条件填写投标文件的空格时，凡要求填写的空格都必须填写，不得空着不填，否则，即被视为放弃意见。投标文件应当对招标文件有关工期、投标有效期、质量要求、技术标准和要求、招标范围等实质性内容作出响应，否则将被作为无效或作废的投标文件处理。

(3) 投标文件正本一份，副本份数见投标人须知前附表。同时要在标书封面标明“正本”和“副本”字样。投标文件正本和副本如有不一致之处，以正本为准。投标文件的正本与副本应分别装订成册，并编制目录，具体装订要求见投标人须知前附表规定。

(4) 投标文件应用不褪色的材料书写或打印，并由投标人的法定代表人或其委托代理人签字或盖单位章。委托代理人签字的，投标文件应附法定代表人签署的授权委托书。投标文件应尽量避免涂改、行间插字或删除。如果出现上述情况，改动之处应加盖单位章或由投标人的法定代表人或其授权的代理人签字确认。签字或盖章的具体要求见投标人须知前附表。

(5) 填报投标文件应反复校核，保证分项和汇总计算均无错误。

(6) 投标人在招标文件要求提交投标文件的截止时间前，可以补充、修改或者撤回已提交的投标文件，并书面通知招标人。补充、修改的内容为投标文件的组成部分。

3. 技术标的编制

技术标编制过程中，应注意编制内容应具有针对性、全面性、先进性、可行性、经济性。

(1) 编制施工组织设计的要求。

编制时应采用文字并结合图表形式说明施工方法，以及拟投入本标段的主要施工设备情况、拟配备本标段的试验和检测仪器设备情况、劳动力计划等；结合工程特点提出切实可行的工程质量、安全生产、文明施工、工程进度、技术组织措施，同时应对关键工序、复杂环节提出相应技术措施，如冬雨季施工技术、减少噪声、降低环境污染、地下管线及其他地上地下设施的保护加固措施等。

(2) 施工组织设计除采用文字表述外可附下列图表。

附表一　拟投入本标段的主要施工设备表

附表二　拟配备本标段的试验和检测仪器设备表

附表三　劳动力计划表

附表四　计划开、竣工日期和施工进度网络图

① 投标人应递交施工进度网络图或施工进度表，说明按计划工期进行施工的各个关键日期。

② 施工进度表可采用网络图（或横道图）表示。

附表五　施工总平面图

投标人应递交一份施工总平面图，绘出现场临时设施布置图表并附文字说明，说明临时设施、加工车间、现场办公、设备及仓储、供电、供水、卫生、生活、道路、消防等设施的情况和布置。

附表六　临时用地表

二、投标文件内容节选

投标函及投标函附录

（一）投标函

致：______________________________（招标人名称）

在考察现场并充分研究_______________（项目名称）______标段（以下简称“本工程”）施工招标文件的全部内容后，我方兹以：

人民币（大写）：____

（小写）¥____

的投标价格和按合同约定有权得到的其他金额，并严格按照合同约定，施工、竣工和交付本工程并维修其中的任何缺陷。

在我方的上述投标报价中，包括：

安全文明施工费¥____

暂列金额（不包括计日工部分）¥____________________________________

专业工程暂估价¥____

如果我方中标，我方保证在______年______月______日或按照合同约定的开工日期开始本工程的施工，______天（日历日）内竣工，并确保工程质量达到______标准。我方同意本投标函在招标文件规定的提交投标文件截止时间后，在招标文件规定的投标有效期期满前对我方具有约束力，且随时准备接受你方发出的中标通知书。

随本投标函递交的投标函附录是本投标函的组成部分，对我方构成约束力。

随同本投标函递交投标保证金一份，金额为人民币（大写）：____________（¥　）。

在签署协议书之前，你方的中标通知书连同本投标函，包括投标函附录，对双方具有约束力。

投标人（盖章）：

法人代表或委托代理人（签字或盖章）：

日期：________年______月______日

备注：采用综合评估法评标，且采用分项报价方法对投标报价进行评分的，应当在投标函中增加分项报价的填报。

（二）投标函附录

工程名称：______________（项目名称）____标段

序　号	条款内容	合同条款号	约定内容	备　注
1	项目经理	1.1.2.4	姓名：	
2	工期	1.1.4.3	日历天	
3	缺陷责任期	1.1.4.5		
4	承包人履约担保金额	4.2		
5	分包	4.3.4	见分包项目情况表	
6	逾期竣工违约金	11.5	元/天	
7	逾期竣工违约金最高限额	11.5		
8	质量标准	13.1		
9	价格调整的差额计算	16.1.1	见价格指数权重表	
10	预付款额度	17.2.1		
11	预付款保函金额	17.2.2		
12	质量保证金扣留百分比	17.4.1		
13	质量保证金额度	17.4.1		
……	……			

注：投标人在响应招标文件中规定的实质性要求和条件的基础上，可做出其他有利于招标人的承诺。此类承诺可在本表中予以补充填写。

价格指数权重表

名　称		基本价格指数		权　重			价格指数来源
		代　号	指数值	代　号	允许范围	投标人建议值	
定值部分				A			
变值部分	人工费	F_{01}		B_1	至		
	钢材	F_{02}		B_2	至		
	水泥	F_{03}		B_3	至		
	……	……		……	……		
合计						1.00	

注：在专用合同条款16.1款约定采用价格指数法进行价格调整时适用本表。表中除“投标人建议值”由投标人结合其投标报价情况选择填写外，其余均由招标人在招标文件发出前填写。

法定代表人身份证明

投 标 人：____
单位性质：____
地 址：____
成立时间：____
经营期限：____
姓 名：________________ 性 别：________________
年 龄：________________ 职 务：________________
系 ____________________（投标人名称）的法定代表人。
特此证明。

投标人：________________（盖单位章）
________年________月________日

授权委托书

本人________（姓名）系________（投标人名称）的法定代表人，现委托______（姓名）为我方代理人。代理人根据授权，以我方名义签署、澄清、说明、补正、递交、撤回、修改____________（项目名称）______标段施工投标文件、签订合同和处理有关事宜，其法律后果由我方承担。

委托期限：____
____。

代理人无转委托权。
附：法定代表人身份证明

投 标 人：________________（盖单位章）
法定代表人：________________（签字）
身份证号码：________________
委托代理人：________________（签字）
身份证号码：________________
______年______月______日

联合体协议书

牵头人名称：
法定代表人：
法定住所：

成员二名称：
法定代表人：
法定住所：
……

鉴于上述各成员单位经过友好协商，自愿组成________(联合体名称)联合体，共同参加________(招标人名称)(以下简称招标人)________(项目名称)________标段(以下简称本工程)的施工投标并争取赢得本工程施工承包合同(以下简称合同)。现就联合体投标事宜订立如下协议：

1. ________(某成员单位名称)为____________(联合体名称)牵头人。

2. 在本工程投标阶段，联合体牵头人合法代表联合体各成员负责本工程投标文件编制活动，代表联合体提交和接收相关的资料、信息及指示，并处理与投标和中标有关的一切事务；联合体中标后，联合体牵头人负责合同订立和合同实施阶段的主办、组织和协调工作。

3. 联合体将严格按照招标文件的各项要求，递交投标文件，履行投标义务和中标后的合同，共同承担合同规定的一切义务和责任，联合体各成员单位按照内部职责的部分，承担各自所负的责任和风险，并向招标人承担连带责任。

4. 联合体各成员单位内部的职责分工如下：____________________________。按照本条上述分工，联合体成员单位各自所承担的合同工作量比例如下：____________。

5. 投标工作和联合体在中标后工程实施过程中的有关费用按各自承担的工作量分摊。

6. 联合体中标后，本联合体协议是合同的附件，对联合体各成员单位有合同约束力。

7. 本协议书自签署之日起生效，联合体未中标或者中标时合同履行完毕后自动失效。

8. 本协议书一式__________份，联合体成员和招标人各执一份。

牵头人名称：________________________(盖单位章)
法定代表人或其委托代理人：________________(签字)
成员二名称：________________________(盖单位章)
法定代表人或其委托代理人：________________(签字)
……

_____年_____月_____日

备注：本协议书由委托代理人签字的，应附法定代表人签字的授权委托书。

投标保证金

保函编号：__________

____________(招标人名称)：

鉴于______________(投标人名称)(以下简称“投标人”)参加你方______(项目名称)______标段的施工投标，________________________(担保人名称)(以下简称“我方”)受该投标人委托，在此无条件地、不可撤销地保证：一旦收到你方提出的下述任何一种事实的书面通知，在7日内无条件地向你方支付总额不超过______________(投标保函额度)的任何你方要求的金额：

1.投标人在规定的投标有效期内撤销或者修改其投标文件。

2.投标人在收到中标通知书后无正当理由而未在规定期限内与贵方签署合同。

3.投标人在收到中标通知书后未能在招标文件规定期限内向贵方提交招标文件所要求的履约担保。

本保函在投标有效期内保持有效，除非你方提前终止或解除本保函。要求我方承担保证责任的通知应在投标有效期内送达我方。保函失效后请将本保函交投标人退回我方注销。

本保函项下所有权利和义务均受中华人民共和国法律管辖和制约。

担保人名称：＿＿＿＿＿＿＿＿＿＿＿＿（盖单位章）

法定代表人或其委托代理人：＿＿＿＿＿＿＿（签字）

地　　址：＿＿＿＿＿＿＿＿＿＿＿＿＿＿＿

邮政编码：＿＿＿＿＿＿＿＿＿＿＿＿＿＿＿

电　　话：＿＿＿＿＿＿＿＿＿＿＿＿＿＿＿

传　　真：＿＿＿＿＿＿＿＿＿＿＿＿＿＿＿

＿＿＿年＿＿＿月＿＿＿日

备注：经过招标人事先的书面同意，投标人可采用招标人认可的投标保函格式，但相关内容不得背离招标文件约定的实质性内容。

施工组织设计

1.投标人应根据招标文件和对现场的勘察情况，采用文字并结合图表形式，参考以下要点编制本工程的施工组织设计：

（1）施工方案及技术措施；

（2）质量保证措施和创优计划；

（3）施工总进度计划及保证措施（包括以横道图或标明关键线路的网络进度计划、保障进度计划需要的主要施工机械设备、劳动力需求计划及保证措施、材料设备进场计划及其他保证措施等）；

（4）施工安全措施计划；

（5）文明施工措施计划；

（6）施工场地治安保卫管理计划；

（7）施工环保措施计划；

（8）冬期和雨期施工方案；

（9）施工现场总平面布置（投标人应递交一份施工总平面图，绘出现场临时设施布置图表并附文字说明，说明临时设施、加工车间、现场办公、设备及仓储、供电、供水、卫生、生活、道路、消防等设施的情况和布置）；

（10）项目组织管理机构（若施工组织设计采用“暗标”方式评审，则在任何情况下，“项目管理机构”不得涉及人员姓名、简历、公司名称等暴露投标人身份的内容）；

（11）承包人自行施工范围内拟分包的非主体和非关键性工作（按第二章“投标人须知”第1.11款的规定）、材料计划和劳动力计划；

(12) 成品保护和工程保修工作的管理措施和承诺；

(13) 任何可能的紧急情况的处理措施、预案以及抵抗风险(包括工程施工过程中可能遇到的各种风险)的措施；

(14) 对总包管理的认识以及对专业分包工程的配合、协调、管理、服务方案；

(15) 与发包人、监理及设计人的配合；

(16) 招标文件规定的其他内容。

2.若投标人须知规定施工组织设计采用技术“暗标”方式评审，则施工组织设计的编制和装订应按附表七“施工组织设计(技术暗标部分)编制及装订要求”编制和装订施工组织设计。

3.施工组织设计除采用文字表述外可附下列图表，图表及格式要求附后。若采用技术暗标评审，则下述表格应按照章节内容，严格按给定的格式附在相应的章节中。

附表一　拟投入本工程的主要施工设备表

附表二　拟配备本工程的试验和检测仪器设备表

附表三　劳动力计划表

附表四　计划开、竣工日期和施工进度网络图

附表五　施工总平面图

附表六　临时用地表

附表七　施工组织设计(技术暗标部分)编制及装订要求

拟投入本工程的主要施工设备表

序号	设备名称	型号规格	数量	国别产地	制造年份	额定功率/kW	生产能力	用于施工部位	备注

拟配备本工程的试验和检测仪器设备表

序号	仪器设备名称	型号规格	数量	国别产地	制造年份	已使用台时数	用途	备注

劳动力计划表

单位：人

工种	按工程施工阶段投入劳动力情况						

临时用地表

用　途	面积/平方米	位　置	需用时间

施工组织设计(技术暗标部分)编制及装订要求

(一)施工组织设计中纳入"暗标"部分的内容:

____

____

(二)暗标的编制和装订要求

1.打印纸张要求:______________________

2.打印颜色要求:______________________

3.正本封皮(包括封面、侧面及封底)设置及盖章要求:______________________

4.副本封皮(包括封面、侧面及封底)设置要求:______________________

5.排版要求:______________________

6.图表大小、字体、装订位置要求:______________________

7.所有"技术暗标"必须合并装订成一册,所有文件左侧装订,装订方式应牢固、美观,不得采用活页方式装订,均应采用________________方式装订。

8.编写软件及版本要求:Microsoft Word ______________________

9.任何情况下,技术暗标中不得出现任何涂改、行间插字或删除痕迹。

10.除满足上述各项要求外,构成投标文件的"技术暗标"的正文中均不得出现投标人的名称和其它可识别投标人身份的字符、徽标、人员名称以及其他特殊标记等。

备注:"暗标"应当以能够隐去投标人的身份为原则,尽可能简化编制和装订要求。

项目管理机构

(一)项目管理机构组成表

职　务	姓　名	职　称	执业或职业资格证明					备　注
			证书名称	级　别	证　号	专　业	养老保险	

(二)主要人员简历表

附表一:项目经理简历表

项目经理应附建造师执业资格证书、注册证书、安全生产考核合格证书、身份证、职称证、学历证、养老保险复印件及未担任其他在施建设工程项目项目经理的承诺书,管理过的项目业绩须附合同协议书和竣工验收备案登记表复印件。类似项目限于以项目经理身份参与的项目。

姓　　名		年　　龄		学　　历	
职　　称		职　　务		拟在本工程任职	项目经理
注册建造师执业资格等级			级	建造师专业	
安全生产考核合格证书					
毕业学校	年毕业于			学校	专业
主要工作经历					
时　　间	参加过的类似项目名称			工程概况说明	发包人及联系电话

附表二：主要项目管理人员简历表

主要项目管理人员指项目副经理、技术负责人、合同商务负责人、专职安全生产管理人员等岗位人员。应附注册资格证书、身份证、职称证、学历证、养老保险复印件，专职安全生产管理人员应附安全生产考核合格证书，主要业绩须附合同协议书。

岗 位 名 称	
姓　　名	年　　龄
性　　别	毕业学校
学历和专业	毕业时间
拥有的执业资格	专业职称
执业资格证书编号	工作年限
主要工作业绩及担任的主要工作	

附表三：承诺书

承诺书

________（招标人名称）：

我方在此声明，我方拟派往____________（项目名称）____________标段（以下简称“本工程”）的项目经理__________（项目经理姓名）现阶段没有担任任何在施建设工程项目的项目经理。

我方保证上述信息的真实和准确，并愿意承担因我方就此弄虚作假所引起的一切法律后果。

特此承诺

投标人：____________________________（盖单位章）

法定代表人或其委托代理人：______________（签字）

______年______月______日

拟分包计划表

日期：　　年　　月　　日

序　　号	拟分包项目名称、范围及理由	拟选分包人					备　　注
		拟选分包人名称		注册地点	企业资质	有关业绩	
		1					
		2					
		3					
		1					
		2					
		3					
		1					
		2					
		3					
		1					
		2					
		3					

注：本表所列分包仅限于承包人自行施工范围内的非主体、非关键工程。

资格审查资料

（一）投标人基本情况表

投标人名称					
注册地址				邮政编码	
联系方式	联系人			电话	
	传真			网址	
组织结构					
法定代表人	姓名		技术职称		电话
技术负责人	姓名		技术职称		电话
成立时间			员工总人数		
企业资质等级			其中	项目经理	
营业执照号				高级职称人员	
注册资金				中级职称人员	
开户银行				初级职称人员	
账号				技工	
经营范围					
备注					

注：本表后应附企业法人营业执照及其年检合格的证明材料、企业资质证书副本、安全生产许可证等材料的复印件。

（二）近年完成的类似项目情况表

项目名称	
项目所在地	
发包人名称	
发包人地址	
发包人联系人及电话	
合同价格	
开工日期	
竣工日期	
承担的工作	
工程质量	

续表

项目经理	
技术负责人	
总监理工程师及电话	
项目描述	
备注	

注：1. 类似项目指______________________________工程。

2. 本表后附中标通知书和(或)合同协议书、工程接收证书(工程竣工验收证书)的复印件，具体年份要求见投标人须知前附表。每张表格只填写一个项目，并标明序号。

（三）正在施工的和新承接的项目情况表

项目名称	
项目所在地	
发包人名称	
发包人地址	
发包人电话	
签约合同价	
开工日期	
计划竣工日期	
承担的工作	
工程质量	
项目经理	
技术负责人	
总监理工程师及电话	
项目描述	
备注	

注：本表后附中标通知书和(或)合同协议书复印件。每张表格只填写一个项目，并标明序号。

任务3 建设工程施工投标报价

投标报价是投标书的核心组成部分，招标人往往将投标人的报价作为主要标准来选择中标人。投标报价是影响投标人投标成败的关键，正确合理地计算和确定投标报价非常重要。

一、投标报价的主要依据

投标报价应根据下列依据编制：

(1) 现行《建设工程工程量清单计价规范》；

(2) 国家或省级、行业建设主管部门颁发的计价办法；

(3) 国家或省级、行业建设主管部门颁发的计价定额；

(4) 招标文件、工程量清单及其补充通知、答疑纪要、技术标准及要求；

(5) 建设工程设计文件及相关资料；

(6) 与建设项目相关的标准、规范等技术资料；

(7) 施工现场情况、工程特点及拟订的投标施工组织设计或施工方案；

(8) 市场价格信息或工程造价管理机构发布的工程造价信息；

(9) 其他的相关资料。

二、投标报价的程序

认真对待投标报价工作，应对招标文件有一个系统而完整的理解，从合同条件到技术规范、工程设计图纸，从工程量清单到具体投标书和报价单的要求，采用熟悉的投标报价程序和方法。投标报价的步骤如下：

(1) 熟悉招标文件，对工程项目进行调查与现场考察；

(2) 结合工程项目的特点，竞争对手的实力和企业自身状况、经验、习惯，制订投标策略；

(3) 核算招标项目实际工程量；

(4) 编制施工组织设计；

(5) 考虑工程承包市场的行情，以及人工、机械及材料供应的费用，计算分项工程直接费；

(6) 分摊项目费用，编制单价分析表；

(7) 计算投标基础价；

(8) 根据企业的施工管理水平、工程经验与信誉、技术能力与机械装备能力、财务应变能力、抵御风险的能力、降低工程成本增加经济效益的能力等，进行获胜分析、盈亏分析；

(9) 提出备选投标报价方案;

(10) 编制出合理的报价,以争取中标。

三、投标报价的方法

投标报价的方法一般有按工程预算编制和按工程量清单编制两种。

(1) 按工程预算编制,即定额计价法的计价模式,指按照工程预算定额来划分分部分项工程,计算各分部分项工程的价格,从而确定投标报价。这种投标报价准确性较高,适合招标单位已经提供了施工图纸的工程。这种方法又被叫作传统计价模式。按照分部分项单价产生的不同方法又可分为预算单价法和实物法。

(2) 按工程量清单编制,即综合单价法的计价模式,指投标人按照招标人提供的工程量清单,参照预算定额(理想的是依据企业编制的"企业定额"),结合企业的施工组织技术措施和物价水平计算工程价格。这种投标报价有利于竞争,有利于促进施工生产技术发展。全部使用国有资金投资或国有资金投资为主的项目必须采用工程量清单计价。综合单价法分为全费用综合单价和部分费用综合单价。

投标价应由投标人或受其委托具有相应资质的工程造价咨询人编制。

投标价应由投标人自主确定,但不得低于成本。

投标人应按招标人提供的工程量清单填报价格。填写的项目编码、项目名称、项目特征、计量单位、工程量必须与招标人提供的一致。

四、投标费用的组成

根据《建筑安装工程费用项目的组成》(建标〔2013〕44 号),建筑安装工程费用的项目组成按照费用构成要素和工程造价形成来划分。

(1) 建筑安装工程费用按照费用构成要素划分:由人工费、材料(包含工程设备,下同)费、施工机具使用费、企业管理费、利润、规费和税金组成。

其中人工费、材料费、施工机具使用费、企业管理费和利润包含在分部分项工程费、措施项目费、其他项目费中。

(2) 建筑安装工程费用组成按照工程造价形成划分:由分部分项工程费、措施项目费、其他项目费和规费、税金组成。

分部分项工程费、措施项目费、其他项目费包含人工费、材料费、施工机具使用费、企业管理费、利润。

专项实训:建设工程施工投标文件编制

1. 实践目的

通过专项训练,让学生熟悉建设工程施工投标文件编制的内容及要求,熟悉投标文件编写步骤,初步具备编写施工方案的能力,初步具备施工部署及制订施工进度计划的能力,初步具备编制投标报价的能力,为学生毕业后在工程咨询公司、建设单位从事招标相关工作奠定基础。

2. 实践(训练)方式

学生在教师的指导下,分组进行简单建设工程施工投标文件的编制。具体步骤如下。

(1) 准备工作:① 招标文件;②施工图;③教师提供建设施工工程背景材料。

(2) 学生根据背景材料,参考《中华人民共和国标准施工招标文件》格式,制订编写计划,由教师审核。

(3) 按照计划进度,学生分组合作编制施工投标文件。

3. 实践(训练)内容和要求

(1) 制订编写计划。

(2) 合作编制施工投标文件。

(3) 完成实践总结。

项目小结

本章对建设工程施工投标工作的主要内容进行了介绍和说明。建设工程施工投标的主要工作包括前期的投标准备与决策,编制资质预审文件和投标文件是这个过程中的重要内容。投标报价的基本方法和策略是承包商是否能够中标的决定性因素之一。

本章的教学目的是使学生熟悉投标工作的基本步骤,能够编制投标文件,并能初步利用投标报价技巧进行报价计算。

在学习时,要注意相关法律法规对投标工作的基本规定。

习题

一、选择题

1. 投标活动的一般程序如下,顺序正确的是(　　)。

(1) 投标初步决策;(2)成立投标组织;(3)参加资格预审,并购买标书;(4)进行技术环境和市场环境调查;(5)参加现场踏勘和投标预备会;(6)编制施工组织设计;(7)编制并审核施工图预算;(8)投标最终决策;(9)标书成稿;(10)标书装订和封包;(11)递交标书,参加开标会议;(12)接到中标通知书后,与建设单位签订合同。

A. (1)(2)(3)(5)(4)(7)(6)(8)(10)(9)(11)(12)

B. (2)(1)(3)(5)(4)(6)(7)(8)(9)(10)(11)(12)

C. (1)(2)(3)(4)(5)(7)(6)(9)(8)(10)(11)(12)

D. (2)(1)(3)(4)(5)(6)(7)(8)(10)(9)(11)(12)

2. 不属于投标决策的原则的是(　　)。

A. 目标性　　B. 针对性　　C. 复杂性　　D. 预见性

3. (　　)不属于影响投标决策的企业内部因素。

A. 技术实力　　B. 地理环境情况　　C. 管理实力　　D. 经济实力

4. (　　)不属于影响投标决策的企业外部因素。

A. 建设单位情况　　B. 法制环境情况

C. 竞争对手情况　　D. 信誉实力

5. 根据《标准施工招标文件》的要求，投标文件应包括下列内容：(　　)。

A. 投标函及投标函附录

B. 法定代表人身份证明和项目管理机构

C. 法制环境情况和竞争对手情况分析

D. 已标价工程量清单和施工组织设计

二、思考题

1. 简述投标活动的一般程序。
2. 简述建设工程投标文件的组成。
3. 简述投标文件编制的一般要求。
4. 简述技术标编制的要求。
5. 简述投标书的修改、补充和撤回的操作程序。
6. 影响投标决策的因素有哪些?
7. 简述投标报价的依据。
8. 投标报价的方式有哪几种?
9. 简述建筑工程投标的主要工作。
10. 工程量清单报价的单价由哪几部分费用组成?
11. 常用的投标技巧有哪几种?
12. 投标报价的内容组成有哪些?
13. 什么时候投标人应考虑低于成本价报价? 我国为什么要限制这种做法?

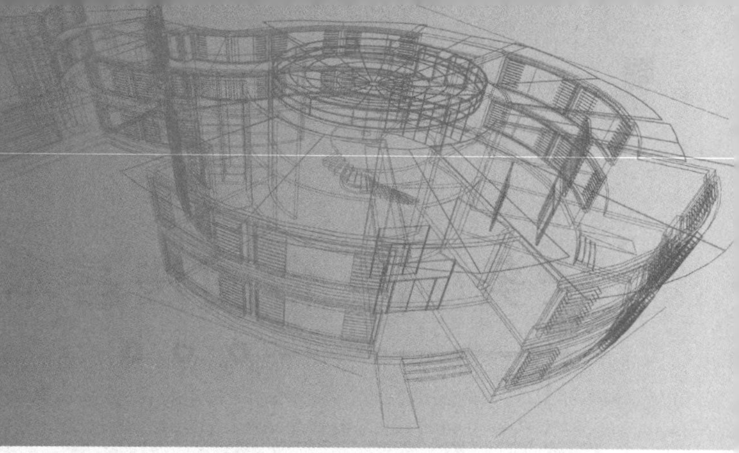

项目4 合同法概述

能力目标、知识目标

通过本节的学习，使学生能够了解合同的概念，合同的订立、变更、转让和终止，合同违约责任的相关知识，熟悉合同主要条款，掌握合同的履行、合同的效力。

任务 1 合同法基本知识

一、合同的概念

合同是指具有平等民事主体资格的当事人为了达到一定的目的，在自愿、平等和协商一致的基础上设立、变更、终止民事权利义务关系而达成的协议。

《中华人民共和国合同法》第二条："本法所称合同是平等主体的自然人、法人、其他组织之间设立、变更、终止民事权利义务关系的协议。婚姻、收养、监护等有关身份关系的协议，适用其他法律的规定。"

二、合同的类型

我国于 1999 年 3 月 15 日通过了《中华人民共和国合同法》(以下简称《合同法》)，并于 1999 年 10 月 1 日起施行。《合同法》分总则、分则和附则三部分，共二十三章。总则包括：一般规定、合同的订立、合同的效力、合同的履行、合同的变更和转让、合同的权利义务终止、违约责任。分则就社会经济生活中常见的合同类型进行了规定。主要包括以下内容。

1. 买卖合同

买卖合同是出卖人转移标的物的所有权于买受人，买受人支付价款的合同。

买卖合同的内容除依照《合同法》第十二条的规定以外，还可以包括包装方式、检验标准和方法、结算方式、合同使用的文字及其效力等条款。

买卖合同中，出卖的标的物应当属于出卖人所有或出卖人有权处分。标的物的所有权自标的物交付时起转移。

在建筑工程中，材料和设备的采购合同就属于这一类合同。

2. 供用电、水、气、热力合同

供用电(水、气、热力)合同是供电(水、气、热力)人向用电人供电(水、气、热力)，用电(水、气、热力)人支付电(水、气、热力)费的合同。

供用电(水、气、热力)合同的内容包括供电(水、气、热力)的方式、质量、时间，用电(水、气、热力)容量、地址、性质，计量方式，电(水、气、热力)价，电(水、气、热力)费的结算方式，供用电(水、气、热力)设施的维护责任等条款。

3. 赠与合同

赠与合同是赠与人将自己的财产无偿给予受赠人，受赠人表示接受赠与的合同。

赠与人在赠与财产的权利转移之前可以撤销赠与。

赠与可以附义务。赠与附义务的，受赠人应当按照约定履行义务。

4. 借款合同

借款合同是借款人向贷款人借款，到期返还借款并支付利息的合同。

借款合同采用书面形式，但自然人之间借款另有约定的除外。借款合同的内容包括借款种类、币种、用途、数额、利率、期限和还款方式等条款。

建筑工程中的贷款合同属于这类合同。

5. 租赁合同

租赁合同是出租人将租赁物交付承租人使用、收益，承租人支付租金的合同。

租赁合同的内容包括租赁物的名称、数量、用途、租赁期限、租金及其支付期限和方式、租赁物维修等条款。

建筑工程中常见的有周转材料和施工设备的租赁。

6. 融资租赁合同

融资租赁合同是出租人根据承租人对出卖人、租赁物的选择，向出卖人购买租赁物，提供给承租人使用，承租人支付租金的合同。

融资租赁合同的内容包括租赁物名称、数量、规格、技术性能、检验方法、租赁期限、租金构成及其支付期限和方式、币种、租赁期间届满租赁物的归属等条款。

建筑企业使用的大型机械设备租赁有时采用该类合同。

7. 承揽合同

承揽合同是承揽人按照定作人的要求完成工作，交付工作成果，定作人给付报酬的合同。承揽包括加工、定作、修理、复制、测试、检验等工作。

承揽合同的内容包括承揽的标的、数量、质量、报酬、承揽方式、材料的提供、履行期限、验收标准和方法等条款。

8. 建设工程合同

建设工程合同是承包人进行工程建设，发包人支付价款的合同。建设工程合同包括工程勘察、设计、施工合同。

9. 运输合同

运输合同是承运人将旅客或者货物从起运地点运输到约定地点，旅客、托运人或者收货人支付票款或者运输费用的合同。运输合同包括客运合同、货运合同和多式联运合同。

建筑企业采用较多的是货运合同。

10. 技术合同

技术合同是当事人就技术开发、转让、咨询或者服务订立的确立相互之间权利和义务的合同。

11. 保管合同

保管合同是保管人保管寄存人交付的保管物，并返还该物的合同。保管行为可能是有偿的，也可能是无偿的。

12. 仓储合同

仓储合同是保管人储存存货人交付的仓储物，存货人交付仓储费的合同。

建设工程项目可能使用该类合同。

13. 委托合同

委托合同是委托人和受托人约定，由受托人处理委托人事务的合同。

14. 行纪合同

行纪合同是行纪人以自己的名义为委托人从事贸易活动，委托人支付报酬的合同。代理人与行纪关系中的行纪人是有区别的。行纪人在行纪关系中是以自己的名义而不是委托人的名义与第三人进行经济活动。

15. 居间合同

居间合同是居间人向委托人报告订立合同的机会或者提供订立合同的媒介服务，委托人支付报酬的合同。建设项目招标信息的获取和合同的订立都有可能采用该类合同，一般由中介机构完成。

任务 2 合同的订立

一、合同法的基本原则

合同法是调整平等主体的自然人、法人、其他组织之间设立、变更、终止民事权利义务关系的法律规范的总称，是合同当事人在合同的订立、履行、变更、解除、转让中及承担违约责任时应遵守的基本原则，也是人民法院、仲裁机构在审理、仲裁合同纠纷时应遵循的原则。

1. 平等原则

《中华人民共和国合同法》规定，合同当事人的法律地位平等，即享有民事权利和承担民事义务的资格是平等的，一方不得将自己的意志强加给另一方。

平等原则的具体表现有：自然人的民事权利能力一律平等；不同的民事主体参与民事关系适用同一法律，具有平等地位；民事主体在民事法律关系中必须平等协商。

平等是自愿的前提。

2. 自愿原则

合同当事人在法律规定的范围内，可以按照自己的意愿设立、变更、终止民事法律关系。任何单位和个人不得非法干预。

自愿原则是合同法重要的基本原则，是市场经济的基本原则之一，也是一般国家的法律准则。自愿原则贯穿于合同全过程，体现了签订合同作为民事活动的基本特征。

自愿原则具体表现为：①缔结合同的自由；②当事人有权选择对方当事人的自由；③决定合同内容、形式、范围的自由；④变更、解除合同的自由；⑤自愿选择解决争议的自由。

合同自由不是绝对的自由，它要受到国家法律、法规的限制。

3. 公平原则

在合同的订立和履行中，合同当事人应当正当行使合同权利和履行合同义务，兼顾他人利益，保护和平衡合同当事人的合法权益，使之更好地履行合同义务，实现合同目的。

公平原则是民事活动应当遵循的基本原则。

4. 诚实信用原则

合同是在双方诚实信用的基础上签订的，合同当事人行使权利、履行义务应当遵循诚实信用原则。在合同关系终止后，当事人也应当遵循诚实信用原则履行通知、协助和保密等义务。

诚实信用原则是市场经济活动中形成的道德规则，要求人们在订立和履行合同时讲信用、信守诺言、诚实不欺。

5. 遵守法律法规和公序良俗原则

当事人订立、履行合同，应当遵守法律、行政法规，尊重社会道德，不得扰乱社会经济秩序，损害社会公共利益。合同的签订、履行绝不仅仅是当事人之间的事情，它可能会涉及社会公共利益和社会经济秩序。

公序良俗即公共秩序和善良风俗。善良风俗应当是以道德为核心的，是某一特定社会应有的道德准则。遵守公序良俗原则要求当事人在订立、履行合同时不仅要遵守法律，而且应当尊重社会道德，不得扰乱社会经济秩序，损害社会公共利益。

二、合同的形式

合同的形式是指合同双方当事人对合同的内容、条款，经过协商，作出共同的意思表示的具体方式。《中华人民共和国合同法》规定，当事人订立合同，有书面形式、口头形式和其他形式。

口头形式是以口头语言形式表现合同内容。

书面形式是指合同书、信件和数据电文（包括电报、传真、电子数据交换和电子邮件）等可以有形地表现所载内容的形式。

其他形式则包括公证、审批、登记。

三、合同的内容

合同的内容即当事人的权利和义务，由合同当事人约定，这是合同自由的重要体现。《合同法》规定了合同一般应当包括的条款，但具备这些条款不是合同成立的必备条件。

1. 当事人的名称或者姓名和住所

将当事人的名称或姓名和住所加以特定化、固定化，在合同中明确当事人的基本情况，有利于合同的顺利履行，也利于确定诉讼管辖。

2. 标的

标的是合同权利和义务共同指向的对象。合同的标的必须明确、具体、合法。标的没有或不明确，合同关系不能成立，合同无法履行。

标的的表现形式有物、劳务、行为、智力成果、工程项目等。

3. 数量

数量是衡量合同标的多少的尺度，以数字和计量单位表示。数量是确定合同当事人权利义务范围、大小的标准。若双方未约定具体数量，就无法确定双方权利义务的大小，双方的权利义务就处于不确定的状态，则合同无法履行。

因此，合同中必须明确标的的数量。

4. 质量

质量指标准、技术要求，是标的的内在品质和外观形态的综合指标，如产品的品种、型号、规格、等级和工程项目的标准等。签订合同时，必须明确质量标准，对于技术上较为复杂的情况和容易引起争议的词语、标准，应当加以说明和解释。如果标的有不同的质量标准，当事人应在合同中写明合同执行的是什么标准，若标的有国家强制性标准或行业性标准，当事人必须执行，合同约定质量标准不得低于该强制性标准。

5. 价款或报酬

价款或报酬是指当事人一方履行义务时另一方当事人以货币形式支付的代价。凡是有偿合同都有价款或报酬条款。当事人在约定价款或报酬时，应遵守国家有关价格方面的法律和规定，并接受工商行政管理机关和物价管理部门的监督。

价款通常指标的物本身的价款，但因商业上的大宗买卖一般是异地交货，便产生了运费、保险费、装卸费、保管费、报关费等一系列额外费用。它们由哪一方支付，需在价款条款中写明。

6. 履行期限、地点和方式

履行期限是当事人各方依照合同规定全面完成各自义务的时间，是确定当事人是否按时履行或延期履行的客观标准，也是当事人主张合同权利的时间依据。

履行地点是指当事人交付标的和支付价款或报酬的地点，是确定运输费用由谁负担，风险由谁承担的依据。

履行方式是当事人完成合同规定义务的具体方法。履行方式包括很多方面的内容，如标的的交付方式、价款或报酬的结算方式、货物运输方式等。履行方式应视所签订合同的类别而定。

7. 违约责任

违约责任是任何一方当事人不履行或不适当履行合同规定的义务而应承担的法律责任。当事人可以在合同中约定，一方当事人违反合同时，向另一方当事人支付违约金或赔偿金。

8. 解决争议的方法

解决争议的方法是指当事人在订立合同时约定，在合同履行过程中产生争议以后，通过什么方式来解决，即解决争议运用什么程序、适用何种法律、选择哪家检验或鉴定机构等内容。合同发生争议时，及时解决争议可有效维护当事人的合法权益。根据我国现有法律规定，解决争议的方法有和解、调解、仲裁和诉讼。

四、合同的订立

《合同法》规定："当事人订立合同，采用要约、承诺方式。"合同的订立需要经过要约和承诺两个阶段。这是当事人双方就合同的一般条款经过协商达成一致并签署书面协议的过程。

1. 要约

1）要约的概念和条件

要约是希望和他人订立合同的意思表示。

提出要约的一方为要约人，接受要约的一方为受要约人。

注：要约的内容必须具体确定；要约应表明经受要约人承诺，要约人即受该意思表示约束；要约必须是对相对人发出的行为；要约必须具备合同的主要条款。

2）要约邀请

要约邀请是希望他人向自己发出要约的意思表示。

要约邀请不是合同成立的必经过程，它是当事人订立合同的预备行为，在法律上无须承担责任。这种意思表示的内容往往不确定，不含有合同得以成立的主要内容，也不含有相对人同意后受其约束的表示。

寄送价目表、拍卖公告、招标公告、招股说明书、商业广告等都属于要约邀请。

注：商业广告的内容符合要约规定的，视为要约；悬赏广告是要约而不是要约邀请。

3）要约生效

《合同法》规定："要约到达受要约人时生效。"

采用数据电文形式订立合同，收件人指定特定系统接收数据电文的，该数据电文进入该特定系统的时间，视为到达时间；未指定特定系统的，该数据电文进入收件人的任何系统的首次时间，视为到达时间。

4）要约的撤回和撤销

要约可以撤回。要约撤回是指在要约发生法律效力之前，要约人欲使其不发生法律效力而取消要约的意思表示。撤回要约的通知应当在要约到达受要约人之前或与要约同时到达受要约人。

要约可以撤销。要约撤销是指在要约生效后，要约人欲使其丧失法律效力的意思表示。撤销要约的通知应当在受要约人发出承诺通知前到达受要约人。但有下列情形之一的，要约不得撤销：

第一，要约人确定了承诺期限或者以其他形式明示要约不可撤销；

第二，受要约人有理由认为该要约是不可撤销的，并且已经为履行合同做了准备工作，比如向银行贷款、购买原材料、租赁运输工具等。

5）要约失效

要约失效是指要约丧失了法律上的约束力，因而不再对要约人和受要约人具有约束作用。有下列情形之一的，要约失效：

第一，拒绝要约的通知到达要约人；

第二，要约人依法撤销要约；

第三，承诺期限届满，受要约人未作出承诺；

第四，受要约人对要约内容作出实质性变更。

2. 承诺

1）承诺的概念和条件

承诺是受要约人同意要约的意思表示，是指合同当事人一方对另一方发来的要约，在要约有效期限内，作出完全同意要约条款的意思表示。承诺意味着合同成立，意味着当事人之间形成了合同关系。

注：承诺必须是由受要约人作出；承诺只能向要约人作出；承诺的内容必须与要约的内容相一致；承诺必须在承诺期限内发出。

如果受要约人对要约中的某些条款提出修改、补充、部分同意，附有条件或者另行提出新的条件而作出的承诺，以及迟到送达的承诺，都不被视为有效的承诺，而被称为新要约。

2）承诺具有法律约束力的条件

承诺须由受要约人向要约人作出。非受要约人向要约人作出的意思表示不属于承诺，而是一种要约。

承诺的内容应当与要约的内容完全一致。

承诺人必须在要约有效期限内作出承诺。《合同法》规定："受要约人超过承诺期限发出的承诺，除要约人及时通知受要约人该承诺有效的以外，为新要约。"

3）承诺的方式、期限和生效

承诺应当以通知的方式作出，但根据交易习惯或者要约表明可以通过行为作出承诺的除外。

承诺应当在要约确定的期限内到达要约人。要约没有确定承诺期限的，承诺应当依照下列规定到达：

① 要约以对话方式作出的，应当即时作出承诺，但当事人另有约定的除外；

② 要约以非对话方式作出的，承诺应当在合理期限内到达。

《合同法》规定："承诺生效时合同成立。"承诺人作出有效的承诺，合同在事实上已经成立，已经成立的合同对合同当事人双方具有约束力。

4）承诺的撤回与延迟

承诺可以撤回，但不能因承诺的撤回而损害要约人的利益。承诺的撤回是承诺人阻止或者消灭承诺发生法律效力的意思表示。撤回承诺的通知应当在承诺通知到达要约人之前或与承诺通知同时到达要约人。承诺延迟的，除要约人及时通知该承诺有效以外，为新要约。

承诺不可以撤销。因为承诺生效时合同成立，如允许撤销承诺，将等同于撕毁合同。

当事人签订合同，一般经过要约和承诺两个步骤，但实践中往往是通过要约—新要约—新新要约……承诺多个环节，最后达成合同的签订。

五、缔约过失责任

1. 缔约过失责任的概念

缔约过失责任是指在合同订立过程中，当事人一方或双方因自己的过失而致合同不成立、无效或被撤销，给对方造成损失时所应承担的民事责任。

缔约过失责任既不同于违约责任，也有别于侵权责任，是一种独立的责任。

2. 缔约过失责任的构成

1）当事人的行为发生在订立合同的过程中

这是缔约过失责任有别于违约责任的最重要的原因，发生在订立合同的过程中，即合同尚未成立。合同一旦成立，当事人应当承担的是违约责任或者合同无效的法律责任。

2）当事人一方有损失

损失事实是构成民事赔偿责任的首要条件，如果没有损失，就不会存在赔偿问题。缔约过失责任的损失是一种信赖利益的损失，即缔约的当事人信赖合同有效成立，但因法定事由发生，致使合同不成立、无效或被撤销等而造成的损失。

3）当事人一方有过错

承担缔约过失责任一方应当有过错，包括故意行为和过失行为导致的后果责任。这种过错主要表现为违反先合同义务。先合同义务是指自缔约双方为签订合同而相互接触开始但合同尚未成立时，逐渐产生的注意义务（或称随附义务），包括协助、通知、照顾、保护、保密等义务，它自要约生效开始产生。

4）当事人的过错行为与该损失之间有因果关系

当事人的过错行为与该损失之间有因果关系指该损失是由违反先合同义务引起的。

3. 承担缔约过失责任的情形

（1）假借订立合同，恶意进行磋商。恶意磋商是指一方没有订立合同的诚意，假借订立合同与对方磋商而导致另一方遭受损失的行为。

（2）故意隐瞒与订立合同有关的重要事实或者提供虚假情况，即对关系到合同成立与否的事实予以隐瞒或者提供与事实不符的情况而引诱对方订立合同的行为。

（3）泄露或不正当地使用商业秘密给对方造成损失的，应当承担损害赔偿责任。

（4）其他违背诚实信用原则的行为，指当事人一方对随附义务的违反，即违反了通知、保护、说明等义务。

任务 3 合同的效力

一、合同的生效

1. 合同生效应当具备的条件

合同的效力是指合同所具有的法律约束力。合同生效应当具备以下要件。

（1）当事人具有相应的民事权利能力和民事行为能力。

（2）意思表示真实。

（3）不违反法律或社会公共利益。

2. 合同生效的时间

（1）一般规定。

对一般合同，只要合同主体、合同内容、合同形式等符合法律的要求，当事人经协商达成一致意见，合同成立即可生效。

法律、行政法规规定应当办理批准、登记等手续的，依照其规定。按照我国现有的法律和行政法规的规定，有的将批准登记作为合同成立的条件，有的将批准登记作为合同生效的条件。

（2）附条件和附期限合同的生效时间。

当事人对合同的效力可以约定附条件生效。附生效条件的合同，自条件成就时生效；附解除条件的合同，自条件成就时失效。

当事人对合同的效力可以约定附期限生效。附生效期限的合同，自期限届至时生效；附终止期限的合同，自期限届满时失效。

二、效力待定的合同

1. 效力待定合同的概念

效力待定合同是指已成立的合同欠缺一定的生效要件，其生效与否尚未确定，须由第三人作出承认或者拒绝的意思表示才能确定自身效力的合同。

2. 效力待定合同的种类

(1) 限制民事行为能力人依法不能独立订立的合同。此种合同经法定代理人追认后，该合同有效。

(2) 无权代理人以被代理人的名义订立的合同。

① 行为人没有代理权，即行为人事先没有取得代理权却以代理人自居而代理他人订立合同。

② 无权代理人超越代理权，即代理人虽然获得了被代理人的代理权，但他在代订合同时超越了代理权限的范围。

③ 代理权终止后以被代理人的名义订立合同，即行为人曾经是被代理人的代理人，但在以被代理人的名义订立合同时，代理权已终止。

(3) 无处分权人处分他人财产而订立的合同。

这类合同是指无处分权的人以自己的名义对他人的财产进行处分而订立的合同。根据法律规定，财产处分权只能由享有处分权的人行使。《合同法》规定："无处分权的人处分他人财产，经权利人追认或者无处分权的人订立合同后取得处分权的，该合同有效。"

三、无效合同

1. 无效合同的概念

无效合同是指当事人违反法律规定的条件而订立的，国家不承认其效力，不给予法律保护的合同。无效合同自订立之时起就没有法律效力，不论合同履行到什么阶段，合同被确认无效后，这种无效的确认要追溯到合同订立时。无效合同的确认权归人民法院或仲裁机构，其他任何机构或个人均无权确认合同无效。

2. 无效合同的情形

(1) 合同当事人的主体资格不合格。

① 不具备法人资格的社会团体和组织以法人名义订立的合同。

② 当事人超越主管机关批准的经营范围或违反经营方式所订立的合同。

③ 不具备相应民事权利和民事行为能力的当事人订立的合同。

(2) 内容不合法的合同,《合同法》规定有下列情形之一的合同无效。

① 一方以欺诈、胁迫的手段订立合同,损害国家利益。

② 恶意串通,损害国家、集体或者第三人利益。

③ 以合法形式掩盖非法目的。

④ 损害社会公共利益。

⑤ 违反法律、行政法规的强制性规定。

3. 无效合同的处理

(1) 无效合同自合同签订时起就没有法律约束力;

(2) 合同无效分为整个合同无效和部分无效,合同部分无效的,不影响其他部分的法律效力;

(3) 合同无效,不影响合同中独立存在的有关解决争议条款的效力;

(4) 因该无效合同取得的财产,应予返还,有过错的一方应当赔偿对方因此所受到的损失。

四、可撤销、可变更合同

1. 可撤销、可变更合同的概念

可撤销、可变更的合同是指欠缺生效条件,但一方当事人可依照自己的意思使合同的内容变更或者使合同的效力消灭的合同。合同当事人一方有权请求人民法院或者仲裁机构变更或撤销合同,如果当事人只要求变更,人民法院或仲裁机构不得撤销其合同。

2. 可撤销、可变更合同的情形

下列合同,当事人一方有权请求人民法院或者仲裁机构变更或者撤销。

(1) 因重大误解而订立的合同。

(2) 在订立合同时显失公平的合同。

(3) 一方以欺诈、胁迫等手段或者乘人之危,使对方在违背真实意思的情况下订立的合同。

3. 撤销权的消灭

可撤销的合同只是涉及当事人意思表示不真实的问题,法律对撤销权的行使有一定的限制,有下列情形之一的,撤销权消灭:

(1) 具有撤销权的当事人自知道或者应当知道撤销事由之日起一年内没有行使撤销权;

(2) 具有撤销权的当事人知道撤销事由后明确表示或者以自己的行为放弃撤销权。

任务 4 合同的履行和担保

一、合同的履行

1. 合同履行的概念

合同履行是指合同生效后，当事人双方按照合同约定的标的、数量、质量、价款、履行期限、履行地点和履行方式等，全面履行各自的义务，实现各自的权利，使各方的目的得以实现的行为。

合同的履行以有效的合同为前提和依据，是当事人订立合同的根本目的。

2. 合同履行的原则

（1）全面履行的原则。

全面履行是指当事人应当按照合同约定的标的、价款、数量、质量、地点、期限、方式等全面履行各自的义务。

① 质量要求不明确的，按照国家标准、行业标准履行；没有国家、行业标准的，按照通常标准或者符合合同目的的特定标准履行。

② 价款或报酬不明确的，按照订立合同时履行地的市场价格履行；依法应当执行政府定价或者政府指导价的，按规定履行。

③ 履行地点不明确的，给付货币的，在接受货币一方所在地履行；交付不动产的，在不动产所在地履行；其他标的在履行义务一方所在地履行。

④ 履行期限不明确的，债务人可以随时履行，债权人也可以随时要求履行，但应当给对方必要的准备时间。

⑤ 履行方式不明确的，按照有利于实现合同目的的方式履行。

⑥ 履行费用的负担不明确的，由履行义务一方负担。

（2）诚实信用原则。

当事人应当遵循诚实信用原则，根据合同性质、目的和交易习惯履行通知、协助和保密义务。履行中发现问题应及时协商解决，一方发生困难时，另一方在法律允许的范围内给予帮助，只有这样合同才能圆满履行。

（3）执行政府定价或者政府指导价的，在合同约定的交付期限内政府价格调整时，按照交付时的价格计价。

① 逾期交付标的物的，遇价格上涨时，按照原价格执行；价格下降时，按照新价格执行。

② 逾期提取标的物或者逾期付款的，遇价格上涨时，按照新价格执行；价格下降时，按照原价格执行。

3. 合同履行中的抗辩权

所谓抗辩权，就是一方当事人有依法对抗对方要求或否认对方权利主张的权利。

1）同时履行抗辩权

当事人互负债务，没有先后履行顺序的，应当同时履行。一方在对方履行之前有权拒绝其履行要求。

同时履行抗辩权的适用条件：①必须是双务合同；②合同中未约定履行顺序；③对方当事人没有履行债务或者没有正确履行债务；④对方的义务是可能履行的义务。

2）先履行抗辩权

先履行抗辩权是指当事人互负债务，有先后履行顺序的，先履行一方未履行债务或者履行债务不符合约定，后履行一方有权拒绝先履行一方履行的请求。

先履行抗辩权的适用条件：①必须是双务合同；②合同中约定了履行的先后顺序；③应当先履行的合同当事人没有履行债务或者没有正确履行债务；④对方的义务是可能履行的义务。

3）不安抗辩权

不安抗辩权是指合同中约定了履行顺序，合同成立后应当后履行合同一方发生了财务状况恶化的情况，应当先履行合同一方在对方未履行或者未提供担保前有权拒绝先履行。设立不安抗辩权的目的在于预防合同成立后情况发生变化而损害合同先履行一方的利益。

应当先履行合同的当事人有确切证据证明对方有下列情形之一的，可以中止履行。

（1）经营状况严重恶化。

（2）转移财产、抽逃资金，以逃避债务。

（3）丧失商业信誉。

（4）有丧失或者可能丧失履行债务能力的其他情形。

当事人中止履行合同的，应当及时通知对方。对方提供适当的担保时应当恢复履行。中止履行后，对方在合理期限内未恢复履行能力并且未提供适当担保的，中止履行一方可以解除合同。当事人没有确切证据就中止履行合同的，应承担违约责任。

4. 合同的保全

在合同履行过程中，为了防止债务人的财产不适当地减少而给债权人带来危害，合同法规定允许债权人为保全其债权的实现采取保全措施。保全措施包括代位权和撤销权。

1）代位权

代位权是指债务人怠于行使其到期债权，对债权人造成损害，债权人可以向人民法院请求以自己的名义代位行使债务人的债权。但该债权专属于债务人自身时不能行使代位权。代位权的行使范围以债权人的债权为限，行使代位权发生的费用由债务人承担。债权人依照《合同法》规定提起代位权诉讼，应当符合下列条件：

（1）债权人对债务人的债权合法；

（2）债务人怠于行使其到期债权，对债权人造成损害；

（3）债务人的债权已到期；

（4）债务人的债权不是专属于债务人自身的债权。

2）撤销权

撤销权是指当债务人放弃其到期债权或无偿转让财产，或者以明显不合理的低价处分其财产，对债权人造成损害时，债权人可以依法请求法院撤销债务人所实施的行为。撤销权的行使范围以债权人的债权为限，行使撤销权发生的费用由债务人承担。撤销权自债权人知道或者应当知道撤销事由之日起一年内行使。自债务人的行为发生之日起五年内没有行使撤销权的，该撤销权消灭。

二、合同的担保

担保是指当事人根据法律规定或者双方约定，为促使债务人履行债务，实现债权人的权利的法律制度。担保通常由当事人双方订立担保合同。担保合同是被担保合同的从合同，被担保合同是主合同，主合同无效，从合同也无效。担保合同另有约定的，按照约定执行。

担保活动应当遵循平等、自愿、公平、诚实信用的原则。

根据有关法律的规定，我国法定的担保形式有保证、抵押、质押、留置和定金五种。

1. 保证

1）保证的概念和方式

保证是指保证人和债权人约定，当债务人不履行债务时，保证人按照约定履行债务或者承担责任的担保形式。

保证的方式有两种，即一般保证和连带保证。保证方式没有约定或约定不明确的，按连带保证承担保证责任。

一般保证，是指当事人在保证合同中约定，当债务人不履行债务时，由保证人承担责任的保证。一般保证的保证人在主合同纠纷未经审判或仲裁，并就债务人财产依法强制执行仍不能履行债务前，对债权人可以拒绝承担保证责任。

连带保证，是指当事人在保证合同中约定，保证人与债务人对债务承担连带责任的保证。连带责任保证的债务人在主合同规定的债务履行期届满没有履行债务的，债权人可以要求债务人履行债务，也可以要求保证人在其保证范围内承担保证责任。

2）保证人的资格

具有代为清偿债务能力的法人、其他组织或者公民，可以作为保证人，但下列组织不能作为保证人。

(1) 国家机关不得作为保证人，但经国务院批准为使用外国政府或者国际经济组织贷款进行转贷的除外。

(2) 学校、幼儿园、医院等以公益为目的的事业单位、社会团体不得作为保证人。

(3) 企业法人的分支机构、职能部门不得作为保证人，但有法人书面授权的，可以在授权范围内提供保证。

3）保证范围和期间

保证担保的范围包括主债权及利息、违约金、损害赔偿和实现债权的费用。保证合同另有约定的，按照约定执行。当事人对保证范围无约定或约定不明确的，保证人应对全部债务承担责任。

一般保证的保证人未约定保证期间的,保证期间为主债务履行期届满之日起6个月。保证期间债权人与债务人协议变更主合同或者债权人许可债务人转让债务的,应当取得保证人的书面同意,否则保证人不再承担保证责任。保证合同另有约定的按照约定。

2. 抵押

1) 抵押的概念

抵押是指债务人或第三人不转移对抵押财产的占有,将该财产作为债权的担保。当债务人不履行债务时,债权人有权依法以该财产折价或以拍卖、变卖该财产的价款优先受偿。

2) 抵押物

债务人或者第三人提供担保的财产为抵押物。由于抵押物是不转移所有权的,因此能够成为抵押物的财产必须具备一定的条件。这类财产轻易不会灭失,且其所有权的转移应当经过一定的程序,下列财产可以作为抵押物。

(1) 抵押人所有的房屋和其他地上定着物。

(2) 抵押人所有的机器、交通运输工具和其他财产。

(3) 抵押人依法有权处分的国有土地使用权、房屋和其他地上定着物。

(4) 抵押人依法有权处置的国有机器、交通运输工具和其他财产。

(5) 抵押人依法承包并经发包人同意抵押的荒山、荒沟、荒丘、荒滩等荒地的土地所有权。

(6) 依法可以抵押的其他财产。

注:下列财产不得抵押。

(1) 土地所有权。

(2) 耕地、宅基地、自留山等集体所有的土地使用权。但依法可以抵押的除外,如乡村企业厂房占用的土地使用权,依法可以与地上厂房同时抵押。

(3) 学校、幼儿园、医院等以公益为目的的事业单位、社会团体的教育设施、医疗卫生设施和其他社会公益设施。

(4) 所有权、使用权不明或有争议的财产。

(5) 依法被查封、扣押、监管的财产。

(6) 依法不得抵押的其他财产。

以抵押作为履行合同的担保,还应依据有关法律、法规签订抵押合同并办理抵押登记。

3) 抵押权的实现

债务履行期届满抵押权人未受清偿的,可以与抵押人协议以抵押物折价或者以拍卖、变卖该抵押物所得的价款受偿;协议不成的,抵押权人可以向人民法院提起诉讼。抵押物折价或者拍卖、变卖后,其价款超过债权数额的部分归抵押人所有,不足部分由债务人清偿。

同一财产向两个以上债权人抵押的,拍卖、变卖抵押物所得的价款按照以下规定清偿:

(1) 抵押合同以登记生效的,按抵押物登记的先后顺序清偿;顺序相同的,按照债权比例清偿。

(2) 抵押合同自签订之日起生效的,如果抵押物未登记的,按照合同生效的先后顺序清偿,顺序相同的,按照债权比例清偿。抵押物已登记的先于未登记的受偿。

3. 质押

1）质押的概念

质押是指债务人或者第三人将其动产或权利移交债权人占有，用以担保债权履行的担保形式。质押后，当债务人不能履行债务时，债权人依法有权就该动产或权利优先得到清偿。质权是一种约定的担保物权，以转移占有为特征。

2）质押的分类

质押可分为动产质押和权利质押。

动产质押是指债务人或者第三者将其动产移交债权人占有，将该动产作为债权的担保。能够用作质押的动产没有限制。

权利质押一般是指将权利凭证交付质押人的担保。可以质押的权利包括：

(1) 汇票、本票、支票、债券、存款单、仓单、提单。

(2) 依法可以转让的股份、股票。

(3) 依法可以转让的商标专用权、专利权、著作权中的财产权。

(4) 依法可以质押的其他权利。

4. 留置

留置是指债权人按照合同约定占有债务人的动产，债务人不按照合同约定的期限履行债务的，债权人有权依法留置该财产，以该财产折价或以拍卖、变卖该财产的价格优先受偿。

留置具有法定性，《中华人民共和国担保法》第84条规定，因保管合同、仓储合同、运输合同、加工承揽合同发生的债权，债务人不履行债务的，债权人有留置权。

5. 定金

定金是指合同当事人一方为了证明合同成立及担保合同的履行，在合同中约定给付对方一定数额的货币。合同履行后，定金可以收回或抵作价款。给付定金的一方不履行合同的，无权要求返还定金；收受定金的一方不履行合同的，应双倍返还定金。

定金应以书面形式约定。当事人在定金合同中应该约定交付定金的期限及数额。定金合同从实际交付定金之日起生效，定金数额最高不得超过主合同标的额的20%。

任务5 合同的变更、转让及终止

一、合同的变更和转让

1. 合同的变更

合同变更，是指当事人对已经发生法律效力，但尚未履行或尚未完全履行的合同，进行修改或补充所达成的协议。例如，对合同约定的数量、质量标准、履行期限、履行地点和履行方式等进行变更。

合同的变更需要具备以下条件。

(1) 原合同已生效。如果原合同未生效或者根本没有合同，就根本谈不上变更合同的问题。

(2) 原合同未履行或者未完全履行。

(3) 当事人需要协商一致，即对变更的内容协商一致。合同的订立需要协商一致，合同的变更也需要协商一致。

(4) 当事人对合同变更的内容约定明确。只有内容约定明确，才能确定当事人的真实意思，才便于履行。如果变更的内容不明确，则无法确定当事人的意思，这种变更也就不能否定原合同的效力，所以只能推定为未变更。

(5) 遵守法定程序。这是针对那些以批准、登记等手续为生效条件的合同而言的。其生效应经批准、登记，其变更也必须办理批准、登记等手续才能生效。

2. 合同的转让

合同转让是指合同成立后，当事人依法可以将合同中的全部权利、部分权利或者合同中的全部义务、部分义务转让或转移给第三人的法律行为。合同转让分为权利转让和义务转让。

(1) 合同的转让需要具备以下条件。

① 必须以存在合法有效的合同关系为前提，如果合同不存在或被宣告无效，被依法撤销、解除，转让的行为属无效行为，转让人应对善意的受让人所遭受的损失承担损害赔偿责任。

② 必须在转让人与受让人之间达成协议，该协议应该是平等协商的，而且应当符合民事法律行为的有效要件，否则该转让行为属无效行为或可撤销行为。

③ 转让符合法律规定的程序，合同转让人应征得对方同意并尽通知义务。对于按照法律规定由国家批准成立的合同，转让合同应经原批准机关批准，否则转让行为无效。

(2) 以下情形，合同不得转让。

① 根据合同性质不得转让。合同如果是规定特定权利和义务关系的合同或者是特定主体的合同，则合同不得转让。

② 按照当事人约定不得转让。如果双方当事人在订立合同时在合同中约定合同不得转让，则该约定对双方当事人都有约束力。

③ 依照法律规定不得转让。如果该合同是由国家机关批准成立的，则该合同的转让也必须经原合同批准机关批准，如果批准机关不予批准，该合同不能转让。

二、合同的终止

1. 合同终止的概念

合同终止是指当事人之间根据合同确定的权利义务在客观上不复存在，合同不再对双方具有约束力。

2. 合同终止的原因

(1) 债务已按照约定履行。

(2) 合同解除。有下列情形之一的,当事人可以解除合同。

① 因不可抗力致使不能实现合同目的。

② 在履行期限届满之前,当事人一方明确表示或者以自己的行为表明不履行主要债务。

③ 当事人一方延迟履行主要债务,经催告后在合理的期限内仍未履行。

④ 当事人一方延迟履行债务或有其他违法行为,致使不能实现合同目的。

⑤ 法律规定的其他情形。

(3) 债务相互抵销。

(4) 债务人依法将标的物提存。

(5) 债权债务同归一方。

(6) 债权人免除债务。

(7) 合同的权利义务终止的其他情形。如时效(取得时效)期满、合同撤销、合同主体的自然人死亡而其债务又无人承担等均会导致合同当事人权利义务的终止。

任务 6 违约责任与合同争议的解决

一、违约责任

违约责任是指当事人一方不履行合同义务或者履行合同义务不符合约定而应当承担的法律责任。违约行为的表现形式包括不履行和不适当履行。对于逾期履行的,当事人也应当承担违约责任。当事人一方明确表示或者以自己的行为表明不履行合同义务的,对方可以在履行期限届满之前要求其承担违约责任。

1. 承担违约责任的条件和原则

1) 承担违约责任的条件

当事人承担违约责任的条件是指当事人承担违约责任应当具备的要件。《中华人民共和国合同法》采用了严格责任条件,只要当事人有违约行为,就应当承担违约责任,不要求以违约人有过错为承担违约责任的前提。

2) 承担违约责任的原则

《中华人民共和国合同法》规定的承担违约责任是以补偿性为原则的。补偿性是指违约责任旨在弥补或者补偿违约行为造成的损失。损失赔偿额应当相当于因违约行为而造成的损失,包括合同履行后可获得的利益。

2. 违约责任的承担方式

1）继续履行

继续履行是指违反合同的当事人不论是否支付了赔偿金或者违约金，都必须根据对方的要求，在自己能够履行的条件下，对合同未履行的部分继续履行，但有下列情形之一的除外。

（1）法律上或者事实上不能履行。

（2）债务的标的不适于强制履行或者履行费用过高。

（3）债权人在合理期限内未要求履行。

2）赔偿损失

当事人一方不履行合同义务或者履行合同义务不符合约定，给对方造成损失的，应当赔偿对方的损失。损失赔偿额应当相当于因违约所造成的损失，包括合同履行后可以获得的利益，但不得超过违反合同一方订立合同时预见或应当预见的因违反合同可能造成的损失。

3）支付违约金

当事人可以约定一方违约时根据违约情况向对方支付一定数额的违约金，也可以约定因违约产生的损失额的赔偿办法。约定的违约金低于造成的损失的，当事人可以请求人民法院或者仲裁机构予以增加；约定的违约金过分高于造成的损失的，当事人可以请求人民法院或仲裁机构予以适当减少。

当事人可以约定一方向对方给付定金作为债权的担保。债务人履行债务后，定金应当抵作价款或收回。给付定金的一方不履行约定债务的，无权要求返还定金；收受定金的一方不履行约定债务的，应当双倍返还定金。

当事人既约定违约金，又约定定金的，一方违约时，对方可以选择适用违约金或定金条款。但是，这两种违约责任不能合并使用。

4）采取补救措施

采取补救措施是指在当事人违反合同的事实发生后，为防止损失发生或者扩大，而由违反合同一方依照法律规定或者约定采取修理、更换、重新制作、退货、降低价格或者减少报酬等措施，以弥补或者挽回权利人损失的责任形式。采取补救措施的责任形式，主要发生在质量不符合约定的情况下。

3. 违约责任的免除

因不可抗力不能履行合同的，根据不可抗力的影响，部分或全部免除责任。当事人延迟履行后发生不可抗力的，不能免除责任。当事人因不可抗力不能履行合同的，应当及时通知对方，以减轻给对方造成的损失，并应当在合理的期限内提供证明。

二、合同争议的解决

1. 合同争议的概念

合同争议是指合同当事人在合同履行过程中所产生的有关权利义务的纠纷。在合同履行过程中，关于合同订立产生的争议，一般是对合同是否成立及合同的效力产生的纠纷；关于合同履行情况产生的争议，往往是对合同是否履行或者是否已按合同约定履行产生的纠纷；关于不履行合同的后果产生的争议，则是对没有履行合同或者没有完全履行合同的责任，应由哪方承担责任和如何承担责任而产生的纠纷。

由于当事人之间签订的合同是多样而复杂的，所以当事人相互间有关权利和义务的争议是在所难免的。争议的解决直接关系到合同目的的实现。

2. 合同争议的解决方式

1）和解

和解是指争议当事人，依据有关的法律规定和合同约定，在互谅互让的基础上，经过谈判和磋商，自愿对争议事项达成协议，从而解决合同争议的一种方式。

和解应以合法、自愿和平等为原则。

和解的特点在于无须第三者介入，简便易行，能及时解决争议，并有利于双方的协作和合同的继续履行。但由于和解必须以双方自愿为前提，因此，当双方分歧严重，一方或双方不愿协商解决争议时，和解方式往往受到局限。

2）调解

调解是指争议当事人在第三方的主持下，通过其劝说引导，在互谅互让的基础上自愿达成协议，以解决合同争议的一种方式。

调解也是以公平、合理、自愿、平等为原则。

在实践中，依调解人的不同，合同的调解有民间调解、仲裁机构调解和法庭调解三种。

调解解决合同争议，可以不伤和气，使双方当事人互相谅解，有利于促进合作。但这种方式受当事人自愿的局限，如果当事人不愿调解，或调解不成，应及时采取仲裁或诉讼以最终解决合同争议。

3）仲裁

仲裁是指发生争议的双方当事人，根据其在争议发生前或争议发生后所达成的协议，自愿将该争议提交中立的第三者进行裁决的争议解决制度和方式。

仲裁的特点是自愿性、专业性、灵活性、保密性、快捷性、经济性和独立性。

当事人申请仲裁后，可以自行和解，协商解决纠纷。当事人自愿调解的，仲裁庭在作出裁决前，可以先行调解，调解不成的，应当及时裁决。

裁决应当按照多数仲裁员的意见作出，不能形成多数意见时，裁决应当按照首席仲裁员的意见作出。

仲裁实行一裁终局制。任何一方当事人不得因不满裁决而要求复议，不得向法院起诉，也不得向其他任何机构提出变更仲裁裁决的请求。

4）诉讼

诉讼作为一种合同争议的解决方法，是指在当事人和其他诉讼参与人的参与下，人民法院审理和解决民事案件的活动以及在这种活动中产生的各种民事关系的总和。在诉讼过程中，法院始终居于主导地位，代表国家行使审判权，是解决争议案件的主持者和审判者，而当事人则各自基于诉讼法所赋予的权利，在法院的主持下为维护自己的合法权益而活动。

诉讼不同于仲裁的主要特点在于，不必以当事人的相互同意为依据，只要不存在有效的仲裁协议，任何一方都可以向有管辖权的法院起诉。

项目小结

合同是双方当事人设立、变更和终止民事权利和义务关系的协议。它作为一种法律手段在具体问题中对签订合同的双方实行必要的约束。

合同按约履行是合同权利义务关系终止最常见的情形，在履行中双方当事人都应遵守相应的原则，确保权利义务的实现。掌握合同生效的要件，在实际中能够判断合同的效力。合同的担保制度可以更加完善地保障债权人权利的实现。担保形式共有五种：保证、抵押、质押、留置和定金。

合同法律制度的完善对市场经济中的当事人实现各自的目的有着重要的意义。

习题

一、选择题

1. 招标公告是一种(　　)。

A. 要约　　B. 承诺　　C. 要约邀请　　D. 合同

2. (　　)是合同当事人一方为了证明合同的成立和保证履行合同，按合同规定在合同履行前预先向对方给付的一定数额的货币。

A. 留置　　B. 承诺　　C. 定金　　D. 要约

3. (　　)是指合同当事人之间的债权债务关系归于消灭而不复存在。

A. 合同的变更　　B. 合同的订立　　C. 合同的终止　　D. 合同的转让

4. 合同的标的是合同关系的(　　)。

A. 主体　　B. 客体　　C. 内容　　D. 权利和义务

5. 要约是一方希望与对方订立合同的(　　)。

A. 心理表示　　B. 意思表示　　C. 肢体表示　　D. 默示表示

6. “合同不得违反法律、行政法规的强制性规定”中的行政法规是指(　　)。

A. 滨海新区的规范性文件　　B. 南京市人大制定的条例

C. 上海市政府的规章　　D. 国务院颁布的条例、细则

7. 合同当事人互负债务，且没有约定先后履行顺序的，当事人一方可在对方履行之前，拒绝对方的履行请求，该权利是(　　)。

A. 顺序履行抗辩权　　B. 同时履行抗辩权

C. 不安抗辩权　　D. 先诉抗辩权

8. 无效合同的无效始于(　　)。

A. 合同成立之日　　B. 人民法院判决之日

C. 仲裁机构裁决之日　　D. 当事人主张之日

9. 下列合同属于无效合同的是（　　）。
   A. 以欺诈手段而订立的损害农民利益的合同
   B. 因重大误解而订立的合同
   C. 以欺诈手段而订立的损害国家利益的合同
   D. 订立时显失公平的合同

10. 建设工程合同的招标、投标过程中，下列说法正确的是（　　）。
   A. 招标属于要约邀请，投标属于承诺
   B. 投标属于要约，中标通知书属于承诺
   C. 招标属于要约，中标通知书属于承诺
   D. 投标属于要约邀请，中标通知书属于承诺

11. 寄存人未按照约定支付保管费以及其他费用的，保管人对保管物享有（　　）。
   A. 抵押权　　B. 质押权　　C. 留置权　　D. 所有权

12. 下列违约责任形式必须由合同约定的是（　　）。
   A. 实际履行　　B. 违约金
   C. 修理、重新制作、更换　　D. 损害赔偿

二、思考题

1. 简述合同法的主要内容。
2. 合同订立的基本原则是什么？
3. 合同订立的程序是什么？
4. 什么是无效合同？无效合同的效力是如何鉴定的？
5. 合同变更的条件是什么？
6. 合同解除和终止的条件是什么？
7. 合同的担保方式有哪几种？
8. 简述合同继续履行的条件。
9. 简述违约金与赔偿金的区别。
10. 合同争议的处理方式有几种？

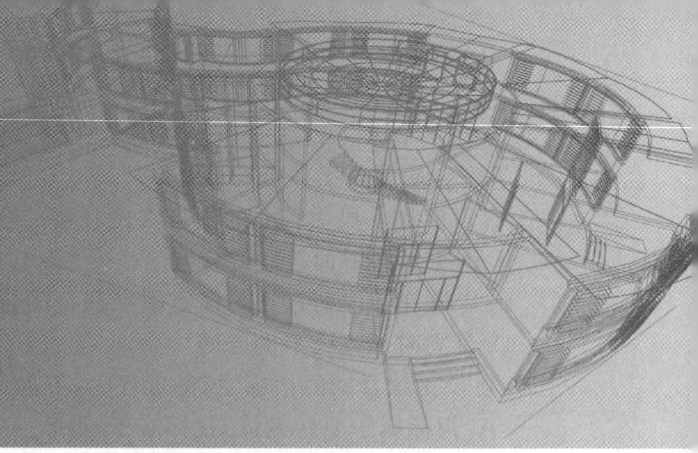

项目 5 建设工程合同管理

能力目标、知识目标

了解建设工程施工合同基本知识，熟悉《建设工程施工合同(示范文本)》的基本内容，熟悉并理解合同文本中常用词语的含义，熟悉工程质量保修期及质量保修责任。

掌握合同双方的一般权利和义务、监理人的权利和义务，熟悉质量控制条款、进度控制条款、造价控制条款、安全控制条款和管理性条款的内容，能参照范本编制简单的施工合同。

任务 1 建设工程合同概述

一、建设工程合同的概念及特征

1. 建设工程合同的概念

建设工程合同是承包人进行工程建设，发包人支付价款的合同。建设工程合同包括工程勘察、设计、施工合同。双方当事人应当在合同中明确各自的权利义务，合同的主要内容是承包人进行工程建设，发包人支付工程款。

建设工程实行监理的，发包人也应当与监理人采用书面形式订立委托监理合同。

建设工程合同是一种诺成合同，也是一种双务、有偿合同。

2. 建设工程合同的特征

1）合同主体的严格性

建设工程合同的主体一般只能是法人。

发包人一般只能是经过批准进行工程项目建设的法人，必须获得国家批准建设项目，落实投资计划，并且应当具备相应的协调能力。

承包人必须具备法人资格，而且应当具备相应的勘察、设计、施工等资质。无营业执照或无承包资质的单位不能作为建设工程合同的主体，资质等级低的单位不能越级承包建设工程。

2）合同标的的特殊性

建设工程合同的标的是各类建筑产品，建筑产品是不动产，这决定了每个建设工程合同的标的都是特殊的，具有不可替代性。

另外，建筑产品的类别庞杂，其外观、结构、使用目的、使用人都各不相同，这就要求建筑产品是单体性生产（设计或施工），这也决定了建设工程合同标的的特殊性。

3）合同履行期限的长期性

由于建设工程结构复杂、体积庞大、建筑材料类型多、工作量大，所以合同履行期限都较长。而且，建设工程合同的订立和履行一般都需要较长的准备期，在合同的履行过程中，还可能因为不可抗力、工程变更、材料供应不及时等原因而导致合同期限顺延。所有这些情况，决定了建设工程合同的履行期限具有长期性。

二、建设工程合同的分类

依据不同的分类标准，建设工程合同可以分为以下不同类别。

1. 按合同签约的对象划分

(1) 建设工程勘察、设计合同,是指业主(发包人)与勘察人、设计人为完成一定的勘察、设计任务,明确双方权利和义务的协议。

(2) 建设工程施工合同。

(3) 建设工程委托监理合同,简称监理合同,是指建设单位聘请监理单位代其对工程项目进行管理,明确双方权利和义务的协议。建设单位称委托人(甲方),监理单位称受委托人(乙方)。

(4) 工程项目物资购销合同,是建设单位或承建单位根据工程建设的需要,分别与有关物资、供销单位,为执行建设工程物资(包括设备、建材等)供应协作任务,明确双方权利和义务而签订的具有法律效力的书面协议。

(5) 建设项目借款合同,是建设单位与银行或其他金融机构,根据国家批准的投资计划、信贷计划,为保证项目贷款资金供应和项目投产后及时收回贷款而签订的明确双方权利义务的书面协议。

除以上合同外,还有运输合同、劳务合同、供电合同等。

2. 按合同签约各方的承包关系划分

(1) 总包合同,是指建设单位(发包人)将工程项目建设全过程或其中某个阶段的全部工作,发包给一个承包单位总包,发包人与总包方签订的合同。

(2) 分包合同,是指总承包人与发包人签订总包合同之后,将若干专业性工作分包给不同的专业承包单位去完成,总包方分别与几个分包方签订的合同。

3. 按承包合同的不同价格形式划分

根据《建设工程施工合同(示范文本)》(GF-2017-0201)的规定,发包人和承包人应在合同协议书中选择下列一种合同价格形式。

1) 总价合同

总价合同是指合同当事人约定以施工图、已标价工程量清单或预算书及有关条件进行合同价格计算、调整和确认的建设工程施工合同,在约定的范围内合同总价不作调整。合同当事人应在专用合同条款中约定总价包含的风险范围和风险费用的计算方法,并约定风险范围以外的合同价格的调整方法,其中因市场价格波动引起的调整按第 11.1 款(市场价格波动引起的调整)、因法律变化引起的调整按第 11.2 款(法律变化引起的调整)约定执行。

2) 单价合同

单价合同是指合同当事人约定以工程量清单及其综合单价进行合同价格计算、调整和确认的建设工程施工合同,在约定的范围内合同单价不作调整。合同当事人应在专用合同条款中约定综合单价包含的风险范围和风险费用的计算方法,并约定风险范围以外的合同价格的调整方法,其中因市场价格波动引起的调整按第 11.1 款(市场价格波动引起的调整)约定执行。

3) 其他价格形式

合同当事人可在专用合同条款中约定其他合同价格形式。

任务 2 建设工程施工合同

一、建设工程施工合同概述

1. 建设工程施工合同的概念

建设工程施工合同即建筑安装工程承包合同，是发包人与承包人为完成商定的建设工程项目，明确双方权利和义务的协议。依据施工合同，承包人应完成一定的建筑安装工程任务，发包人应提供必要的施工条件并支付工程价款。

2. 建设工程施工合同涉及的各方

1）合同当事人

（1）发包人。

发包人指在协议书中约定，具有工程发包主体资格和支付工程价款能力的当事人以及取得该当事人资格的合法继承人。

（2）承包人。

承包人指在协议书中约定，被发包人接受的具有工程施工承包主体资格的当事人以及取得该当事人资格的合法继承人。所谓合法继承人是指因资产重组，合并或分立后的法人或组织可以作为合同的当事人。

施工合同签订后，当事人任何一方均不允许转让合同。

2）监理人

工程实行监理的，发包人和承包人应在专用合同条款中明确监理人的监理内容及监理权限等事项。监理人应当根据发包人的授权及法律规定，代表发包人对工程施工相关事项进行检查、查验、审核、验收，并签发相关指示。监理人无权修改合同，且无权减轻或免除合同约定的承包人的任何责任与义务。

除专用合同条款另有约定外，监理人在施工现场的办公场所、生活场所由承包人提供，所发生的费用由发包人承担。

3. 建设工程施工合同的作用

（1）明确发包人和承包人在施工中的权利和义务。

（2）有利于对建设工程施工的管理。

（3）有利于建筑市场的培育和发展。

（4）是进行监理的依据和推行监理制度的需要。

二、建设工程施工合同的主要内容

1.《建设工程施工合同(示范文本)》概述

我国建设行政主管部门通过制定《建设工程施工合同(示范文本)》来规范承发包双方的签约行为。尽管《建设工程施工合同(示范文本)》在法律上并不具备强制性,但由于其通用条款较公平合理地设定了合同双方的权利义务,因此得到了较为广泛的应用。

为规范建筑市场秩序,维护建设工程施工合同当事人的合法权益,国家住房和城乡建设部、工商行政管理总局在《建设工程施工合同(示范文本)》(GF－1999－0201)的基础上进行了修订,制定了(GF－2013－0201),2017 年又在《建设工程施工合同(示范文本)》(GF－2013－0201)的基础上进行了修订,制定了《建设工程施工合同(示范文本)》(GF－2017－0201)(以下简称《示范文本》)。

2.《建设工程施工合同(示范文本)》的组成

《示范文本》由合同协议书、通用合同条款和专用合同条款三部分组成。

1) 合同协议书

《示范文本》合同协议书共计 13 条,主要包括:工程概况、合同工期、质量标准、签约合同价和合同价格形式、项目经理、合同文件构成、承诺以及合同生效条件等重要内容,集中约定了合同当事人基本的合同权利义务。

合同协议书附件:承包人承揽工程项目一览表(附件 1)。

2) 通用合同条款

通用合同条款是合同当事人根据《中华人民共和国建筑法》《中华人民共和国合同法》等法律法规的规定,就工程建设的实施及相关事项,对合同当事人的权利义务作出的原则性约定。

通用合同条款共计 20 条,具体条款分别为:一般约定,发包人,承包人,监理人,工程质量,安全文明施工与环境保护,工期和进度,材料与设备,试验与检验,变更,价格调整,合同价格、计量与支付,验收和工程试车,竣工结算,缺陷责任与保修,违约,不可抗力,保险,索赔和争议解决。前述条款安排既考虑了现行法律法规对工程建设的有关要求,也考虑了建设工程施工管理的特殊需要。

3) 专用合同条款

专用合同条款是对通用合同条款原则性约定的细化、完善、补充、修改或另行约定的条款。合同当事人可以根据不同建设工程的特点及具体情况,通过双方的谈判、协商对相应的专用合同条款进行修改补充。

(1) 专用合同条款附件。

附件 2:发包人供应材料设备一览表

附件 3:工程质量保修书

附件 4:主要建设工程文件目录

附件5:承包人用于本工程施工的机械设备表

附件6:承包人主要施工管理人员表

附件7:分包人主要施工管理人员表

附件8:履约担保格式

附件9:预付款担保格式

附件10:支付担保格式

附件11:暂估价一览表

(2) 在使用专用合同条款时,应注意以下事项。

① 专用合同条款的编号应与相应的通用合同条款的编号一致。

② 合同当事人可以通过对专用合同条款的修改,满足具体建设工程的特殊要求,避免直接修改通用合同条款。

③ 在专用合同条款中有横道线的地方,合同当事人可针对相应的通用合同条款进行细化、完善、补充、修改或另行约定;如无细化、完善、补充、修改或另行约定,则填写"无"或划"/"。

3.《示范文本》的性质和适用范围

《示范文本》为非强制性使用文本。《示范文本》适用于房屋建筑工程、土木工程、线路管道和设备安装工程、装修工程等建设工程的施工承发包活动,合同当事人可结合建设工程具体情况,根据《示范文本》订立合同,并按照法律法规规定和合同约定承担相应的法律责任及合同权利义务。

4. 建设工程施工合同文件的组成及解释顺序

《示范文本》第一部分规定了建设工程施工合同文件的组成及解释顺序。组成合同的各项文件应互相解释,互为说明。除专用合同条款另有约定外,解释合同文件的优先顺序如下:

(1) 合同协议书;

(2) 中标通知书(如果有);

(3) 投标函及其附录(如果有);

(4) 专用合同条款及其附件;

(5) 通用合同条款;

(6) 技术标准和要求;

(7) 图纸;

(8) 已标价工程量清单或预算书;

(9) 其他合同文件。

上述各项合同文件包括合同当事人就该项合同文件所作出的补充和修改,属于同一类内容的文件,应以最新签署的为准。

在合同订立及履行过程中形成的与合同有关的文件均构成合同文件组成部分,并根据其性质确定优先解释顺序。

任务 3 建设工程施工合同管理

建设工程施工合同管理，指各级工商行政管理机构、建设行政主管机构、金融机构、发包人、监理人、承包人等，对建设工程施工合同关系进行组织、指导、协调、监督等系列活动。可将这些监督管理划分为以下两个层次：第一个层次为国家机关及金融机构对建设工程施工合同的管理；第二个层次为合同当事人及监理人对建设工程施工合同的管理。合同当事人及监理人对建设工程施工合同的管理体现在合同从订立到履行的全过程。本文侧重介绍合同履行过程中的管理。

合同的履行是指工程建设项目的发包人和承包人根据合同规定的时间、地点、方式、内容和标准等要求，各自完成合同义务的行为。合同的履行，是合同当事人双方都应尽的义务。任何一方违反合同约定，不履行合同义务，或者未完全履行合同义务，给对方造成损失的，都应当承担赔偿责任。

合同签订以后，当事人必须认真分析合同条款，向参与项目实施的有关责任人做好合同交底工作，在合同履行过程中进行跟踪与控制，并加强合同的管理，保证合同履行的顺利进行。

一、合同双方的一般权利和义务

1. 发包人的义务

1）办理许可或批准

发包人应遵守法律，并办理法律规定由其办理的许可、批准或备案，包括但不限于建设用地规划许可证，建设工程规划许可证，建设工程施工许可证，施工所需临时用水、临时用电、中断道路交通、临时占用土地等许可和批准。发包人应协助承包人办理法律规定的有关施工证件和批件。

2）提供施工现场、施工条件和基础资料

（1）提供施工现场。

除专用合同条款另有约定外，发包人应最迟于开工日期 7 天前向承包人移交施工现场。

（2）提供施工条件。

除专用合同条款另有约定外，发包人应负责提供施工所需要的条件，包括：

① 将施工用水、电力、通信线路等施工所必需的条件接至施工现场内；

② 保证向承包人提供正常施工所需要的进入施工现场的交通条件；

③ 协调处理施工现场周围地下管线和邻近建筑物、构筑物、古树名木的保护工作，并承担相关费用；

④ 按照专用合同条款约定应提供的其他设施和条件。

(3) 提供基础资料。

发包人应当在移交施工现场前向承包人提供施工现场及工程施工所必需的毗邻区域内供水、排水、供电、供气、供热、通信、广播电视等地下管线资料，气象和水文观测资料，地质勘察资料，相邻建筑物、构筑物和地下工程等有关基础资料，并对所提供资料的真实性、准确性和完整性负责。

按照法律规定确需在开工后方能提供的基础资料，发包人应尽其努力及时地在相应工程施工前的合理期限内提供，合理期限应以不影响承包人的正常施工为限。

3) 提供资金来源证明及支付担保

除专用合同条款另有约定外，发包人应在收到承包人要求提供资金来源证明的书面通知后 28 天内，向承包人提供能够按照合同约定支付合同价款的相应资金来源证明。

除专用合同条款另有约定外，发包人要求承包人提供履约担保的，发包人应当向承包人提供支付担保。支付担保可以采用银行保函或担保公司担保等形式，具体由合同当事人在专用合同条款中约定。

4) 支付合同价款

发包人应按合同约定向承包人及时支付合同价款。

5) 组织竣工验收

发包人应按合同约定及时组织竣工验收。

6) 现场统一管理协议

发包人应与承包人、由发包人直接发包的专业工程的承包人签订施工现场统一管理协议，明确各方的权利义务。施工现场统一管理协议作为专用合同条款的附件。

2. 承包人的义务

(1) 承包人在履行合同过程中应遵守法律和工程建设标准规范，并履行以下义务：

① 办理法律规定应由承包人办理的许可和批准，并将办理结果书面报送发包人留存；

② 按法律规定和合同约定完成工程，并在保修期内承担保修义务；

③ 按法律规定和合同约定采取施工安全和环境保护措施，办理工伤保险，确保工程及人员、材料、设备和设施的安全；

④ 按合同约定的工作内容和施工进度要求，编制施工组织设计和施工措施计划，并对所有施工作业和施工方法的完备性和安全可靠性负责；

⑤ 在进行合同约定的各项工作时，不得侵害发包人与他人使用公用道路、水源、市政管网等公共设施的权利，避免对邻近的公共设施产生干扰。承包人占用或使用他人的施工场地，影响他人作业或生活的，应承担相应责任；

⑥ 按照《示范文本》第 6.3 款（环境保护）约定负责施工场地及其周边环境与生态的保护工作；

⑦ 按《示范文本》第 6.1 款（安全文明施工）约定采取施工安全措施，确保工程及其人员、材料、设备和设施的安全，防止因工程施工造成的人身伤害和财产损失；

⑧ 将发包人按合同约定支付的各项价款专用于合同工程，且应及时支付其雇用人员工资，并及时向分包人支付合同价款；

⑨ 按照法律规定和合同约定编制竣工资料，完成竣工资料立卷及归档，并按专用合同

条款约定的竣工资料的套数、内容、时间等要求移交发包人；

⑩ 应履行的其他义务。

(2) 除专用合同条款另有约定外，承包人应在接到开工通知后7天内，向监理人提交承包人项目管理机构及施工现场人员安排的报告，其内容应包括合同管理、施工、技术、材料、质量、安全、财务等主要施工管理人员名单及其岗位、注册执业资格等，以及各工种技术工人的安排情况，并同时提交主要施工管理人员与承包人之间的劳动关系证明和缴纳社会保险的有效证明。

(3) 承包人应对基于发包人按照《示范文本》第2.4.3项(提供基础资料)提交的基础资料所做出的解释和推断负责，但因基础资料存在错误、遗漏导致承包人解释或推断失实的，由发包人承担责任。

(4) 承包人应对施工现场和施工条件进行查勘，并充分了解工程所在地的气象条件、交通条件、风俗习惯以及其他与完成合同工作有关的其他资料。

(5) 承包人应按专用合同条款的约定进行分包，确定分包人。承包人应确保分包人具有相应的资质和能力。工程分包不减轻或免除承包人的责任和义务，承包人和分包人就分包工程向发包人承担连带责任。除合同另有约定外，承包人应在分包合同签订后7天内向发包人和监理人提交分包合同副本。

承包人应向监理人提交分包人的主要施工管理人员表，并对分包人的施工人员进行实名制管理，包括但不限于进出场管理、登记造册以及各种证照的办理。

(6) 除专用合同条款另有约定外，自发包人向承包人移交施工现场之日起，承包人应负责照管工程及工程相关的材料、工程设备。对合同内分期完成的成品和半成品，在工程接收证书颁发前，由承包人承担保护责任。

3. 监理人的义务

工程实行监理的，发包人和承包人应在专用合同条款中明确监理人的监理内容及监理权限等事项。监理人应当根据发包人授权及法律规定，代表发包人对工程施工相关事项进行检查、查验、审核、验收，并签发相关指示，但监理人无权修改合同，且无权减轻或免除合同约定的承包人的任何责任与义务。

监理人应按照发包人的授权发出监理指示。监理人的指示应采用书面形式，并经其授权的监理人员签字。监理人发出的指示应送达承包人项目经理或经项目经理授权接收的人员。

监理人对承包人的任何工作、工程或其采用的材料和工程设备未在约定的或合理期限内提出意见的，视为批准，但不免除或减轻承包人对该工作、工程、材料、工程设备等应承担的责任和义务。

合同当事人进行商定或确定时，总监理工程师应当会同合同当事人尽量通过协商达成一致，不能达成一致的，由总监理工程师按照合同约定审慎做出公正的确定。

总监理工程师应将确定以书面形式通知发包人和承包人，并附详细依据。合同当事人对总监理工程师的确定没有异议的，按照总监理工程师的确定执行。任何一方合同当事人有异议，按照合同的约定处理。争议解决前，合同当事人暂按总监理工程师的确定执行；争议解决后，争议解决的结果与总监理工程师的确定不一致的，按照争议解决的结果执行，由此造成的损失由责任人承担。

二、质量管理

1. 对材料和设备的质量控制

1）发包人供应材料与工程设备

发包人自行供应材料、工程设备的，应在签订合同时在专用合同条款的附件《发包人供应材料设备一览表》中明确材料、工程设备的品种、规格、型号、数量、单价、质量等级和送达地点。

承包人应提前30天通过监理人以书面形式通知发包人供应材料与工程设备进场。承包人按照《示范文本》第7.2.2项(施工进度计划的修订)约定修订施工进度计划时，需同时提交经修订后的发包人供应材料与工程设备的进场计划。

发包人应按《发包人供应材料设备一览表》约定的内容提供材料和工程设备，并向承包人提供产品合格证明及出厂证明，对其质量负责。发包人应提前24小时以书面形式通知承包人、监理人材料和工程设备到货时间，承包人负责材料和工程设备的清点、检验和接收。

发包人提供的材料和工程设备的规格、数量或质量不符合合同约定的，或因发包人原因导致交货日期延误或交货地点变更等情况的，按照《示范文本》第16.1款(发包人违约)约定办理。

发包人供应的材料和工程设备，承包人清点后由承包人妥善保管，保管费用由发包人承担，但已标价工程量清单或预算书已经列支或专用合同条款另有约定除外。因承包人原因发生丢失毁损的，由承包人负责赔偿；监理人未通知承包人清点的，承包人不负责材料和工程设备的保管，由此导致丢失毁损的，由发包人负责。

发包人供应的材料和工程设备使用前，由承包人负责检验，检验费用由发包人承担，不合格的不得使用。

2）承包人采购材料与工程设备

承包人采购的材料和工程设备，应保证产品质量合格，承包人应在材料和工程设备到货前24小时内通知监理人检验。承包人进行永久设备、材料的制造和生产的，应符合相关质量标准，并向监理人提交材料的样本以及有关资料，并应在使用该材料或工程设备之前获得监理人同意。

承包人采购的材料和工程设备不符合设计或有关标准要求时，承包人应在监理人要求的合理期限内将不符合设计或有关标准要求的材料、工程设备运出施工现场，并重新采购符合要求的材料、工程设备，由此增加的费用和(或)延误的工期，由承包人承担。

承包人采购的材料和工程设备由承包人妥善保管，保管费用由承包人承担。法律规定材料和工程设备使用前必须进行检验或试验的，承包人应按监理人的要求进行检验或试验，检验或试验费用由承包人承担，不合格的不得使用。

发包人或监理人发现承包人使用不符合设计或有关标准要求的材料和工程设备时，有权要求承包人进行修复、拆除或重新采购，由此增加的费用和(或)延误的工期，由承包人承担。

监理人有权拒绝承包人提供的不合格材料或工程设备，并要求承包人立即进行更换。

监理人应在更换后再次进行检查和检验，由此增加的费用和(或)延误的工期由承包人承担。

2. 试验与检验

1）试验设备与试验人员

承包人根据合同约定或监理人指示进行的现场材料试验，应由承包人提供试验场所、试验人员、试验设备以及其他必要的试验条件。监理人在必要时可以使用承包人提供的试验场所、试验设备以及其他试验条件，进行以工程质量检查为目的的材料复核试验，承包人应予以协助。

承包人应按专用合同条款的约定提供试验设备、取样装置、试验场所和试验条件，并向监理人提交相应进场计划表。

承包人配置的试验设备要符合相应试验规程的要求并经过具有资质的检测单位检测，且在正式使用该试验设备前，需要经过监理人与承包人共同校定。

承包人应向监理人提交试验人员的名单及其岗位、资格等证明资料，试验人员必须能够熟练地进行相应的检测试验，承包人对试验人员的试验程序和试验结果的正确性负责。

2）取样

试验属于自检性质的，承包人可以单独取样。试验属于监理人抽检性质的，可由监理人取样，也可由承包人的试验人员在监理人的监督下取样。

3）材料、工程设备和工程的试验和检验

(1) 承包人应按合同约定进行材料、工程设备和工程的试验和检验，并为监理人对上述材料、工程设备和工程的质量检查提供必要的试验资料和原始记录。按合同约定应由监理人与承包人共同进行试验和检验的，由承包人负责提供必要的试验资料和原始记录。

(2) 试验属于自检性质的，承包人可以单独进行试验。试验属于监理人抽检性质的，监理人可以单独进行试验，也可由承包人与监理人共同进行。承包人对由监理人单独进行的试验结果有异议的，可以申请重新共同进行试验。约定共同进行试验的，监理人未按照约定参加试验的，承包人可自行试验，并将试验结果报送监理人，监理人应承认该试验结果。

(3) 监理人对承包人的试验和检验结果有异议的，或为查清承包人试验和检验成果的可靠性要求承包人重新试验和检验的，可由监理人与承包人共同进行。

4）现场工艺试验

承包人应按合同约定或监理人指示进行现场工艺试验。对大型的现场工艺试验，监理人认为必要时，承包人应根据监理人提出的工艺试验要求，编制工艺试验措施计划，报送监理人审查。

3. 施工质量的管理

1）质量要求

(1) 工程质量标准必须符合现行国家有关工程施工质量验收规范和标准的要求。有关工程质量的特殊标准或要求由合同当事人在专用合同条款中约定。

(2) 因发包人原因造成工程质量未达到合同约定标准的，由发包人承担由此增加的费用和(或)延误的工期，并支付承包人合理的利润。

(3) 因承包人原因造成工程质量未达到合同约定标准的，发包人有权要求承包人返工直至工程质量达到合同约定的标准为止，并由承包人承担由此增加的费用和(或)延误的工期。

2）质量保证措施

(1）发包人的质量管理。

发包人应按照法律规定及合同约定完成与工程质量有关的各项工作。

(2）承包人的质量管理。

承包人应按照《示范文本》第7.1款(施工组织设计)约定向发包人和监理人提交工程质量保证体系及措施文件，建立完善的质量检查制度，并提交相应的工程质量文件。对于发包人和监理人违反法律规定和合同约定的错误指示，承包人有权拒绝实施。

承包人应对施工人员进行质量教育和技术培训，定期考核施工人员的劳动技能，严格执行施工规范和操作规程。

承包人应按照法律规定和发包人的要求，对材料、工程设备以及工程的所有部位及其施工工艺进行全过程的质量检查和检验，并作详细记录，编制工程质量报表，报送监理人审查。此外，承包人还应按照法律规定和发包人的要求，进行施工现场取样试验、工程复核测量和设备性能检测，提供试验样品，提交试验报告和测量成果以及其他工作。

3）隐蔽工程检查

(1）承包人自检。

承包人应当对工程隐蔽部位进行自检，并经自检确认是否具备覆盖条件。

除专用合同条款另有约定外，工程隐蔽部位经承包人自检确认具备覆盖条件的，承包人应在共同检查前48小时书面通知监理人检查，通知中应载明隐蔽检查的内容、时间和地点，并应附有自检记录和必要的检查资料。

(2）监理人检查。

监理人应按时到场并对隐蔽工程及其施工工艺、材料和工程设备进行检查。经监理人检查确认质量符合隐蔽要求，并在验收记录上签字后，承包人才能进行覆盖。经监理人检查质量不合格的，承包人应在监理人指示的时间内完成修复，并由监理人重新检查，由此增加的费用和(或)延误的工期由承包人承担。

除专用合同条款另有约定外，监理人不能按时进行检查的，应在检查前24小时向承包人提交书面延期要求，但延期不能超过48小时，由此导致工期延误的，工期应予以顺延。监理人未按时进行检查，也未提出延期要求的，视为隐蔽工程检查合格，承包人可自行完成覆盖工作，并作相应记录报送监理人，监理人应签字确认。监理人事后对检查记录有疑问的，可按《示范文本》第5.3.3项(重新检查)的约定重新检查。

(3）重新检查。

承包人覆盖工程隐蔽部位后，发包人或监理人对质量有疑问的，可要求承包人对已覆盖的部位进行钻孔探测或揭开重新检查，承包人应遵照执行，并在检查后重新覆盖恢复原状。经检查证明工程质量符合合同要求的，由发包人承担由此增加的费用和(或)延误的工期，并支付承包人合理的利润；经检查证明工程质量不符合合同要求的，由此增加的费用和(或)延误的工期由承包人承担。

承包人未通知监理人到场检查，私自将工程隐蔽部位覆盖的，监理人有权指示承包人钻孔探测或揭开检查，无论工程隐蔽部位质量是否合格，由此增加的费用和(或)延误的工期均由承包人承担。

(4) 不合格工程的处理。

因承包人原因造成工程不合格的,发包人有权随时要求承包人采取补救措施,直至达到合同要求的质量标准,由此增加的费用和(或)延误的工期由承包人承担。无法补救的,按照《示范文本》第13.2.4项(拒绝接收全部或部分工程)约定执行。

因发包人原因造成工程不合格的,由此增加的费用和(或)延误的工期由发包人承担,并支付承包人合理的利润。

4. 竣工验收

1) 竣工验收的条件

(1) 除发包人同意的甩项工作和缺陷修补工作外,合同范围内的全部工程以及有关工作,包括合同要求的试验、试运行以及检验均已完成,并符合合同要求。

(2) 已按合同约定编制了甩项工作和缺陷修补工作清单以及相应的施工计划。

(3) 对于委托监理的工程项目,监理单位对工程进行了质量评价,具备完整的监理资料,并提交工程质量评价报告。

(4) 勘察、设计单位对勘察、设计文件及施工过程中由设计单位签署的设计变更通知书进行了确认。

(5) 有工程使用的主要建设材料、建筑构配件的设备合格证及必要的现场试验报告。

(6) 有施工单位签署的工程质量保修书。

(7) 有公安、消防、环保等部门出具的认可文件或准许施工文件。

(8) 有完整的技术档案和施工管理资料,已按合同约定的内容和份数备齐竣工资料。

(9) 建设行政主管部门及其委托的工程质量监督机构等有关部门责令整改的问题已全部整改完毕。

2) 竣工验收的程序

除专用合同条款另有约定外,承包人申请竣工验收的,应当按照以下程序进行:

(1) 承包人向监理人报送竣工验收申请报告,监理人应在收到竣工验收申请报告后14天内完成审查并报送发包人。监理人审查后认为尚不具备验收条件的,应通知承包人在竣工验收前承包人还需完成的工作内容,承包人应在完成监理人通知的全部工作内容后,再次提交竣工验收申请报告。

(2) 监理人审查后认为已具备竣工验收条件的,应将竣工验收申请报告提交发包人,发包人应在收到经监理人审核的竣工验收申请报告后28天内审批完毕并组织监理人、承包人、设计人等相关单位完成竣工验收。

(3) 竣工验收合格的,发包人应在验收合格后14天内向承包人签发工程接收证书。发包人无正当理由逾期不颁发工程接收证书的,自验收合格后第15天起视为已颁发工程接收证书。

(4) 竣工验收不合格的,监理人应按照验收意见发出指示,要求承包人对不合格工程返工、修复或采取其他补救措施,由此增加的费用和(或)延误的工期由承包人承担。承包人在完成不合格工程的返工、修复或采取其他补救措施后,应重新提交竣工验收申请报告,并按本项约定的程序重新进行验收。

(5) 工程未经验收或验收不合格,发包人擅自使用的,应在转移占有工程后7天内向承包人颁发工程接收证书;发包人无正当理由逾期不颁发工程接收证书的,自转移占有后第15

天起视为已颁发工程接收证书。

5. 工程试车

1) 竣工后试车

(1) 试车的组织。

① 单机无负荷试车。承包人组织试车,并在试车前48小时书面通知监理人,通知中应载明试车内容、时间、地点。承包人准备试车记录,发包人根据承包人要求为试车提供必要条件。试车合格的,监理人在试车记录上签字。

② 无负荷联动试车。发包人组织试车,并在试车前48小时以书面形式通知承包人。通知中应载明试车内容、时间、地点和对承包人的要求,承包人按要求做好准备工作。试车合格,合同当事人在试车记录上签字。承包人无正当理由不参加试车的,视为认可试车记录。

(2) 试车中的责任。

① 由于设计原因试车达不到验收要求的,发包人应要求设计人修改设计,承包人按修改后的设计重新安装。发包人承担修改设计、拆除及重新安装的全部费用和追加合同价款,工期相应顺延。

② 由于设计制造原因试车达不到验收要求的,由采购该设备一方负责重新购置或修理,承包人负责拆除或重新安装。设备由承包人采购的,由承包人承担修理或重新购置、拆除及重新安装的费用,工期不得顺延;设备由发包人采购的,发包人承担上述各项费用,追加合同价款,工期相应顺延。

③ 由于承包人施工原因导致试车达不到要求的,承包人按工程师要求重新安装和试车,并承担重新安装和试车的费用,工期不予顺延。

④ 试车费用除已包括在合同价款之内或专用条款另有约定外,均由发包人承担。

⑤ 试车合格后工程师不在试车记录上签字的,试车结束满24小时后,视为工程师已经认可试车记录,承包人可继续施工或办理竣工手续。

2) 竣工前试车

如果发包人要求在工程竣工验收前进行试车或需要承包人在试车时予以配合,应征得承包人同意,另行签订补充协议,试车组织和试车工作由发包人负责。

6. 缺陷责任与保修

承包人应当在工程竣工验收之前,与发包人签订质量保修书,作为合同附件。质量保修书的主要内容包括:工程质量保修范围和内容、质量保修期、质量保修责任、保修费用以及其他约定。

1) 工程保修的原则

在工程移交发包人后,因承包人原因产生的质量缺陷,承包人应承担质量缺陷责任和保修义务。缺陷责任期届满,承包人仍应按合同约定的工程各部位保修年限承担保修义务。

2) 工程保修范围和内容

双方按照工程的性质和特点,具体约定保修的相关内容。房屋建筑工程的保修范围包括:地基基础工程、主体结构工程、屋面防水工程、有防水要求的卫生间和外墙面的防渗漏、供热与供冷系统、电气管线、给排水管道、设备安装和装修工程,以及双方约定的其他项目。

3）保修责任

工程保修期从工程竣工验收合格之日起算，具体分部分项工程的保修期由合同当事人在专用合同条款中约定，但不得低于法定最低保修年限。在工程保修期内，承包人应当根据有关法律规定以及合同约定承担保修责任。

质量保修期是指承包人按照合同约定对工程承担保修责任的期限，从工程竣工验收合格之日起计算。发包人未经竣工验收擅自使用工程的，保修期自转移占有之日起算。

《建设工程质量管理条例》明确规定，在正常使用条件下的最低保修期限为：

(1) 基础设施工程、房屋建筑的地基基础工程和主体工程，为设计文件规定的该工程的合理使用年限。

(2) 屋面防水工程、有防水要求的卫生间、房间和外墙面的防渗漏，为 5 年。

(3) 供热与供冷系统，为 2 个采暖期、供冷期。

(4) 电气管线、给排水管道、设备安装和装修工程，为 2 年。

4）缺陷责任期

缺陷责任期是指承包人按照合同约定承担缺陷修复责任，且发包人预留质量保证金(已缴纳履约保证金的除外)的期限，自工程实际竣工之日起计算。合同当事人应在专用合同条款中约定缺陷责任期的具体期限，但该期限最长不超过 24 个月。

单位工程先于全部工程进行验收，经验收合格并交付使用的，该单位工程缺陷责任期自单位工程验收合格之日起算。

因发包人原因导致工程无法按合同约定期限进行竣工验收的，缺陷责任期自承包人提交竣工验收申请报告之日起开始计算。

发包人未经竣工验收擅自使用工程的，缺陷责任期自工程转移占有之日起开始计算。

5）缺陷责任与质量保修

(1) 任何一项缺陷或损坏修复后，经检查证明其影响了工程或工程设备的使用性能的，承包人应重新进行合同约定的试验和试运行，试验和试运行的全部费用应由责任方承担。

(2) 除专用合同条款另有约定外，承包人应于缺陷责任期届满后 7 天内向发包人发出缺陷责任期届满通知，发包人应在收到缺陷责任期届满通知后 14 天内核实承包人是否履行缺陷修复义务，承包人未能履行缺陷修复义务的，发包人有权扣除相应金额的维修费用。发包人应在收到缺陷责任期届满通知后 14 天内，向承包人颁发缺陷责任期终止证书。

(3) 修复通知。在保修期内，发包人在使用过程中，发现已接收的工程存在缺陷或损坏的，应书面通知承包人予以修复，但情况紧急必须立即修复缺陷或损坏的，发包人可以口头通知承包人并在口头通知后 48 小时内书面确认，承包人应在专用合同条款约定的合理期限内到达工程现场并修复缺陷或损坏。

(4) 未能修复。因承包人原因造成工程的缺陷或损坏，承包人拒绝维修或未能在合理期限内修复缺陷或损坏，且经发包人书面催告后仍未修复的，发包人有权自行修复或委托第三方修复，所需费用由承包人承担。但修复范围超出缺陷或损坏范围的，超出范围部分的修复费用由发包人承担。

三、进度管理

1. 对材料和设备的计划与控制

(1) 发包人供应材料与工程设备，承包人应提前30天通过监理人以书面形式通知发包人供应材料与工程设备进场。承包人按照合同约定修订施工进度计划时，需同时提交经修订后的发包人供应材料与工程设备的进场计划。

(2) 发包人供应材料与工程设备，应提前24小时以书面形式通知承包人、监理人材料和工程设备到货时间，承包人负责材料和工程设备的清点、检验和接收。

(3) 承包人采购的材料和工程设备，应保证产品质量合格，承包人应在材料和工程设备到货前24小时通知监理人检验。

(4) 要求承包人增加或更换施工设备。承包人使用的施工设备不能满足合同进度计划和(或)质量要求时，监理人有权要求承包人增加或更换施工设备，承包人应及时增加或更换，由此增加的费用和(或)延误的工期由承包人承担。

(5) 材料与设备专用要求。承包人运入施工现场的材料、工程设备、施工设备以及在施工场地建设的临时设施，包括备品备件、安装工具与资料，必须专用于工程。未经发包人批准，承包人不得运出施工现场或挪作他用；经发包人批准，承包人可以根据施工进度计划撤走闲置的施工设备和其他物品。

2. 施工进度管理

工程开工后，合同履行即进入施工阶段，直至工程竣工。这一阶段施工进度管理的主要任务是控制施工工作进度按计划执行，确保施工任务在规定的合同期限内完成。

1) 施工组织设计的提交和修改

除专用合同条款另有约定外，承包人应在合同签订后14天内，但最迟不得晚于《示范文本》第7.3.2项(开工通知)载明的开工日期前7天，向监理人提交详细的施工组织设计，并由监理人报送发包人。除专用合同条款另有约定外，发包人和监理人应在监理人收到施工组织设计后7天内确认或提出修改意见。

2) 施工进度计划的编制

承包人应按照合同约定提交详细的施工进度计划，施工进度计划的编制应当符合国家法律规定和一般工程实践惯例，施工进度计划经发包人批准后实施。施工进度计划是控制工程进度的依据，发包人和监理人有权按照施工进度计划检查工程进度情况。

3) 施工进度计划的修订

施工进度计划不符合合同要求或与工程的实际进度不一致的，承包人应向监理人提交修订的施工进度计划，并附有关措施和相关资料，由监理人报送发包人。除专用合同条款另有约定外，发包人和监理人应在收到修订的施工进度计划后7天内完成审核和批准或提出修改意见。发包人和监理人对承包人提交的施工进度计划的确认，不能减轻或免除承包人根据法律规定和合同约定应承担的任何责任或义务。

4）变更引起的工期调整

因变更引起工期变化的，合同当事人均可要求调整合同工期，由合同当事人按照合同约定并参考工程所在地的工期定额标准确定增减工期天数。

5）暂停施工

（1）发包人原因引起的暂停施工。

因发包人原因引起暂停施工的，监理人经发包人同意后，应及时下达暂停施工指示。情况紧急且监理人未及时下达暂停施工指示的，按照《示范文本》第7.8.4项（紧急情况下的暂停施工）执行。

因发包人原因引起的暂停施工，发包人应承担由此增加的费用和（或）延误的工期，并支付承包人合理的利润。

（2）承包人原因引起的暂停施工。

因承包人原因引起的暂停施工，承包人应承担由此增加的费用和（或）延误的工期，且承包人在收到监理人复工指示后84天内仍未复工的，视为《示范文本》第16.2.1项（承包人违约的情形）第（7）目约定的承包人无法继续履行合同的情形。

（3）指示暂停施工。

监理人认为有必要时，并经发包人批准后，可向承包人作出暂停施工的指示，承包人应按监理人指示暂停施工。

（4）紧急情况下的暂停施工。

因紧急情况需暂停施工，且监理人未及时下达暂停施工指示的，承包人可先暂停施工，并及时通知监理人。监理人应在接到通知后24小时内发出指示，逾期未发出指示，视为同意承包人暂停施工。监理人不同意承包人暂停施工的，应说明理由，承包人对监理人的答复有异议的，按照《示范文本》第20条（争议解决）约定处理。

（5）暂停施工后的复工。

暂停施工后，发包人和承包人应采取有效措施积极消除暂停施工的影响。在工程复工前，监理人会同发包人和承包人确定因暂停施工造成的损失，并确定工程复工条件。当工程具备复工条件时，监理人应经发包人批准后向承包人发出复工通知，承包人应按照复工通知要求复工。

承包人无故拖延和拒绝复工的，承包人承担由此增加的费用和（或）延误的工期；因发包人原因无法按时复工的，按照《示范文本》第7.5.1项（因发包人原因导致工期延误）约定办理。

（6）暂停施工持续56天以上。

监理人发出暂停施工指示后56天内未向承包人发出复工通知，除该项停工属于《示范文本》第7.8.2项（承包人原因引起的暂停施工）及第17条（不可抗力）约定的情形外，承包人可向发包人提交书面通知，要求发包人在收到书面通知后28天内准许已暂停施工的部分或全部工程继续施工。发包人逾期不予批准的，则承包人可以通知发包人，将工程受影响的部分视为按《示范文本》第10.1款（变更的范围）第（2）项的可取消工作。

暂停施工持续84天以上不复工的，且不属于《示范文本》第7.8.2项（承包人原因引起的暂停施工）及第17条（不可抗力）约定的情形，并影响到整个工程以及合同目的实现的，承包人有权提出价格调整要求，或者解除合同。解除合同的，按照《示范文本》第16.1.3项（因发包人违约解除合同)执行。

6）工期延误

(1）因发包人原因导致工期延误。

因发包人原因未按计划开工日期开工的,发包人应按实际开工日期顺延竣工日期,确保实际工期不低于合同约定的工期总日历天数。因发包人原因导致工期延误需要修订施工进度计划的,按照《示范文本》第7.2.2项(施工进度计划的修订)执行。

(2）因承包人原因导致工期延误。

因承包人原因造成工期延误的,可以在专用合同条款中约定逾期竣工违约金的计算方法和逾期竣工违约金的上限。承包人支付逾期竣工违约金后,不免除承包人继续完成工程及修补缺陷的义务。

7）不利物质条件和异常恶劣的气候条件

(1）不利物质条件。

不利物质条件是指有经验的承包人在施工现场遇到的不可预见的自然物质条件、非自然的物质障碍和污染物,包括地表以下物质条件和水文条件以及专用合同条款约定的其他情形,但不包括气候条件。

承包人遇到不利物质条件时,应采取克服不利物质条件的合理措施继续施工,并及时通知发包人和监理人。通知应载明不利物质条件的内容以及承包人认为不可预见的理由。监理人经发包人同意后应当及时发出指示,指示构成变更的,按《示范文本》第10条(变更)约定执行。承包人因采取合理措施而增加的费用和(或)延误的工期由发包人承担。

(2）异常恶劣的气候条件。

异常恶劣的气候条件是指在施工过程中遇到的,有经验的承包人在签订合同时不可预见的,对合同履行造成实质性影响的,但尚未构成不可抗力事件的恶劣气候条件。合同当事人可以在专用合同条款中约定异常恶劣的气候条件的具体情形。

承包人应采取克服异常恶劣的气候条件的合理措施继续施工,并及时通知发包人和监理人。监理人经发包人同意后应当及时发出指示,指示构成变更的,按《示范文本》第10条(变更)约定办理。承包人因采取合理措施而增加的费用和(或)延误的工期由发包人承担。

3. 竣工日期的确定

工程经竣工验收合格的,以承包人提交竣工验收申请报告的日期为实际竣工日期,并在工程接收证书中载明;因发包人原因,未在监理人收到承包人提交的竣工验收申请报告42天内完成竣工验收,或完成竣工验收不予签发工程接收证书的,以提交竣工验收申请报告的日期为实际竣工日期;工程未经竣工验收,发包人擅自使用的,以转移占有工程的日期为实际竣工日期。

对于竣工验收不合格的工程,承包人完成整改后,应当重新进行竣工验收,经重新组织验收仍不合格的且无法采取措施补救的,发包人可以拒绝接收不合格工程,因不合格工程导致其他工程不能正常使用的,承包人应采取措施确保相关工程的正常使用,由此增加的费用和(或)延误的工期由承包人承担。

四、费用管理

1. 对材料和设备的费用控制

1）材料与工程设备的保管与使用

（1）发包人供应的材料与工程设备的保管与使用。

发包人供应的材料和工程设备，承包人清点后由承包人妥善保管，保管费用由发包人承担，但已标价工程量清单或预算书已经列支或专用合同条款另有约定除外。因承包人原因发生丢失毁损的，由承包人负责赔偿；监理人未通知承包人清点的，承包人不负责材料和工程设备的保管，由此导致丢失毁损的，由发包人负责。

发包人供应的材料和工程设备使用前由承包人负责检验，检验费用由发包人承担，不合格的不得使用。

（2）承包人采购的材料与工程设备的保管与使用。

承包人采购的材料和工程设备由承包人妥善保管，保管费用由承包人承担。法律规定材料和工程设备使用前必须进行检验或试验的，承包人应按监理人的要求进行检验或试验，检验或试验费用由承包人承担，不合格的不得使用。

发包人或监理人发现承包人使用不符合设计或有关标准要求的材料和工程设备时，有权要求承包人进行修复、拆除或重新采购，由此增加的费用和（或）延误的工期，由承包人承担。

2）材料与工程设备的替代

发包人认可使用替代材料和工程设备的，替代材料和工程设备的价格，按照已标价工程量清单或预算书相同项目的价格认定；无相同项目的，参考相似项目价格认定；既无相同项目也无相似项目的，按照合理的成本与利润构成的原则，由合同当事人按照《示范文本》第4.4款（商定或确定）确定价格。

3）施工设备和临时设施

除专用合同条款另有约定外，承包人应自行承担修建临时设施的费用，需要临时占地的，应由发包人办理申请手续并承担相应费用。

承包人使用的施工设备不能满足合同进度计划和（或）质量要求时，监理人有权要求承包人增加或更换施工设备，承包人应及时增加或更换，由此增加的费用和（或）延误的工期由承包人承担。

2. 变更管理

1）变更的范围

除专用合同条款另有约定外，合同履行过程中发生以下情形的，应按照约定进行变更：

（1）增加或减少合同中任何工作，或追加额外的工作；

（2）取消合同中任何工作，但转由他人实施的工作除外；

（3）改变合同中任何工作的质量标准或其他特性；

（4）改变工程的基线、标高、位置和尺寸；

(5) 改变工程的时间安排或实施顺序。

2) 变更估价原则

除专用合同条款另有约定外，变更估价按照本款约定处理：

(1) 已标价工程量清单或预算书有相同项目的，按照相同项目单价认定；

(2) 已标价工程量清单或预算书中无相同项目，但有类似项目的，参照类似项目的单价认定；

(3) 变更导致实际完成的变更工程量与已标价工程量清单或预算书中列明的该项目工程量的变化幅度超过15%的，或已标价工程量清单或预算书中无相同项目及类似项目单价的，按照合理的成本与利润构成的原则，由合同当事人按照《示范文本》第4.4款（商定或确定）确定变更工作的单价。

3) 变更估价程序

承包人应在收到变更指示后14天内，向监理人提交变更估价申请。监理人应在收到承包人提交的变更估价申请后7天内审查完毕并报送发包人，若监理人对变更估价申请有异议，通知承包人修改后重新提交。发包人应在承包人提交变更估价申请后14天内审批完毕。发包人逾期未完成审批或未提出异议的，视为认可承包人提交的变更估价申请。

因变更引起的价格调整应计入最近一期的进度款中支付。

4) 暂估价

专业分包工程、服务、材料和工程设备的暂估价明细由合同当事人在专用合同条款中约定。

因发包人原因导致暂估价合同订立和履行迟延的，由此增加的费用和（或）延误的工期由发包人承担，并支付承包人合理的利润。因承包人原因导致暂估价合同订立和履行迟延的，由此增加的费用和（或）延误的工期由承包人承担。

5) 计日工

需要采用计日工方式的，经发包人同意后，由监理人通知承包人以计日工计价方式实施相应的工作，其价款按列入已标价工程量清单或预算书中的计日工计价项目及其单价进行计算；已标价工程量清单或预算书中无相应的计日工单价的，按照合理的成本与利润构成的原则，由合同当事人按照《示范文本》第4.4款（商定或确定）确定计日工的单价。

6) 价格调整

(1) 市场价格波动引起的调整。

除专用合同条款另有约定外，市场价格波动超过合同当事人约定的范围，合同价格应当调整。合同当事人可以在专用合同条款中约定选择以下一种方式对合同价格进行调整。

第1种方式：采用价格指数进行价格调整。

第2种方式：采用造价信息进行价格调整。

第3种方式：专用合同条款约定的其他方式。

(2) 法律变化引起的调整。

基准日期后，法律变化导致承包人在合同履行过程中所需要的费用发生除《示范文本》第11.1款（市场价格波动引起的调整）约定以外的增加时，由发包人承担由此增加的费用；减少时，应从合同价格中予以扣减。基准日期后，因法律变化造成工期延误时，工期应予以顺延。

因法律变化引起的合同价格和工期调整，合同当事人无法达成一致的，由总监理工程师按《示范文本》第 4.4 款（商定或确定）的约定处理。

因承包人原因造成工期延误，在工期延误期间出现法律变化的，由此增加的费用和（或）延误的工期由承包人承担。

3. 计量与支付

1）工程量的计量原则

工程量计量按照合同约定的工程量计算规则、图纸及变更指示等进行计量。工程量计算规则应以相关的国家标准、行业标准等为依据，由合同当事人在专用合同条款中约定。

除专用合同条款另有约定外，工程量的计量按月进行。

具体计量规定可参照附录 C。

2）工程量计量管理规定

（1）承包人应于每月 25 日向监理人报送上月 20 日至当月 19 日已完成的工程量报告，并附进度付款申请单、已完成工程量报表和有关资料。

（2）监理人应在收到承包人提交的工程量报告后 7 天内完成对承包人提交的工程量报表的审核并报送发包人，以确定当月实际完成的工程量。监理人对工程量有异议的，有权要求承包人进行共同复核或抽样复测。承包人应协助监理人进行复核或抽样复测，并按监理人要求提供补充计量资料。承包人未按监理人要求参加复核或抽样复测的，监理人复核或修正的工程量视为承包人实际完成的工程量。

（3）监理人未在收到承包人提交的工程量报告后 7 天内完成审核的，承包人报送的工程量报告中的工程量视为承包人实际完成的工程量，据此计算工程价款。

3）工程预付款

（1）预付款的支付。

预付款的支付按照专用合同条款约定执行，但最迟应在开工通知载明的开工日期 7 天前支付。预付款应当用于材料、工程设备、施工设备的采购及修建临时工程、组织施工队伍进场等。

除专用合同条款另有约定外，预付款在进度付款中同比例扣回。在颁发工程接收证书前，提前解除合同的，尚未扣完的预付款应与合同价款一并结算。

发包人逾期支付预付款超过 7 天的，承包人有权向发包人发出要求预付的催告通知，发包人收到通知后 7 天内仍未支付的，承包人有权暂停施工，并按《示范文本》第 16.1.1 项（发包人违约的情形）执行。

（2）预付款担保。

发包人要求承包人提供预付款担保的，承包人应在发包人支付预付款 7 天前提供预付款担保，专用合同条款另有约定除外。预付款担保可采用银行保函、担保公司担保等形式，具体由合同当事人在专用合同条款中约定。在预付款完全扣回之前，承包人应保证预付款担保持续有效。

发包人在工程款中逐期扣回预付款后，预付款担保额度应相应减少，但剩余的预付款担保金额不得低于未被扣回的预付款金额。

4）进度付款申请单的内容

除专用合同条款另有约定外，进度付款申请单应包括下列内容，付款周期应按照合同的约定与计量周期保持一致。

(1) 截至本次付款周期已完成工作对应的金额;

(2) 根据《示范文本》第 10 条(变更)应增加和扣减的变更金额;

(3) 根据《示范文本》第 12.2 款(预付款)约定应支付的预付款和扣减的返还预付款;

(4) 根据《示范文本》第 15.3 款(质量保证金)约定应扣减的质量保证金;

(5) 根据《示范文本》第 19 条(索赔)应增加和扣减的索赔金额;

(6) 对已签发的进度款支付证书中出现错误的修正,应在本次进度付款中支付或扣除的金额;

(7) 根据合同约定应增加和扣减的其他金额。

5) 进度付款的修正

在对已签发的进度款支付证书进行阶段汇总和复核中发现错误、遗漏或重复的,发包人和承包人均有权提出修正申请。经发包人和承包人同意的修正,应在下期进度付款中支付或扣除。

4. 竣工结算

1) 竣工结算申请

除专用合同条款另有约定外,承包人应在工程竣工验收合格后 28 天内向发包人和监理人提交竣工结算申请单,并提交完整的结算资料,有关竣工结算申请单的资料清单和份数等要求由合同当事人在专用合同条款中约定。

除专用合同条款另有约定外,竣工结算申请单应包括以下内容:

(1) 竣工结算合同价格;

(2) 发包人已支付承包人的款项;

(3) 应扣留的质量保证金,已缴纳履约保证金的或提供其他工程质量担保方式的除外;

(4) 发包人应支付承包人的合同价款。

2) 竣工结算审核

(1) 除专用合同条款另有约定外,监理人应在收到竣工结算申请单后 14 天内完成核查并报送发包人。发包人应在收到监理人提交的经审核的竣工结算申请单后 14 天内完成审批,并由监理人向承包人签发经发包人签认的竣工付款证书。监理人或发包人对竣工结算申请单有异议的,有权要求承包人进行修正和提供补充资料,承包人应提交修正后的竣工结算申请单。

发包人在收到承包人提交的竣工结算申请单后 28 天内未完成审批且未提出异议的,视为发包人认可承包人提交的竣工结算申请单,并自发包人收到承包人提交的竣工结算申请单后第 29 天起视为已签发竣工付款证书。

(2) 除专用合同条款另有约定外,发包人应在签发竣工付款证书后 14 天内完成对承包人的竣工付款。发包人逾期支付的,按照中国人民银行发布的同期同类贷款基准利率支付违约金;逾期支付超过 56 天的,按照中国人民银行发布的同期同类贷款基准利率的两倍支付违约金。

(3) 承包人对发包人签认的竣工付款证书有异议的,对于有异议部分应在收到发包人签认的竣工付款证书后 7 天内提出异议,并由合同当事人按照专用合同条款约定的方式和程序进行复核，或按照《示范文本》第 20 条(争议解决)约定处理。对于无异议部分，发包人应签发临时竣工付款证书，并按本款第(2)项完成付款。承包人逾期未提出异议的，视为认可发包人的审批结果。

3) 最终结清

(1) 最终结清申请单。

除专用合同条款另有约定外，承包人应在缺陷责任期终止证书颁发后 7 天内，按专用合同条款约定的份数向发包人提交最终结清申请单，并提供相关证明材料。

除专用合同条款另有约定外，最终结清申请单应列明质量保证金、应扣除的质量保证金、缺陷责任期内发生的增减费用。

(2) 最终结清证书和支付。

除专用合同条款另有约定外，发包人应在收到承包人提交的最终结清申请单后 14 天内完成审批并向承包人颁发最终结清证书。发包人逾期未完成审批，又未提出修改意见的，视为发包人同意承包人提交的最终结清申请单，且自发包人收到承包人提交的最终结清申请单后 15 天起视为已颁发最终结清证书。

除专用合同条款另有约定外，发包人应在颁发最终结清证书后 7 天内完成支付。发包人逾期支付的，按照中国人民银行发布的同期同类贷款基准利率支付违约金；逾期支付超过 56 天的，按照中国人民银行发布的同期同类贷款基准利率的两倍支付违约金。

五、综合性管理

1. 安全文明施工与环境保护

1) 安全文明施工

(1) 安全生产要求。

合同履行期间，合同当事人均应当遵守国家和工程所在地有关安全生产的要求，合同当事人有特别要求的，应在专用合同条款中明确施工项目安全生产标准化达标目标及相应事项。承包人有权拒绝发包人及监理人强令承包人违章作业、冒险施工的任何指示。

在施工过程中，如遇到突发的地质变动、事先未知的地下施工障碍等影响施工安全的紧急情况，承包人应及时报告监理人和发包人，发包人应当及时下令停工并报政府有关行政管理部门采取应急措施。

因安全生产需要暂停施工的，按照《示范文本》第 7.8 款(暂停施工)的约定执行。

(2) 安全生产保证措施。

承包人应当按照有关规定编制安全技术措施或者专项施工方案，建立安全生产责任制度、治安保卫制度及安全生产教育培训制度，并按安全生产法律规定及合同约定履行安全职责，如实编制工程安全生产的有关记录，接受发包人、监理人及政府安全监督部门的检查与监督。

(3) 特别安全生产事项。

承包人应按照法律规定进行施工，开工前做好安全技术交底工作，施工过程中做好各项安全防护措施。承包人为实施合同而雇用的特殊工种的人员应受过专门的培训并已取得政府有关管理机构颁发的上岗证书。

承包人在动力设备、输电线路、地下管道、密封防震车间、易燃易爆地段以及临街交通要道附近施工时，施工开始前应向发包人和监理人提出安全防护措施，经发包人认可后实施。

实施爆破作业，在放射、毒害性环境中施工（含储存、运输、使用）及使用毒害性、腐蚀性物品施工时，承包人应在施工前7天以书面形式通知发包人和监理人，并报送相应的安全防护措施，经发包人认可后实施。

需单独编制危险性较大分部分项专项工程施工方案的，及要求进行专家论证的超过一定规模的危险性较大的分部分项工程，承包人应及时编制和组织论证。

(4) 治安保卫。

除专用合同条款另有约定外，发包人应与当地公安部门协商，在现场建立治安管理机构或联防组织，统一管理施工场地的治安保卫事项，履行合同工程的治安保卫职责。

发包人和承包人除应协助现场治安管理机构或联防组织维护施工场地的社会治安外，还应做好包括生活区在内的各自管辖区的治安保卫工作。

除专用合同条款另有约定外，发包人和承包人应在工程开工后7天内共同编制施工场地治安管理计划，并制定应对突发治安事件的紧急预案。在工程施工过程中，发生暴乱、爆炸等恐怖事件，以及群殴、械斗等群体性突发治安事件的，发包人和承包人应立即向当地政府报告。发包人和承包人应积极协助当地有关部门采取措施平息事态，防止事态扩大，尽量避免人员伤亡和财产损失。

(5) 文明施工。

承包人在工程施工期间，应当采取措施保持施工现场平整，物料堆放整齐。工程所在地有关政府行政管理部门有特殊要求的，按照其要求执行。合同当事人对文明施工有其他要求的，可以在专用合同条款中明确。

在工程移交之前，承包人应当从施工现场清除承包人的全部工程设备、多余材料、垃圾和各种临时工程，并保持施工现场清洁整齐。经发包人书面同意，承包人可在发包人指定的地点保留承包人履行保修期内的各项义务所需要的材料、施工设备和临时工程。

(6) 安全文明施工费。

安全文明施工费由发包人承担，发包人不得以任何形式扣减该部分费用。因基准日期后合同所适用的法律或政府有关规定发生变化，增加的安全文明施工费由发包人承担。

承包人经发包人同意采取合同约定以外的安全措施所产生的费用，由发包人承担。未经发包人同意的，如果该措施避免了发包人的损失，则发包人在避免损失的额度内承担该措施费。如果该措施避免了承包人的损失，由承包人承担该措施费。

除专用合同条款另有约定外，发包人应在开工后28天内预付安全文明施工费总额的50%，其余部分与进度款同期支付。发包人逾期支付安全文明施工费超过7天的，承包人有权向发包人发出要求预付的催告通知，发包人收到通知后7天内仍未支付的，承包人有权暂停施工，并按《示范文本》第16.1.1项(发包人违约的情形)执行。

承包人对安全文明施工费应专款专用，承包人应在财务账目中单独列项备查，不得挪作他用，否则发包人有权责令其限期改正；逾期未改正的，可以责令其暂停施工，由此增加的费用和(或)延误的工期由承包人承担。

(7) 紧急情况处理。

在工程实施期间或缺陷责任期内发生危及工程安全的事件，监理人通知承包人进行抢救，承包人声明无能力或不愿立即执行的，发包人有权雇佣其他人员进行抢救。此类抢救按合同约定属于承包人义务的，由此增加的费用和(或)延误的工期由承包人承担。

(8) 事故处理。

工程施工过程中发生事故的，承包人应立即通知监理人，监理人应立即通知发包人。发包人和承包人应立即组织人员和设备进行紧急抢救和抢修，减少人员伤亡和财产损失，防止事故扩大，并保护事故现场。需要移动现场物品时，应作出标记和书面记录，妥善保管有关证据。发包人和承包人应按国家有关规定，及时如实地向有关部门报告事故发生的情况，以及正在采取的紧急措施等。

(9) 安全生产责任。

发包人应负责赔偿以下各种情况造成的损失：

① 工程或工程的任何部分对土地的占用所造成的第三者财产损失；

② 由于发包人原因在施工场地及其毗邻地带造成的第三者人身伤亡和财产损失；

③ 由于发包人原因对承包人、监理人造成的人员人身伤亡和财产损失；

④ 由于发包人原因造成的发包人自身人员的人身伤害以及财产损失。

由于承包人原因在施工场地内及其毗邻地带造成的发包人、监理人以及第三者人员伤亡和财产损失，由承包人负责赔偿。

2) 职业健康

(1) 劳动保护。

承包人应按照法律规定安排现场施工人员的劳动和休息时间，保障劳动者的休息时间，并支付合理的报酬和费用。承包人应依法为其履行合同所雇用的人员办理必要的证件、许可、保险和注册等，承包人应督促其分包人为分包人所雇用的人员办理必要的证件、许可、保险和注册等。

承包人应按照法律规定保障现场施工人员的劳动安全，并提供劳动保护，并应按国家有关劳动保护的规定，采取有效的防止粉尘、降低噪声、控制有害气体和保障高温、高寒、高空作业安全等劳动保护措施。承包人雇佣人员在施工中受到伤害的，承包人应立即采取有效措施进行抢救和治疗。

承包人应按法律规定安排工作时间，保证其雇佣人员享有休息和休假的权利。因工程施工的特殊需要占用休假日或延长工作时间的，应不超过法律规定的限度，并按法律规定给予补休或付酬。

(2) 生活条件。

承包人应为其履行合同所雇用的人员提供必要的膳宿条件和生活环境；承包人应采取有效措施预防传染病，保证施工人员的健康，并定期对施工现场、施工人员生活基地和工程进行防疫和卫生的专业检查和处理，在远离城镇的施工场地，还应配备必要的伤病防治和急救的医务人员与医疗设施。

3) 环境保护

承包人应在施工组织设计中列明环境保护的具体措施。在合同履行期间，承包人应采取合理措施保护施工现场环境。对施工作业过程中可能引起的大气、水、噪声以及固体废物污染采取具体可行的防范措施。

承包人应当承担因其原因引起的环境污染侵权损害赔偿责任，因上述环境污染引起纠纷而导致暂停施工的，由此增加的费用和(或)延误的工期由承包人承担。

2. 不可抗力

1）不可抗力的确认

不可抗力是指合同当事人在签订合同时不可预见，在合同履行过程中不可避免且不能克服的自然灾害和社会性突发事件，如地震、海啸、瘟疫、骚乱、戒严、暴动、战争和专用合同条款中约定的其他情形。

2）不可抗力的通知

合同一方当事人遇到不可抗力事件，使其履行合同义务受到阻碍时，应立即通知合同另一方当事人和监理人，书面说明不可抗力和受阻碍的详细情况，并提供必要的证明。

不可抗力持续发生的，合同一方当事人应及时向合同另一方当事人和监理人提交中间报告，说明不可抗力和履行合同受阻的情况，并于不可抗力事件结束后28天内提交最终报告及有关资料。

3）不可抗力后果的承担

不可抗力引起的后果及造成的损失由合同当事人按照法律规定及合同约定各自承担。不可抗力发生前已完成的工程应当按照合同约定进行计量支付。

不可抗力导致的人员伤亡、财产损失、费用增加和（或）工期延误等后果，由合同当事人按以下原则承担：

（1）永久工程、已运至施工现场的材料和工程设备的损坏，以及因工程损坏造成的第三人人员伤亡和财产损失由发包人承担；

（2）承包人施工设备的损坏由承包人承担；

（3）发包人和承包人承担各自人员伤亡和财产的损失；

（4）因不可抗力影响承包人履行合同约定的义务，已经引起或将引起工期延误的，应当顺延工期，由此导致承包人停工的费用损失由发包人和承包人合理分担，停工期间必须支付的工人工资由发包人承担；

（5）因不可抗力引起或将引起工期延误，发包人要求赶工的，由此增加的赶工费用由发包人承担；

（6）承包人在停工期间按照发包人要求照管、清理和修复工程的费用由发包人承担。

不可抗力发生后，合同当事人均应采取措施尽量避免和减少损失的扩大，任何一方当事人没有采取有效措施导致损失扩大的，应对扩大的损失承担责任。

因合同一方迟延履行合同义务，在迟延履行期间遭遇不可抗力的，不免除其违约责任。

4）因不可抗力解除合同

因不可抗力导致合同无法履行连续超过84天或累计超过140天的，发包人和承包人均有权解除合同。合同解除后，由双方当事人按照《示范文本》第4.4款（商定或确定）商定或确定发包人应支付的款项，该款项包括：

（1）合同解除前承包人已完成工作的价款；

（2）承包人为工程订购的并已交付给承包人，或承包人有责任接受交付的材料、工程设备和其他物品的价款；

（3）发包人要求承包人退货或解除订货合同而产生的费用，或因不能退货或解除合同而产生的损失；

(4) 承包人撤离施工现场以及遣散承包人人员的费用;

(5) 按照合同约定在合同解除前应支付给承包人的其他款项;

(6) 扣减承包人按照合同约定应向发包人支付的款项;

(7) 双方商定或确定的其他款项。

除专用合同条款另有约定外,合同解除后,发包人应在商定或确定上述款项后 28 天内完成上述款项的支付。

3. 保险

保险包括工程保险、工伤保险、其他保险等。

1) 发包人责任

除专用合同条款另有约定外,发包人应投保建筑工程一切险或安装工程一切险;发包人委托承包人投保的,因投保产生的保险费和其他相关费用由发包人承担。

发包人应依照法律规定参加工伤保险,并为在施工现场的全部员工办理工伤保险,缴纳工伤保险费,并要求监理人及由发包人为履行合同聘请的第三方依法参加工伤保险。

2) 承包人责任

承包人应依照法律规定参加工伤保险,并为其履行合同的全部员工办理工伤保险,缴纳工伤保险费,并要求分包人及由承包人为履行合同聘请的第三方依法参加工伤保险。

除专用合同条款另有约定外,承包人应为其施工设备等办理财产保险。

3) 双方责任

发包人和承包人可以为其施工现场的全部人员办理意外伤害保险并支付保险费,包括其员工及为履行合同聘请的第三方的人员,具体事项由合同当事人在专用合同条款中约定。

4) 持续保险

合同当事人应与保险人保持联系,使保险人能够随时了解工程实施中的变动,并确保按保险合同条款要求持续保险。

5) 保险凭证

合同当事人应及时向另一方当事人提交其已投保的各项保险的凭证和保险单复印件。

6) 未按约定投保的补救

发包人未按合同约定办理保险,或未能使保险持续有效的,则承包人可代为办理,所需费用由发包人承担。发包人未按合同约定办理保险,导致未能得到足额赔偿的,由发包人负责补足。

承包人未按合同约定办理保险,或未能使保险持续有效的,则发包人可代为办理,所需费用由承包人承担。承包人未按合同约定办理保险,导致未能得到足额赔偿的,由承包人负责补足。

7) 通知义务

除专用合同条款另有约定外,发包人变更除工伤保险之外的保险合同时,应事先征得承包人同意,并通知监理人;承包人变更除工伤保险之外的保险合同时,应事先征得发包人同意,并通知监理人。

保险事故发生时,投保人应按照保险合同规定的条件和期限及时向保险人报告。发包人和承包人应当在知道保险事故发生后及时通知对方。

4.违约

1) 发包人违约

(1) 在合同履行过程中发生的下列情形,属于发包人违约:

① 因发包人原因未能在计划开工日期前7天内下达开工通知的;

② 因发包人原因未能按合同约定支付合同价款的;

③ 发包人违反《示范文本》第10.1款(变更的范围)第(2)项约定,自行实施被取消的工作或转由他人实施的;

④ 发包人提供的材料、工程设备的规格、数量或质量不符合合同约定,或因发包人原因导致交货日期延误或交货地点变更等情况的;

⑤ 因发包人违反合同约定造成暂停施工的;

⑥ 发包人无正当理由没有在约定期限内发出复工指示,导致承包人无法复工的;

⑦ 发包人明确表示或者以其行为表明不履行合同主要义务的;

⑧ 发包人未能按照合同约定履行其他义务的。

发包人发生除上述第⑦条以外的违约情况时,承包人可向发包人发出通知,要求发包人采取有效措施纠正违约行为。发包人收到承包人通知后28天内仍不纠正违约行为的,承包人有权暂停相应部位工程施工,并通知监理人。

(2) 发包人违约的责任。

发包人应承担因其违约给承包人增加的费用和(或)延误的工期,并支付承包人合理的利润。此外,合同当事人可在专用合同条款中另行约定发包人违约责任的承担方式和计算方法。

(3) 因发包人违约解除合同。

除专用合同条款另有约定外,承包人按《示范文本》第16.1.1项(发包人违约的情形)约定暂停施工满28天后,发包人仍不纠正其违约行为并致使合同目的不能实现的,或出现《示范文本》第16.1.1项(发包人违约的情形)第(7)目约定的违约情况,承包人有权解除合同,发包人应承担由此增加的费用,并支付承包人合理的利润。

(4) 承包人按照本款约定解除合同的,发包人应在解除合同后28天内支付下列款项,并解除履约担保:

① 合同解除前所完成工作的价款;

② 承包人为工程施工订购并已付款的材料、工程设备和其他物品的价款;

③ 承包人撤离施工现场以及遣散承包人人员的款项;

④ 按照合同约定在合同解除前应支付的违约金;

⑤ 按照合同约定应当支付给承包人的其他款项;

⑥ 按照合同约定应退还的质量保证金;

⑦ 因解除合同给承包人造成的损失。

合同当事人未能就解除合同后的结清达成一致的,按照《示范文本》第20条(争议解决)的约定处理。

承包人应妥善做好已完成工程和与工程有关的已购材料、工程设备的保护和移交工作,并将施工设备和人员撤出施工现场,发包人应为承包人撤出提供必要条件。

2）承包人违约

（1）在合同履行过程中发生的下列情形，属于承包人违约：

① 承包人违反合同约定进行转包或违法分包的；

② 承包人违反合同约定采购和使用不合格的材料和工程设备的；

③ 因承包人原因导致工程质量不符合合同要求的；

④ 承包人违反《示范文本》第 8.9 款（材料与设备专用要求）的约定，未经批准，私自将已按照合同约定进入施工现场的材料或设备撤离施工现场的；

⑤ 承包人未能按施工进度计划及时完成合同约定的工作，造成工期延误的；

⑥ 承包人在缺陷责任期及保修期内，未能在合理期限内对工程缺陷进行修复，或拒绝按发包人要求进行修复的；

⑦ 承包人明确表示或者以其行为表明不履行合同主要义务的；

⑧ 承包人未能按照合同约定履行其他义务的。

承包人发生除上述第⑦条约定以外的其他违约情况时，监理人可向承包人发出整改通知，要求其在指定的期限内改正。

（2）承包人违约的责任。

承包人应承担因其违约行为而增加的费用和（或）延误的工期。此外，合同当事人可在专用合同条款中另行约定承包人违约责任的承担方式和计算方法。

（3）因承包人违约解除合同。

除专用合同条款另有约定外，出现《示范文本》第 16.2.1 项（承包人违约的情形）第（7）目约定的违约情况时，或监理人发出整改通知后，承包人在指定的合理期限内仍不纠正违约行为并致使合同目的不能实现的，发包人有权解除合同。合同解除后，因继续完成工程的需要，发包人有权使用承包人在施工现场的材料、设备、临时工程、承包人文件和由承包人或以其名义编制的其他文件，合同当事人应在专用合同条款中约定相应费用的承担方式。发包人继续使用的行为不免除或减轻承包人应承担的违约责任。

（4）因承包人违约解除合同后的处理。

因承包人原因导致合同解除的，合同当事人应在合同解除后 28 天内完成估价、付款和清算，并按以下约定执行：

① 合同解除后，按《示范文本》第 4.4 款（商定或确定）商定或确定承包人实际完成工作对应的合同价款，以及承包人已提供的材料、工程设备、施工设备和临时工程等的价值；

② 合同解除后，承包人应支付的违约金；

③ 合同解除后，因解除合同给发包人造成的损失；

④ 合同解除后，承包人应按照发包人的要求和监理人的指示完成现场的清理和撤离；

⑤ 发包人和承包人应在合同解除后进行清算，出具最终结清付款证书，结清全部款项。

因承包人违约解除合同的，发包人有权暂停对承包人的付款，查清各项付款和已扣款项。发包人和承包人未能就合同解除后的清算和款项支付达成一致的，按照《示范文本》第 20 条（争议解决）的约定处理。

（5）采购合同权益转让。

因承包人违约解除合同的，发包人有权要求承包人将其为实施合同而签订的材料和设备的采购合同的权益转让给发包人，承包人应在收到解除合同通知后 14 天内协助发包人与采购合同的供应商达成相关的转让协议。

3）第三人造成的违约

在履行合同过程中，一方当事人因第三人的原因造成违约的，应当向对方当事人承担违约责任。一方当事人和第三人之间的纠纷，依照法律规定或者按照约定解决。

5. 争议解决

争议解决的方式包括和解、调解、争议评审、仲裁或诉讼。

1）和解

合同当事人可以就争议自行和解，自行和解达成协议的，经双方签字并盖章后作为合同补充文件，双方均应遵照执行。

2）调解

合同当事人可以就争议请求建设行政主管部门、行业协会或其他第三方进行调解，调解达成协议的，经双方签字并盖章后作为合同补充文件，双方均应遵照执行。

3）争议评审

合同当事人在专用合同条款中约定采取争议评审方式解决争议以及评审规则，并按下列约定执行。

（1）争议评审小组的确定。

合同当事人可以共同选择一名或三名争议评审员，组成争议评审小组。除专用合同条款另有约定外，合同当事人应当自合同签订后 28 天内，或者争议发生后 14 天内，选定争议评审员。

选择一名争议评审员的，由合同当事人共同确定；选择三名争议评审员的，各自选定一名，第三名成员为首席争议评审员，由合同当事人共同确定或由合同当事人委托已选定的争议评审员共同确定，或由专用合同条款约定的评审机构指定第三名首席争议评审员。

除专用合同条款另有约定外，评审员报酬由发包人和承包人各承担一半。

（2）争议评审小组的决定。

合同当事人可在任何时间将与合同有关的任何争议共同提请争议评审小组进行评审。争议评审小组应秉持客观、公正原则，充分听取合同当事人的意见，依据相关法律、规范、标准、案例经验及商业惯例等，自收到争议评审申请报告后 14 天内作出书面决定，并说明理由。合同当事人可以在专用合同条款中对本项事项另行约定。

（3）争议评审小组决定的效力。

争议评审小组作出的书面决定经合同当事人签字确认后，对双方具有约束力，双方应遵照执行。

任何一方当事人不接受争议评审小组决定或不履行争议评审小组决定的，双方可选择采用其他争议解决方式。

4）仲裁或诉讼

因合同及合同有关事项产生的争议，合同当事人可以在专用合同条款中约定以下一种方式解决争议：

① 向约定的仲裁委员会申请仲裁；

② 向有管辖权的人民法院起诉。

任务 4 FIDIC 土木工程施工合同条件简介

一、FIDIC 组织简介

1. 概述

FIDIC 是国际咨询工程师联合会法文名称的缩写。该联合会于 1913 年成立，是被世界银行认可的咨询工程师组织，总部地点先后设在比利时根特，瑞士洛桑、日内瓦。现已有 70 多个国家和地区加入 FIDIC，分属于四个地区性组织，中国是于 1996 年正式加入的。可以说 FIDIC 代表了世界上大多数独立的咨询工程师，是最具有权威性的咨询工程师组织，它推动了全球范围内的高质量的工程咨询服务业的发展。

FIDIC 下设许多专业委员会，编制了一系列规范性合同条件，构成了 FIDIC 合同条件体系。FIDIC 合同条件不仅被其成员国在世界范围内广泛使用，也被联合国有关组织和世界银行、亚洲开发银行、非洲开发银行等世界金融组织普遍承认和广泛采用。

2. FIDIC 合同条件的构成和文件组成

(1) FIDIC 合同条件由通用条件和专用条件两部分构成。其中通用条件是指对某一类工程具有普遍适用性质的条款，而专用条件的作用是将特定的工程合同具体化，对通用条件进行修改或补充。某一特定版本的 FIDIC 通用条件都是固定不变的，条款也非常具体而明确。以土木工程为例，基于不同地区、不同行业的土建类工程施工共性条件而编制的通用条件已是分门别类、内容详尽的合同文件范本，但有些条款还必须考虑工程的具体特点和所在地区情况予以必要的变动，专用条件就是为了实现这一目的。通用条件的内容若与专用条件冲突，应以专用条件为准。第一部分的通用条件和第二部分的专用条件，构成了决定一个具体工程项目各方的权利和义务的内容。

(2) 在 FIDIC 合同条件下，合同文件除合同条件外，还包括其他对业主、承包方都有约束力的文件。构成合同的这些文件应该是互相说明、互相补充的，但是这些文件有时会产生冲突或含义不清。此时，应由工程师进行解释，其解释根据构成合同文件的内容按以下先后次序进行：

① 合同协议书；

② 中标函；

③ 投标书；

④ 合同条件第二部分(专用条件)；

⑤ 合同条件第一部分(通用条件)；

⑥ 合同组成部分的其他文件。

二、FIDIC 合同条件体系

1999 年,FIDIC 在原合同条件基础上又出版了 4 种新的合同条件。这 4 种新版的合同条件在继承了以往合同条件的优点的基础上,在内容、结构和措辞等方面作了较大修改,进行了重大的调整。

2017 年,国际工程师联合会(FIDIC)出版了第 2 版《施工合同条件》《生产设备和设计—施工合同条件》《设计采购施工(EPC)/交钥匙工程合同条件》,这是迄今为止 FIDIC 合同条件的最新版本。作为 1999 年版的更新,2017 年版在工程师的角色、承包商的风险、项目索赔、合同价款、期中支付证书、DAB 争议解决等方面做了大量修改,很多条款进行了重新编写。

FIDIC 1999 年版已被广泛使用近二十年,在承包商按照雇主提供的设计构建工程的项目中,承包商和承包商之间均衡分担风险的原则已被确认。虽然通过鼓励互惠对当事人之间的风险进行重新平衡将受到业界(尤其是承包商)欢迎,但这些变化无疑会增加当事人的管理负担和费用。FIDIC 2017 年版继续了平衡风险分担的基本原则,同时以过去的实际经验为基础。

1. FIDIC 各类合同条件

(1)《土木工程施工合同条件》(1987 年第 4 版,1992 年修订版)(红皮书);
(2)《电气与机械工程合同条件》(1988 年第 2 版)(黄皮书);
(3)《土木工程施工分包合同条件》(1994 年第 1 版)(与红皮书配套使用);
(4)《设计—建造与交钥匙工程合同条件》(1995 年版)(橘皮书);
(5)《施工合同条件》(1999 年第 1 版,2017 年第 2 版);
(6)《生产设备和设计—施工合同条件》(1999 年第 1 版,2017 年第 2 版);
(7)《设计采购施工(EPC)/交钥匙工程合同条件》(1999 年第 1 版,2017 年第 2 版);
(8)《简明合同格式》(1999 年第 1 版);
(9) 多边开发银行统一版《施工合同条件》(2005 年版)。

2. 合同条件(1999 年第 1 版)及其适用范围

2002 年,中国工程咨询协会经 FIDIC 授权将 1999 年第 1 版合同条件译成中文文本。以下简略介绍几种第 1 版的合同条件及其适用范围。

1)《施工合同条件》

《施工合同条件》(*Conditions of Contract for Construction*),简称“新红皮书”。该文件主要适用于由业主或其代表——工程师设计的建筑或工程项目,主要采用单价合同。

在这种合同形式下,通常由工程师负责监理,由承包商按照雇主提供的设计施工,可以包含由承包商设计的土木、机械、电气和构筑物等部分。

2)《生产设备和设计—施工合同条件》

《生产设备和设计—施工合同条件》(*Conditions of Contract for Plant and Design-Build*),简称“新黄皮书”。该文件推荐用于电气和(或)机械设备供货和(或)其他工程的设计与施工，通常采用总价合同。由承包商按照业主的要求，设计和提供生产设备和(或)其他工程，包括土木、机械、电气和建筑物的任何组合，进行工程总承包。也可以对部分工程采用单价合同。

3)《设计采购施工(EPC)/交钥匙工程合同条件》

《设计采购施工(EPC)/交钥匙工程合同条件》(*Conditions of Contract for EPC/Turnkey Projects*)，简称“银皮书”。该文件适用于以交钥匙方式提供的工厂或类似设施的加工或动力设备、基础设施项目或其他类型的开发项目，采用总价合同。这种合同条件下，由承包商承担项目实施的全部责任，项目的最终价格和目标工期具有更大程度的确定性。即由承包商进行所有的设计、采购和施工，最后提供一个设施配备完整、可以投产运行的项目。

4)《简明合同格式》

《简明合同格式》(*Short Form of Contract*)，简称“绿皮书”。该文件适用于投资金额较小的建筑或工程项目。根据工程的类型和具体情况，这种合同格式也可用于投资金额较大的工程，特别是较简单的或重复性的或工期短的工程。在此合同格式下，一般都由承包商按照业主或其代表提供的设计实施工程，但对于部分或完全由承包商设计的土木、机械、电气和(或)构筑物的工程，此合同格式也同样适用。

5) 多边开发银行统一版《施工合同条件》

FIDIC与世界银行、亚洲开发银行、非洲开发银行、泛美开发银行、加勒比开发银行、北欧开发基金等国际金融机构共同工作，对FIDIC《施工合同条件》(1999年第1版)进行了修改补充，编制了用于多边开发银行提供贷款项目的合同条件——多边开发银行统一版《施工合同条件》(2005版)。该合同条件不仅便于多边开发银行及其借款人使用，也便于参与多边开发银行贷款项目的其他各方，如工程咨询机构、承包商等使用。

多边开发银行统一版《施工合同条件》，在通用条件中加入了以往多边开发银行在专用条件中使用的标准措辞，减少了以往在专用条件中增补和修改的数量，提高了用户的工作效率，减少了不确定性和发生争端的可能性。该合同条件与FIDIC其他合同条件的格式一样，包括通用条件、专用条件以及各种担保、保证、保函和争端委员会协议书的标准文本，方便用户的理解和使用。

3. 第1版FIDIC合同条件的特点

第1版FIDIC合同条件同过去的版本比较具有以下特点：

(1) 在编排格式上统一化。合同条件中的通用条件部分均为20条，条款的标题以及部分条款的内容能一致的都尽可能一致。

(2) 合同条件的使用范围大大拓宽，适用的项目种类更加广泛。

(3) 合同条件的条款内容作了较大的改进和补充。

(4) 合同条件尽可能地在通用条件中做出全面而细致的规定，便于用户在专用条件中自行修改编写。

(5) 合同条件对业主、承包商双方的职责、业务以及工程师的职权都做了更为严格而明确的规定，提出了更高的要求。

(6) 合同条件在语言上更加简明，句子的结构也相对简单清楚，因而更易懂、易读。

4. 协议书范本

FIDIC 出版的协议书也是一种合同格式，通常适用于应用功能比较单一、条款比较简单的合同。目前常用的协议书范本有：

(1)《客户/咨询工程师(单位)服务协议书范本》(白皮书)；

(2)《代表性协议范本(新)》；

(3)《EIC 的施工一运营一转让/公共民营合作制项目》；

(4)《联营(联合)协议书》；

(5)《咨询分包协议书》。

其中，《客户/咨询工程师(单位)服务协议书范本》在建设项目业主同咨询工程师签订服务协议书时参考使用。文本适用于由咨询工程师提供的投资机会研究、可行性研究、工程设计、招标评标、合同管理、生产准备和运营等涉及建设全过程的各种咨询服务内容。在该协议书中，对客户和工程咨询单位的职责、义务、风险分担和保险等方面在条款内容上做了更加明确的规定，增加了反腐败条款和友好解决争端等条款，更好地适应了当前工程市场的需要。这对加强工程咨询市场的规范化，提高工程咨询质量，进而提升项目决策和管理水平有较大的帮助。

三、FIDIC 合同条件的应用

FIDIC 合同条件之所以能够得到国际广泛地认可和使用，是由于它总结了近百年来国际工程承包活动的经验，在合同条款内明确划分了各方的责任，规范了合同履行过程中的管理程序。条款内容涵盖了合同履行过程中可能发生的各类情况，兼顾了不同地区合同双方的利益，合同的多数条款和格式都能为双方所接受。

《施工合同条件》虽然有很多优点并被国际工程界广泛使用，但也存在着不同的观点。比如对工程师地位的规定就不被一些国家所接受。虽然准确但十分烦琐的合同条款也不利于一些小型项目的应用。好在《施工合同条件》1999 年版已经作了改进，并增加了适用于小型项目的《简明合同格式》，为规模大小不等的众多建设单位与承包商提供了便利。

随着全球经济一体化，国际资本进入建筑市场和建筑企业走向国际化竞争，越来越多的建设项目开始选择采用 FIDIC 合同条件。FIDIC 合同条件在我国的应用和推广无疑对提高我国工程项目的管理水平，加快与国际接轨的进程有促进作用。

FIDIC 合同条件的应用方式通常有如下几种。

1. 直接采用

在世界各地，凡世界银行、亚洲银行、非洲银行贷款的工程项目以及一些国家和地区的工程招标文件中，大部分全文采用 FIDIC 合同条件。在我国，凡亚洲银行贷款项目，全文采用 FIDIC“红皮书”；凡世界银行贷款项目，在执行世界银行有关合同原则的基础上，执行我国财政部在世界银行批准和指导下编制的有关合同条件，如我国的小浪底水利枢纽工程。

2. 部分使用

即使不全文采用 FIDIC 合同条件，在编制招标文件或分包文件时，仍可以部分选择其中的某些条款、某些规定、某些程序甚至某些思路，使所编制的文件更完善、更严谨。在项目实施过程中，也可以借鉴 FIDIC 合同条件的思路和程序来解决和处理有关问题。

3. 合同谈判时参考用

F1DIC 合同条件的国际性、通用性和权威性，使合同双方在谈判中可以以国际惯例为理由要求对方对其合同条款的不合理、不完善之处作出修改或补充，以维护双方的合法权益。国际工程项目合同谈判中普遍使用这种方式。

4. 对比分析采用

许多国家在学习、借鉴 FIDIC 合同条件的基础上，编制了一系列适合本国国情的标准合同条件。这些合同条件的项目和内容与 FIDIC 合同条件大同小异。主要差异体现在处理问题的程序以及风险分担的规定上。

FIDIC 合同条件的各项程序是相当严谨的，在处理业主和承包商的风险、权利及义务方面也比较公正。因此，业主、咨询工程师、承包商通常都会将 FIDIC 合同条件作为一把尺子，与工作中遇到的其他合同条件相对比，进行合同分析和风险研究，制定相应的合同管理措施，防止合同管理出现漏洞。

专项实训：模拟签订建设工程施工合同

1. 实践目的

通过有关中小型规模建筑工程的专项训练，让学生体验建设工程施工合同的签订程序，熟悉建设工程施工合的同内容及相关法律规定，具备完成简单建设工程施工合同的谈判与签订的能力。为学生毕业后从事建筑施工企业的合同专员这一岗位奠定基础。

2. 实训方式

学生在教师指导下，以小组为单位分成建设单位和施工单位，模拟建筑工程施工合同谈判、签订的过程。具体步骤如下。

(1) 准备工作：一个中小型规模的建筑工程相关资料。

① 招标文件；

② 工程施工图；

③ 投标书；

④ 中标通知书；

⑤ 模拟签订合同场地。

(2) 组建建设单位和施工单位合同签订小组。

(3) 熟悉招标文件、投标文件、中标通知书等内容，了解工程性质和企业双方情况。

(4) 熟悉、理解建设工程施工合同(示范文本)中的通用条款。

(5) 参照《建设工程施工合同(示范文本)》草拟合同专用条款。

(6) 对合同中有争议的条款进行协商。

(7) 订立施工合同。

3. 实践(训练)内容和要求

(1) 各组制定模拟签订建设工程施工合同的工作计划;

(2) 各组做好学习日记;

(3) 在教师指导下,每一组(包括一个建设单位和一个施工单位)独立完成承包工程;

(4) 采用《建设工程施工合同(示范文本)》有关标准,在教学规定的实训时间内完成全部实训任务;

(5) 完成实训总结。

4. 注意事项

(1) 合同文件应尽量详细和完善;

(2) 尽量采用标准的专业术语;

(3) 充分发挥学生的积极性、主动性和创造性。

项目小结

合同是当事人双方设立、变更和终止民事权利和义务关系的协议,作为一种法律手段在具体问题中对签订合同的双方实行必要的约束。

建设工程施工合同,是发包人和承包人为完成商定的建筑安装工程,明确相互权利和义务关系的合同。依据工程施工合同,承包人应完成一定的建筑工程任务,发包人应提供必要的施工条件并支付工程价款。在订立合同时双方应遵守自愿、公平、诚实和信用等原则。

习题

一、选择题

1. 发包人应负责提供施工所需要的条件,不包括(　　)。

A. 将施工用水、电力、通信线路等施工所必需的条件接至施工现场内

B. 保证向承包人提供正常施工所需要的进入施工现场的交通条件

C. 协调处理施工现场周围的地下管线和邻近建筑物、构筑物、古树名木的保护工作,并承担相关费用

D. 提供施工现场及工程施工所必需的毗邻区域内供水、排水、供电、供气、供热、通信、广播电视等地下管线资料,气象和水文观测资料

2. 下列关于监理人商定或确定制度的叙述,不正确的是(　　)。

A. 合同当事人进行商定或确定时,总监理工程师应当会同合同当事人尽量通过协商达成一致,不能达成一致的,由总监理工程师按照合同约定审慎做出公正的确定

B. 总监理工程师应将确定以书面形式通知发包人和承包人,并附详细依据

C. 合同当事人对总监理工程师的确定没有异议的，按照总监理工程师的确定执行
D. 任何一方合同当事人有异议，按照《示范文本》第 20 条(争议解决)约定处理。争议解决前后，均按照争议解决的结果执行，由此造成的损失由责任人承担

3. 下列关于预付款的规定，叙述不正确的是(　　)。
A. 预付款的支付按照专用合同条款约定执行，但最迟应在开工通知载明的开工日期 7 天前支付
B. 预付款应当用于材料、工程设备、施工设备的采购及修建临时工程、组织施工队伍进场等
C. 除专用合同条款另有约定外，预付款在进度付款中同比例扣回
D. 发包人逾期支付预付款超过 7 天的，承包人有权暂停施工

4. 下列关于实际竣工日期的规定，叙述不正确的是(　　)。
A. 工程经竣工验收合格的，以承包人提交竣工验收申请报告之日为实际竣工日期，并在工程接收证书中载明
B. 因发包人原因，未在监理人收到承包人提交的竣工验收申请报告 42 天内完成竣工验收，或完成竣工验收不予签发工程接收证书的，以提交竣工验收申请报告的日期为实际竣工日期
C. 因发包人原因，未在监理人收到承包人提交的竣工验收申请报告 28 天内完成竣工验收，或完成竣工验收不予签发工程接收证书的，以提交竣工验收申请报告的日期为实际竣工日期
D. 工程未经竣工验收，发包人擅自使用的，以转移占有工程的日期为实际竣工日期

5. 关于发包人的安全责任，发包人应负责赔偿的损失，下列叙述不正确的是(　　)。
A. 工程或工程的任何部分对土地的占用所造成的第三者财产损失
B. 由于发包人原因在施工场地及其毗邻地带造成的第三者人身伤亡和财产损失
C. 由于承包人原因对承包人、监理人造成的人员人身伤亡和财产损失
D. 由于发包人原因造成的发包人自身人员的人身伤害以及财产损失。

6. 当出现下列合同文件互相矛盾时，(　　)的解释顺序排在最后。
A. 补充协议　　B. 合同协议书
C. 合同专用条款　　D. 合同通用条款

7. 下列叙述哪一项不是施工索赔的理由。(　　)
A. 发包人延误支付期限造成承包人的损失
B. 非承包人的原因导致项目缺陷的修复所发生的损失或费用
C. 非承包人的原因导致工程暂时停工
D. 承包人工程管理不当造成费用增加

8. 下列关于分包的一般约定，错误的是(　　)。
A. 承包人不得将其承包的全部工程转包给第三人，或将其承包的全部工程肢解后以分包的名义转包给第三人
B. 承包人不得将工程主体结构、关键性工作及专用合同条款中禁止分包的专业工程分包给第三人
C. 承包人可以将其承包的全部工程肢解后以分包的名义转包给第三人
D. 承包人不得以劳务分包的名义转包或违法分包工程

9. 下列关于项目经理的规定，错误的是（　　）。
A. 承包人需要更换项目经理的，应提前 14 天书面通知发包人和监理人，并征得发包人书面同意
B. 未经发包人书面同意，承包人不得擅自更换项目经理
C. 承包人的主要施工管理人员离开施工现场每月累计不超过 5 天的，应报监理人同意
D. 承包人擅自更换项目经理的，应按照专用合同条款的约定承担违约责任

10. 不可抗力导致的人员伤亡、财产损失、费用增加和（或）工期延误等后果，由合同当事人按以下原则承担：（　　）。
A. 承包人施工设备的损坏由承包人承担
B. 因不可抗力引起或将引起工期延误，发包人要求赶工的，由此增加的赶工费用由发包人承担
C. 发包人承担人员伤亡和财产的损失
D. 永久工程、已运至施工现场的材料和工程设备的损坏，以及因工程损坏造成的第三人人员伤亡和财产损失由发包人承担

11. 下列关于监理人的质量检查和检验，说法错误的是（　　）。
A. 承包人不应为监理人的检查和检验提供方便
B. 监理人按照法律规定和发包人授权对工程的所有部位及其施工工艺、材料和工程设备进行检查和检验
C. 监理人的检查和检验不应影响施工正常进行
D. 监理人进行的检查和检验，不免除或减轻承包人按照合同约定应当承担的责任

12. 下列关于安全文明施工费，说法错误的是（　　）。
A. 安全文明施工费由发包人承担，发包人不得以任何形式扣减该部分费用
B. 因基准日期后合同所适用的法律或政府有关规定发生变化，增加的安全文明施工费由发包人承担
C. 未经发包人同意的，如果该措施避免了发包人的损失，则发包人在避免损失的额度内承担该措施费
D. 未经发包人同意的，如果该措施避免了承包人的损失，由发包人承担该措施费

13. 进度付款申请单不包括（　　）。
A. 截至本次付款周期已完成工作对应的金额
B. 对已签发的进度款支付证书中出现错误的修正，应在本次进度付款中支付或扣除的金额
C. 根据《示范文本》第 10 条（变更）应增加和扣减的变更金额
D. 履约保证金

14. 下列关于保修责任，说法错误的是（　　）。
A. 工程保修期从工程竣工验收合格之日起算
B. 在工程保修期内，承包人应当根据有关法律规定以及合同约定承担保修责任
C. 发包人未经竣工验收擅自使用工程的，保修期自转移占有之日起算
D. 保修期内，因发包人使用不当造成工程的缺陷、损坏，由发包人修复

二、思考题

1.建设工程合同的概念是什么？合同在工程建设中的作用有哪些？

2.建筑工程施工合同的特点及订立的条件有哪些？

3.建设工程合同的种类有哪些？

4.建设工程施工合同示范文本内容由几部分组成？

5.什么是通用条款和专用条款？两者关系如何？

6.发包人、承包人的一般义务是什么？

7.工程发包承包模式有哪些？

8.工程款支付包括哪些内容？

9.工程可以延期的情况有哪些？

10.关于工程分包的规定有哪些？

11.不可抗力包括哪些内容？

12.按计价方式分类的施工合同有哪些类型？

13.简述劳务分包合同的主要内容。

14.工程质量保修书包括哪些保修内容？保修期如何？

15.施工合同签订的原则有哪些？

16.合同实施偏差处理的措施有哪些？

17.《建设工程施工合同(示范文本)》与《FIDIC 土木工程施工合同条件》在文件解释顺序上有什么不同？

18.什么叫缺陷通知期？

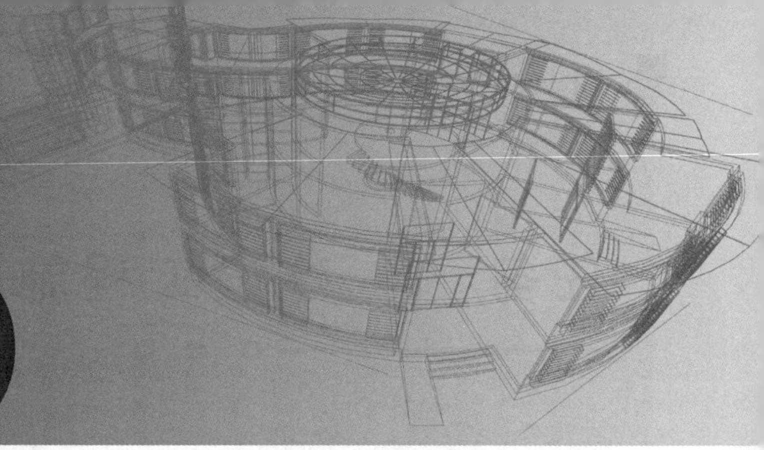

项目6 建设工程施工索赔

能力目标、知识目标

了解索赔的分类、原因，熟悉索赔的依据和程序，掌握索赔报告的内容、要求和索赔的计算，了解索赔的技巧，针对施工实践过程中出现的索赔问题能够进行正确的分析。

任务 1 建设工程施工索赔概述

一、索赔的概念及特征

1. 索赔的概念

索赔是当事人在合同履行过程中，根据法律、合同规定及惯例，对并非由于自己的过错，而是应由对方承担责任的情况造成的损失，向合同的另一方当事人提出赔偿或补偿损害的要求。在工程建设的各个阶段，都可能发生索赔，但在施工阶段发生的索赔较多。本章主要介绍施工索赔。

对施工合同的双方来说，都有通过索赔维护自己合法利益的权利，依据双方约定的合同责任，构成严密的合同制约关系。

2. 索赔的基本特征

(1) 索赔是双向的，承包人可以向发包人索赔，发包人同样也可以向承包人索赔。

(2) 只有实际发生了经济损失或权利损害，一方才能向对方索赔。

(3) 索赔是一种未经对方确认的单方行为，对对方尚未形成约束力。索赔的要求需要通过双方确认(如双方协商、谈判、调解或仲裁、诉讼)后才能实现。

二、索赔的分类

1. 按索赔的目的分类

1) 工期索赔

由于非承包人责任的原因而导致计划工期延误，承包人向发包人要求延长施工的时间，合理顺延合同工期。

2) 费用索赔

承包人要求发包人补偿不应该由承包人承担的经济损失或额外开支；或者发包人向承包人要求补偿因为承包人违约而导致的发包人的经济损失。

2. 按索赔的主动性分类

1) 索赔

分析合同缺陷，寻找对方的失误，主动向合同另一方当事人提出赔偿或补偿的要求。

2）反索赔

反索赔在索赔管理策略上表现为防止被索赔，使对方找不到索赔的机会，在工程管理中表现为签署严密的合同条款，避免本方违约。对索赔证据质疑，对索赔理由反驳，以达到减少索赔额度或否定对方索赔要求的目的。

3. 按索赔的依据分类

1）合同中明示的索赔

合同中明示的索赔指索赔事项所涉及的内容在合同文件中能够找到明确的依据，发包人或承包人可以据此提出索赔要求。

2）合同中默示的索赔

合同中默示的索赔指索赔事项所涉及的内容在合同文件中没有明确的文字描述，但可以根据合同条件中某些条款的含义，合理推论出存在一定的索赔权。

3）合同外的索赔

合同外的索赔指索赔事项所涉及的内容在合同文件中没有明确的文字描述，但可以根据民法、经济法或其他法律法规找到依据所提出的索赔。

4. 按索赔的处理方式分类

1）单项索赔

单项索赔是针对某一事件提出的，该事件的发生对承包人造成工期延长或额外费用支出后，承包人员在合同规定的索赔有效期内向发包人提交索赔意向书和索赔报告。

2）综合索赔

综合索赔又称一揽子索赔，是在国际工程中经常采用的索赔处理方法。一般是在工程基本完工时，承包人将施工过程中未解决的单项索赔集中起来，提出总索赔报告，经合同双方最终协商谈判，以一揽子方案解决索赔问题。

5. 按索赔的原因分类

1）发包人违约造成工程延误索赔

因发包人未按合同要求提供施工条件，如未及时交付设计图纸、施工现场、道路等，或因发包人指令工程停、缓建，造成工期延误的，承包人提出索赔。这是工程中常见的一类索赔。

2）工程变更索赔

由于发包人或监理工程师指令增加工程量或增加附加工程、修改设计、变更工程顺序等，造成工期延长和费用增加，承包人提出索赔。

3）解除合同索赔

由于发包人或承包人违约以及不可抗力等原因造成合同非正常终止，无责任的受害方因其蒙受经济损失而向对方提出索赔。

4）加速施工索赔

由于发包人或监理人指令承包人加快施工速度，缩短工期，造成承包人的额外开支而提出索赔。

5）不可抗力和不可预见因素索赔

在施工过程中，因不可抗拒的自然灾害、特殊风险以及有经验的承包人不能合理预见的不利施工条件或异常恶劣的气候条件等引起的索赔。

6）其他索赔

因货币贬值、汇率变化、物价波动、工资上涨、政策法令变化等原因引起的索赔。

6. 按索赔中合同有关当事人的关系分类

（1）承包人与发包人之间的索赔；

（2）承包人与分包人之间的索赔；

（3）承包人与供货人之间的索赔；

（4）承包人与保险人之间的索赔。

三、工程施工索赔的主要依据

建设工程施工索赔的主要依据有合同文件，国家的法律和行政法规，国家标准、规范等。具体表现为：

（1）招标文件、工程合同文件及附件、业主认可的工程进度计划、施工组织设计、图纸、技术规范等。

（2）工程有关设计交底记录、会议纪要、变更图纸、变更施工指令、工程签证等。

（3）工程施工计划及工程有关施工部位的照片及录像、施工日志等。

（4）工程往来信件、指令、信函、通知、答复等。

（5）工程预付款、进度款拨付的数额及日期记录，工程会计核算资料等。

（6）工程现场实施情况记录、工程现场气候记录，如有关天气的温度、风力、雨雪等。

（7）施工日报及工长工作日志、备忘录。

（8）工程送（停）电、水、道路开通（封闭）的日期及数据记录。

（9）工程验收报告及各项技术鉴定报告等。

（10）工程材料采购、订货、运输、进场、验收、使用等方面的凭据。

（11）国家、省、市有关工程造价和工期的文件、规定等。

任务 2 索赔程序与索赔报告

一、索赔的基本程序及其规定

1. 索赔意向通知

承包人应在知道或应当知道索赔事件发生后 28 天内，向监理人递交索赔意向通知书，并说明发生索赔事件的事由；承包人未在前述28天内发出索赔意向通知书的，丧失要求追加付款和(或)延长工期的权利。

索赔意向通知书一般包括以下内容：

(1) 事件发生的时间和情况的简单描述；

(2) 合同依据的条款和理由；

(3) 有关后续资料的提供，包括及时记录和提供事件发展的动态；

(4) 对工程成本和工期产生的不利影响的严重程度，以期引起监理人(发包人)的注意。

一般索赔意向通知仅仅是表明意向，涉及索赔内容，但不涉及索赔金额。

2. 报送索赔资料和索赔报告

承包人在发出索赔意向通知书之后28天内，向监理人递交索赔报告及有关资料。当索赔事件有持续影响时，承包人应当阶段性地向监理人发出索赔意向通知，在索赔事件影响结束后28天内，向监理人递交索赔的有关资料和最终索赔报告。

3. 监理人答复

监理人应在收到索赔报告后14天内完成审查并报送发包人。监理人对索赔报告存在异议的，有权要求承包人提交全部原始记录副本。

4. 发包人审查索赔处理

发包人应在监理人收到索赔报告或有关索赔的进一步证明材料后的28天内，由监理人向承包人出具经发包人签认的索赔处理结果。发包人逾期答复的，则视为认可承包人的索赔要求。

5. 承包人是否接受最终索赔处理

承包人接受索赔处理结果的，索赔款项在当期进度款中进行支付；承包人不接受索赔处理结果的，按照《示范文本》第20条(争议解决)约定处理。

二、索赔报告的编制

1. 索赔报告的组成

索赔报告是承包人向监理人(发包人)提交的一份要求发包人给予一定经济(费用)补偿和(或)延长工期的正式报告，是承包人向发包人索赔的正式书面材料，也是发包人审议承包人索赔请求的主要依据。索赔报告通常包括下列几部分内容：

(1) 题目。高度概括索赔的核心内容，如“关于×××事件的索赔报告”。

(2) 事件。陈述事件发生的过程，着重指出发包人(监理人)应承担的责任。

(3) 理由。提出作为索赔依据的具体合同条款、法律、法规。

(4) 结论。指出索赔事件给承包人造成的影响和带来的损失。

(5) 计算。列出费用损失或工程延期的计算公式、计算过程、计算结果，并依此提出索赔。

(6) 汇总。在上述各分项索赔的基础上提出索赔总金额或工程总延期天数的要求。

(7) 附录。各种证据材料,即索赔证据。

2. 索赔报告的编制

(1) 总述部分。

总述部分是承包人致发包人或监理人的提纲性内容,概要论述索赔事件发生的日期和过程,承包人为该索赔事件所付出的努力和附加开支,承包人的具体索赔要求。应通过总述部分把其他材料贯通起来,其主要内容包括以下几项:①说明索赔事件;②列举索赔理由;③提出索赔金额或工期延长天数;④附件说明。

(2) 论证部分。

论证部分是索赔报告的关键部分,是索赔能否成立的关键。应注意引用的每个证据的效力和可信程度,对重要的证据资料必须附以文字说明或确认。

(3) 计算部分。

计算部分需列举各项索赔的计算方法、计算公式、计算过程、计算结果及汇总数据,要求正确计算索赔款项与索赔工期。

(4) 证据部分。

① 索赔报告中所列举事实、理由、影响因果关系等的证明文件和证据资料。

② 详细计算书,这是为了证实索赔金额的真实性而设置的,可以大量运用图表以便简明表述。

3. 编制索赔报告应注意的问题

整个索赔报告应该简要概括索赔事实与理由,通过叙述客观事实,合理引用合同规定,证明索赔的合理合法性。

(1) 索赔事件要真实、证据确凿,令对方无可推卸和辩驳。

(2) 计算索赔款项和工期要合理、准确,易于对方接受。

(3) 责任分析清楚,必须明确对方应负的责任,不可使用含糊不清的词语。

(4) 明确承包人为避免和减轻事件的影响和损失而作的努力,从而使对方更易于接受。

(5) 表明干扰事件与索赔(费用、工期)有直接的因果关系。

(6) 书写用语应尽量婉转,避免使用强硬语言,以至给索赔带来不利影响。

任务 3 索赔分析与计算

一、索赔费用的构成

费用索赔是承包人由于非自身原因的影响而蒙受经济损失,按照合同规定提出要求补偿损失的行为。

(1) 人工费。索赔费用中的人工费是指完成合同之外的额外工作所花费的人工费用;由于非承包人责任的工效降低所增加的人工费用;超过法定工作时间加班劳动的人工费用;法定人工费增长以及非承包人责任的工程延期导致的人员窝工费和工资上涨费等。主要包括生产工人的基本工资、工资性质的津贴、辅助工资、劳保福利费、加班费、奖金等。

(2) 材料费。材料费的索赔包括由于索赔事项材料实际用量超过计划用量而增加的材料费;由于客观原因材料价格大幅度上涨而增加的费用;由于非承包人责任的工程延期导致的材料价格上涨和超期储存费用。主要包括材料原价、采保费、包装费、运输费以及合理的损耗费用。但由于承包人管理不善,造成材料损坏失效的,不能列入索赔计价。

(3) 施工机械使用费。可采用机械台班、机械折旧费、设备租赁费等几种形式。

施工机械使用费的索赔包括由于完成额外工作增加的机械使用费;由于非承包人责任的工效降低增加的机械使用费;由于发包人或监理人的原因导致机械停工的窝工费。窝工费的计算,如是租赁设备,一般按实际租金和调进调出费的分摊计算;如是承包商自有设备,一般按台班折旧费计算,而不能按台班费计算,因为台班费中包括了设备使用费。

(4) 分包费用。分包费用索赔是指分包人的索赔费,一般也包括人工费、材料费、机械使用费的索赔。分包人的索赔应如数列入承包人的索赔款内。

(5) 管理费。

① 现场管理费。索赔款中的现场管理费是指承包人完成额外工程、索赔事项工作以及工期延长期间的现场管理费,包括管理人员工资,办公、通信、交通费等。

② 总部管理费,索赔款中的总部管理费主要指的是工程延期期间所增加的管理费。包括总部职工工资,办公大楼、办公用品、财务管理、通信设施以及总部领导人员赴工地检查指导工作等的开支。

(6) 利息。在索赔金额的计算中,经常包括利息。利息的索赔通常在下列情况中发生:延期付款的利息、增加投资的利息、错误扣款的利息。

(7) 利润。一般来讲,由于工程范围的变更、文件有缺陷或技术性错误、业主未能提供现场等引起的索赔,承包商可以列入利润。但对于工程暂停的索赔,由于利润通常是包括在各项实施工程内容的价格之内的,而延长工期并未影响某些项目的实施,也未导致利润减少。

二、索赔费用的计算方法

索赔费用的计算方法主要有以下几种。

1. 总费用法

总费用法基本上是在总索赔的情况下才采用的计算索赔费用的方法。也就是说当发生多次索赔事件以后,这些索赔事件的影响相互纠缠,无法区分,则重新计算出该工程项目的实际总费用,再从这个实际总费用中减去中标合同中的估算总费用,就得到了要求补偿的索赔金额,即

索赔金额=实际总费用－合同价中估算的总费用

2. 分项计算法

分项计算法是以每个索赔事件为对象，按照承包人为某项索赔工作所支付的实际费用为根据，向业主提出经济补偿的方法。每一项索赔费用应计算由于该索赔事件的影响，导致承包人发生的超过原计划的费用，也就是该项工程施工中所发生的额外的人工费、材料费、机械费，以及相应的管理费，有些还可以列入应得的利润。

分项计算法可以分为以下 3 步。

(1) 分析每个或每类索赔事件所影响的费用项目。这些费用项目一般与合同价中的费用项目一致，如直接费、管理费、利润等。

(2) 用适当方法确定各项费用，计算每个费用项目受索赔事件影响后的实际成本或费用，与合同价中的费用项目对比，求出各项费用超出原计划的部分。

(3) 将各项费用汇总，即得到总索赔费用。

也就是说在直接费(人工费、材料费和施工机械使用费之和)超出合同中原有部分的额外费用部分的基础上，再加上管理费(工地管理费和总部管理费)和应得的利润，即是承包人应得的索赔费用。这部分实际发生的额外费用客观地反映了承包人的额外开支或者实际损失，是承包人经济索赔的证据资料。

三、工期索赔分析

在工程施工中，常常会发生一些未能预见的干扰事件，使得施工不能顺利进行。工期延长意味着工程成本的增加，对合同双方都会造成损失。业主会因工程不能及时投入使用、投入生产而不能实现预期的投资目的，减少赢利的机会，同时会增加各种管理费用；承包人则会因为工期延长而增加工人工资费用、施工机械使用费、工地管理费以及其他一些费用。如果超出合同工期，最终可能还要支付合同规定的拖期违约金。

一般的工期索赔分析方法有两种：网络分析法和比例分析法。

1. 网络分析法

网络分析法是进行工期分析的首选方法，它适用于各种干扰事件引起的工期索赔，并可以利用计算机软件进行网络分析和计算，通过分析干扰事件发生前后的网络计划，对比两种情况下工期计算的结果来确定工期索赔值，是一种科学合理的分析方法。

2. 比例分析法

对于新增工作引起的工期索赔，可以按新增工作占原合同价的比例，等比例计算工期索赔值，公式为

$$\text{工期索赔值}=\frac{\text{新增工程合同价}}{\text{原合同价}}\times\text{原合同总工期}$$

某工程中标合同价为 640 万元，合同工期 24 个月。施工开始以后，业主指令增加附加工程 80 万元，则承包人提出工期索赔，计算如下

$$\text{工期索赔值}=(80\div 640\times 24)\text{个月}=3\text{ 个月}$$

采用比例分析法计算工期索赔，方法简便，无须复杂的分析，也易于被人接受。但是有

时不能考虑到关键线路的影响，所以不太科学。此外，因为工程变更的影响，有时承包人要进行施工现场的停工、返工，重新修改计划，会引起一定的混乱和施工降效，这些也不能在比例分析法中体现出来。所以，很多索赔问题还要依据施工现场的实际记录确定。

任务 4 常见索赔问题与索赔技巧

一、常见索赔的基本情况分析

工程施工索赔往往是由于业主或其他非承包人方面的原因，致使承包人在工程项目施工中付出了额外的费用或造成了损失，承包人通过合法的途径和程序，运用谈判、仲裁或诉讼等手段，向业主提出补偿其在工程施工中的费用损失或工期延长的要求。

1. 自然、地质条件变化引起的索赔

不利的自然条件是指施工中遭遇的实际自然条件比招标文件中所描述的更困难和恶劣，地质条件的变化会增加施工的难度，导致承包人必须花费更多的时间和费用。在此情况下，承包人可以提出索赔要求。

一般来说，业主在招标文件中会提供有关该工程的水文及地质资料。此类资料经常存在位置差异极大或程度相差较远的情况，从而给施工带来困难，导致费用的损失或工期的延误，为此承包人可要求索赔。

2. 工程中意外障碍引起的索赔

如果开挖中发现有地下构筑物或文物，只要是图纸上未标明的，应立即报告工程师到场检查并商定处理方案，由此导致的费用增加，应给予补偿。

3. 增加工程量的索赔

对于总价合同，如该总价是基于业主提供的工程量表而计算得出的总价，其增加部分业主应给予补偿。特别是监理工程师指示增加的工程，应予以补偿。

4. 各种额外的试验和检查费用偿付的索赔

监理工程师有权要求对承包人的材料进行多次抽样试验，或对已施工的工程进行部分拆卸或挖开检查。但是，对于非合同技术说明中所规定的试验，以及对于本来合格的施工和材料，在拆卸或挖开检查后证明确实符合合同要求的，承包人可提出由发包人补偿这些检查费用和修复费用，以及赔偿由此引起的其他损失。

5. 工程质量要求的变更引起的索赔

如果监理工程师出于某种原因迫使承包人使用比招标文件规定的标准更高的材料或提

出更高的工程质量和试验要求，承包人应要求其下达变更命令，以便引用工程变更条款要求发包人进行补偿或重新核定新的单价。

6. 暂停工程引起的索赔

在施工过程中，监理人有权下令暂停工程或任何部分工程。只要这种暂停命令并非由于承包人违约或其他意外风险造成，承包人就可以得到要求延展工期的权利，还可以就其停工损失获得合理的额外费用补偿。

注：终止合同和暂停工程的意义是不同的。有些终止的合同是由于意外风险造成的损害十分严重，在双方无法控制的情况下，任何一方因受阻而不能履行其合同义务，不得不终止合同。这种终止合同可以通过双方讨论作出合理安排，承包人应得到合理的偿付。

另一种终止合同是“错误”引起的终止，例如业主认为承包人不能履约而终止合同，甚至驱逐该承包人。对于这种终止合同导致的后果，除了进行索赔外，有较大可能要卷入诉讼，承包人应求助于律师，并按法律程序解决争端。

7. 指定分包人违约或延误造成的索赔

发包人应与承包人、由发包人直接发包的专业工程的承包人签订施工现场统一管理协议，明确各方的权利与义务。

由于指定的分包人是业主通过另外的招标或其他方式确定的，并将这些分包人纳入承包人管理之下，因此可能会产生各种矛盾。有些指定的分包人可能在获得分包合同时与业主已达成某些契约，而这些契约同承包人与他自己的分包商间的契约有某些不同之处。因此，承包人不容易制约指定的分包人。

例如，关于付款问题，承包人规定只有在其从发包人那里获得工程款若干天后才给分包人付款，而指定的分包人可能在其另外的投标条件中规定了不同的付款条件；关于进度问题，指定的分包人不能与承包人的进度相协调；此外，还可能有关于工期、拖期罚款、保留金、维修缺陷责任等方面的问题。发包人在确定指定分包人时未同承包人协商达成一致意见，从而产生差异和矛盾。只要这些差异和矛盾能够成为合理的反对理由，承包人就可以拒绝接受指定的分包人为其分包商。否则发包人、承包人和指定的分包人将花费很多的时间来商定妥协方案。这种拒绝或妥协的反复磋商也许会造成工期的延误，承包人有权就此进行索赔。

8. 其他有关施工的索赔

施工过程中，还可能出现其他问题。常见的如分批提供施工详图导致的延误，或由承包人提供施工详图交监理人审批后方能施工，但其审批拖延所造成的延误，如果已影响网络计划中的关键节点，承包人可进行工期索赔或对延误导致的窝工损失以及后来监理人下令追赶进度的“赶工费”等进行索赔。

二、索赔的策略

工程索赔涉及面广，融技术、经济、法律为一体。要想索赔成功，必须要有强有力的、稳定的索赔团队，正确的索赔战略和机动灵活的索赔技巧是索赔取得成功的关键。

1. 组建强有力的、稳定的索赔团队

索赔是一项复杂、细致而艰巨的工作，组建一个知识全面、有丰富索赔经验、稳定的索赔团队从事索赔工作是索赔成功的首要条件。索赔团队的人员一定要稳定。索赔人员要有良好的素质，懂得索赔的战略和策略，工作要勤奋、务实，不好大喜功，头脑要清晰，思路要敏捷，懂逻辑，善推理，懂得搞好各方的公共关系，不仅各负其责，还要互相积极配合。索赔团队应由项目经理、合同法律专家、建造师、造价师、项目管理师、会计师、施工工程师和文秘公关人员组成。

2. 确定索赔目标

承包人的索赔目标是指承包人对索赔的基本要求，可对要达到的目标进行分解，按难易程度进行排序，并大致分析它们实现的可能性，从而确定最低目标和最高目标。

分析实现目标的风险，如能否抓住索赔机会，保证在索赔有效期内提出索赔；能否按期完成合同规定的工程量，执行发包人加速施工指令；能否保证工程质量，按期交付工作，在工程中出现失误后及时处理等。总之要注意对风险的防范，否则，就会影响索赔目标的实现。

3. 索赔对手分析

分析对方的兴趣和利益所在，让索赔在友好和谐的气氛中进行，处理好单项索赔和总索赔的关系。对于理由充分而重要的单项索赔应力争尽早解决，对于发包人坚持拖后解决的索赔，要按发包人意见认真积累有关资料，为总索赔准备充分的资料。需根据对方的利益所在，在不过多损害自己的利益的情况下作适当让步，打破问题的僵局。在责任分析方面要适当，在对方愿意接受索赔的情况下，就不要得理不饶人，否则反而达不到索赔目的。

4. 承包人的经营战略分析

承包人的经营战略直接制约着索赔的策略和计划，在分析发包人情况和工程所在地的情况以后，承包人应考虑有无可能与建设单位继续进行新的合作，是否在当地继续扩大业务，承包人与发包人之间的关系对在当地开展业务有何影响等。这些问题决定着承包人的索赔要求和解决方法。要注意索赔战略和对策的保密。

5. 相关关系分析

合理利用监理人、设计单位对发包人施加影响，取得他们的同情与支持，利用他们同发包人的微妙关系从中调解、调停，可能使索赔达到理想的效果。

6. 谈判过程分析

索赔一般最终在谈判桌上得到解决，索赔谈判是双方面对面的较量，一切索赔的计划和策略都在谈判桌上体现并接受检验，是索赔能否取得成功的关键。因此，在谈判之前要做好充分准备，对谈判的过程做好分析，如怎样保持谈判的友好和谐气氛，估计对方在谈判过程中会提什么问题，采取什么行动，我方应采取什么措施争取有利的时机等。因为索赔谈判是承包人要求发包人承认自己的索赔，承包人处于很不利的地位，如果谈判一开始就气氛紧张、情绪对立，有可能导致发包人拒绝谈判，使谈判旷日持久，这是最不利于解决索赔问题的。谈判应从发包人关心的议题入手，从发包人感兴趣的问题开谈，使谈判气氛保持友好和谐是很重要的。

谈判过程中要重事实、重证据，既要据理力争、坚持原则，又要适当让步、机动灵活，所谓索赔的“艺术”，在谈判桌上常常能得到充分的体现，所以，选择和组织好精明强干、有丰富的索赔知识及经验的谈判班子就显得极为重要。

三、索赔的技巧

索赔的技巧是为索赔的策略服务的，因此，在确定了索赔的策略之后，索赔技巧就显得格外重要，它是索赔策略的具体体现。索赔技巧因人、因客观环境条件而异。

1. 及早发现索赔机会

一个有经验的承包人，在投标报价时就应考虑将来可能发生索赔的问题。要仔细研究招标文件中的合同条款和规范，仔细查勘施工现场，探索索赔的机会，在报价时考虑索赔的需要。例如在进行单价分析时就应列入生产效率，把工程成本与投入资源的效率结合起来，这样，在施工过程中论证索赔原因时，可引用效率降低来论证。要论证效率降低，承包人应做好施工记录，记录好每天使用的设备、工时、材料和人工数量、完成的工程量和施工中遇到的问题。

在索赔谈判中，如果没有证明生产效率降低的资料，则很难说服监理人和发包人，索赔无取胜的可能。反而可能被认为，生产效率的降低是承包人施工组织不好，没有达到投标时承诺的效率，应采取措施提高效率，赶上工期。

2. 商签好合同协议

在商签合同的过程中，承包人应对明显把重大风险转嫁给承包人的合同条件提出修改的要求，修改达成的协议应以“谈判纪要”的形式写出，作为该合同文件的有效组成部分。特别要注意发包人开脱责任的条款，如：合同中不列索赔条款；拖期付款无时限、无利息；没有调价公式；发包人对某部分工程不够满意，即有权决定扣减工程款；发包人对不可预见的工程施工条件不承担责任等。如果这些问题在签订合同协议时不协商好，承包人就很难有索赔的机会。

3. 书面确认口头指令

监理人常常乐于发出口头指令。如果承包人不对监理人的口头指令予以书面确认就进行变更工程的施工，之后就有可能遇到有的监理人矢口否认，拒绝承包人的索赔要求的情况，使承包人有苦难言，索赔无证据。

4. 及时发出索赔通知书

一般合同会规定，索赔事件发生后的一定时间内，承包人必须送出索赔通知书，过期无效。

5. 索赔论证要充足

承包合同通常规定，承包人在发出索赔通知书后，每隔一定时间(28 天)，应报送一次证据资料，在索赔事件结束后的 28 天内报送总结性的索赔计算及索赔论证，提交索赔报告。索赔报告一定要令人信服，经得起推敲。

6. 索赔的金额与计价方法要适当

计算索赔金额时采用“附加成本法”容易被对方接受，因为这种方法只计算索赔事件引起的计划外的附加开支，计价项目具体，使经济索赔能较快得到解决。另外索赔金额不能过高，要价过高容易让对方产生反感，使索赔报告被束之高阁，长期得不到解决。还有可能让发包人准备周密的反索赔计划，以缜密的反索赔对付高额的索赔，使索赔工作更加复杂化。

7. 力争单项索赔，避免总索赔

单项索赔事件简单，容易解决，而且能及时得到支付。总索赔问题复杂，金额大，不易解决，往往到工程结束后还得不到付款。

8. 力争友好解决，防止对立情绪

索赔产生争端是难免的，如果出现争端时不能理智地协商、讨论问题，会使一些本来可以得到解决的问题悬而未决。承包人尤其要头脑冷静，防止产生对立情绪，力争友好解决争端。

专项实训：某工程施工索赔分析

1. 背景

承包人为某省建工集团工程公司(乙方)，于 2015 年 10 月 10 日与某学院(甲方)签订了新建 20000 m^2 综合教学楼的施工合同。乙方编制的施工方案和进度计划已获监理工程师的批准。该工程的基坑施工方案规定：土方工程租赁两台斗容量为 1 m^3 的反铲挖掘机施工。甲乙双方合同约定 2015 年 11 月 6 日开工，2017 年 7 月 6 日竣工。在实际施工中发生了如下几项事件：

(1) 2015 年 11 月 10 日，租赁的两台挖掘机有一台大修，致使承包人怠工 10 工日。承包人提出怠工损失人工费、机械闲置费等共计 3 万元。

(2) 2016 年 5 月 9 日，发包人供应的钢材经检验不合格，承包人等待钢材更换，使部分工程停工 20 天。承包人提出停工损失人工费、机械闲置费等共计 7 万元。

(3) 2016 年 7 月 10 日，发包人提出对原设计局部修改引起部分工程停工 15 天，承包人提出停工损失费 6 万元。

(4) 2017 年 7 月 28 日，该工程竣工验收通过。工程结算时，发包人提出扣除承包人延误工期 22 天的罚金。按该合同“每提前或推后工期一天，奖励或扣罚 5000 元”的条款规定，延误工期罚金共计 11 万元人民币。

2. 问题

(1) 简述工程施工索赔的程序。
(2) 承包人针对上述哪些事件可以向发包人要求索赔？哪些事件不可以要求索赔？
(3) 每项事件的工期索赔和费用索赔各是多少？
(4) 施工索赔成立的条件有哪些？

项目小结

FIDIC 施工合同条款是施工合同管理知识的重要内容之一。FIDIC 施工合同条款中关于指定承包人、合同价格的确定、合同争议的解决以及合同履行中涉及的一些时间概念，其具体含义与我国现行的施工合同示范文本相关内容有一定的区别，运用时一定注意区分。

建设工程施工索赔是合同执行过程中常常发生的受损方为保障权益而进行的一种行为。所以，施工过程中要注意熟悉合同内容，熟知自己的权利和义务，注意索赔的时限要求以及保留索赔证据，按照正常的程序进行索赔。

习题

一、选择题

1. 下列叙述哪一项不是施工索赔的理由？(　　)
   A. 发包人延误支付期限造成承包人的损失
   B. 非承包人的原因导致项目缺陷的修复所发生的损失或费用
   C. 非承包人的原因导致工程暂时停工
   D. 承包人工程管理不当造成费用增加
2. 承包人应在知道或应当知道索赔事件发生后(　　)天内，向监理人递交索赔意向通知书，并说明发生索赔事件的事由；承包人未在前述天内发出索赔意向通知书的，丧失要求追加付款和(或)延长工期的权利。
   A. 7　　　　B. 14　　　　C. 21　　　　D. 28
3. 索赔意向通知书不包括以下内容：(　　)。
   A. 事件发生的时间和情况的简单描述
   B. 合同依据的条款和理由
   C. 对工程成本和工期产生的不利影响的严重程度，以期引起监理人(发包人)的注意
   D. 表明索赔工期及索赔金额
4. (不定项选择)索赔报告编制应注意(　　)。
   A. 索赔事件要真实、证据确凿，令对方无可推卸和辩驳
   B. 计算索赔款项和工期要合理、准确，易于对方接受
   C. 责任分析清楚，必须明确对方负有的责任，不可使用含糊不清的词语

D. 明确承包人为避免和减轻事件的影响和损失而做的努力，从而使对方更易于接受
E. 阐述表明干扰事件与索赔（费用、工期）有直接的因果关系

二、思考题

1. 什么是施工索赔？
2. 发生索赔的原因有哪些？
3. 索赔的分类有哪些？
4. 简述索赔的程序。
5. 索赔报告的基本内容有哪些？
6. 常见的索赔证据有哪些？
7. 索赔的技巧有哪些？

附　　录

附录 A　中华人民共和国招标投标法

（1999 年 8 月 30 日第九届全国人民代表大会常务委员会第十一次会议通过，2017 年 12 月 27 日第十二届全国人民代表大会常务委员会第三十一次会议修订，自 2017 年 12 月 28 日起施行。）

第一章　总　　则

第一条　为了规范招标投标活动，保护国家利益、社会公共利益和招标投标活动当事人的合法权益，提高经济效益，保证项目质量，制定本法。

第二条　在中华人民共和国境内进行招标投标活动，适用本法。

第三条　在中华人民共和国境内进行下列工程建设项目包括项目的勘察、设计、施工、监理以及与工程建设有关的重要设备、材料等的采购，必须进行招标：

（一）大型基础设施、公用事业等关系社会公共利益、公众安全的项目；

（二）全部或者部分使用国有资金投资或者国家融资的项目；

（三）使用国际组织或者外国政府贷款、援助资金的项目。

前款所列项目的具体范围和规模标准，由国务院发展计划部门会同国务院有关部门制订，报国务院批准。

法律或者国务院对必须进行招标的其他项目的范围有规定的，依照其规定。

第四条　任何单位和个人不得将依法必须进行招标的项目化整为零或者以其他任何方式规避招标。

第五条　招标投标活动应当遵循公开、公平、公正和诚实信用的原则。

第六条　依法必须进行招标的项目，其招标投标活动不受地区或者部门的限制。任何单位和个人不得违法限制或者排斥本地区、本系统以外的法人或者其他组织参加投标，不得以任何方式非法干涉招标投标活动。

第七条　招标投标活动及其当事人应当接受依法实施的监督。

有关行政监督部门依法对招标投标活动实施监督，依法查处招标投标活动中的违法行为。

对招标投标活动的行政监督及有关部门的具体职权划分，由国务院规定。

第二章　招　　标

第八条　招标人是依照本法规定提出招标项目、进行招标的法人或者其他组织。

第九条　招标项目按照国家有关规定需要履行项目审批手续的，应当先履行审批手续，取得批准。

招标人应当有进行招标项目的相应资金或者资金来源已经落实，并应当在招标文件中如实载明。

第十条 招标分为公开招标和邀请招标。

公开招标，是指招标人以招标公告的方式邀请不特定的法人或者其他组织投标。

邀请招标，是指招标人以投标邀请书的方式邀请特定的法人或者其他组织投标。

第十一条 国务院发展计划部门确定的国家重点项目和省、自治区、直辖市人民政府确定的地方重点项目不适宜公开招标的，经国务院发展计划部门或者省、自治区、直辖市人民政府批准，可以进行邀请招标。

第十二条 招标人有权自行选择招标代理机构，委托其办理招标事宜。任何单位和个人不得以任何方式为招标人指定招标代理机构。

招标人具有编制招标文件和组织评标能力的，可以自行办理招标事宜。任何单位和个人不得强制其委托招标代理机构办理招标事宜。

依法必须进行招标的项目，招标人自行办理招标事宜的，应当向有关行政监督部门备案。

第十三条 招标代理机构是依法设立、从事招标代理业务并提供相关服务的社会中介组织。

招标代理机构应当具备下列条件：

(一)有从事招标代理业务的营业场所和相应资金；

(二)有能够编制招标文件和组织评标的相应专业力量。

第十四条 招标代理机构与行政机关和其他国家机关不得存在隶属关系或者其他利益关系。

第十五条 招标代理机构应当在招标人委托的范围内办理招标事宜，并遵守本法关于招标人的规定。

第十六条 招标人采用公开招标方式的，应当发布招标公告。依法必须进行招标的项目的招标公告，应当通过国家指定的报刊、信息网络或者其他媒介发布。

招标公告应当载明招标人的名称和地址、招标项目的性质、数量、实施地点和时间以及获取招标文件的办法等事项。

第十七条 招标人采用邀请招标方式的，应当向三个以上具备承担招标项目的能力、资信良好的特定的法人或者其他组织发出投标邀请书。

投标邀请书应当载明本法第十六条第二款规定的事项。

第十八条 招标人可以根据招标项目本身的要求，在招标公告或者投标邀请书中，要求潜在投标人提供有关资质证明文件和业绩情况，并对潜在投标人进行资格审查；国家对投标人的资格条件有规定的，依照其规定。

招标人不得以不合理的条件限制或者排斥潜在投标人，不得对潜在投标人实行歧视待遇。

第十九条 招标人应当根据招标项目的特点和需要编制招标文件。招标文件应当包括招标项目的技术要求、对投标人资格审查的标准、投标报价要求和评标标准等所有实质性要求和条件以及拟签订合同的主要条款。

国家对招标项目的技术、标准有规定的，招标人应当按照其规定在招标文件中提出相应要求。

招标项目需要划分标段、确定工期的，招标人应当合理划分标段、确定工期，并在招标文件中载明。

第二十条 招标文件不得要求或者标明特定的生产供应者以及含有倾向或者排斥潜在投标人的其他内容。

第二十一条 招标人根据招标项目的具体情况，可以组织潜在投标人踏勘项目现场。

第二十二条 招标人不得向他人透露已获取招标文件的潜在投标人的名称、数量以及可能影响公平竞争的有关招标投标的其他情况。

招标人设有标底的，标底必须保密。

第二十三条 招标人对已发出的招标文件进行必要的澄清或者修改的，应当在招标文件要求提交投标文件截止时间至少十五日前，以书面形式通知所有招标文件收受人。该澄清或者修改的内容为招标文件的组成部分。

第二十四条 招标人应当确定投标人编制投标文件所需要的合理时间；但是，依法必须进行招标的项目，自招标文件开始发出之日起至投标人提交投标文件截止之日止，最短不得少于二十日。

第三章 投 标

第二十五条 投标人是响应招标、参加投标竞争的法人或者其他组织。

依法招标的科研项目允许个人参加投标的，投标的个人适用本法有关投标人的规定。

第二十六条 投标人应当具备承担招标项目的能力；国家有关规定对投标人资格条件或者招标文件对投标人资格条件有规定的，投标人应当具备规定的资格条件。

第二十七条 投标人应当按照招标文件的要求编制投标文件。投标文件应当对招标文件提出的实质性要求和条件作出响应。

招标项目属于建设施工的，投标文件的内容应当包括拟派出的项目负责人与主要技术人员的简历、业绩和拟用于完成招标项目的机械设备等。

第二十八条 投标人应当在招标文件要求提交投标文件的截止时间前，将投标文件送达投标地点。招标人收到投标文件后，应当签收保存，不得开启。投标人少于三个的，招标人应当依照本法重新招标。

在招标文件要求提交投标文件的截止时间后送达的投标文件，招标人应当拒收。

第二十九条 投标人在招标文件要求提交投标文件的截止时间前，可以补充、修改或者撤回已提交的投标文件，并书面通知招标人。补充、修改的内容为投标文件的组成部分。

第三十条 投标人根据招标文件载明的项目实际情况，拟在中标后将中标项目的部分非主体、非关键性工作进行分包的，应当在投标文件中载明。

第三十一条 两个以上法人或者其他组织可以组成一个联合体，以一个投标人的身份共同投标。

联合体各方均应当具备承担招标项目的相应能力；国家有关规定或者招标文件对投标人资格条件有规定的，联合体各方均应当具备规定的相应资格条件。由同一专业的单位组成的联合体，按照资质等级较低的单位确定资质等级。

联合体各方应当签订共同投标协议，明确约定各方拟承担的工作和责任，并将共同投标协议连同投标文件一并提交招标人。联合体中标的，联合体各方应当共同与招标人签订合同，就中标项目向招标人承担连带责任。

招标人不得强制投标人组成联合体共同投标，不得限制投标人之间的竞争。

第三十二条 投标人不得相互串通投标报价，不得排挤其他投标人的公平竞争，损害招标人或者其他投标人的合法权益。

投标人不得与招标人串通投标，损害国家利益、社会公共利益或者他人的合法权益。

禁止投标人以向招标人或者评标委员会成员行贿的手段谋取中标。

第三十三条 投标人不得以低于成本的报价竞标，也不得以他人名义投标或者以其他方式弄虚作假，骗取中标。

第四章 开标、评标和中标

第三十四条 开标应当在招标文件确定的提交投标文件截止时间的同一时间公开进行；开标地点应当为招标文件中预先确定的地点。

第三十五条 开标由招标人主持，邀请所有投标人参加。

第三十六条 开标时，由投标人或者其推选的代表检查投标文件的密封情况，也可以由招标人委托的公证机构检查并公证；经确认无误后，由工作人员当众拆封，宣读投标人名称、投标价格和投标文件的其他主要内容。

招标人在招标文件要求提交投标文件的截止时间前收到的所有投标文件，开标时都应当当众予以拆封、宣读。

开标过程应当记录，并存档备查。

第三十七条 评标由招标人依法组建的评标委员会负责。

依法必须进行招标的项目，其评标委员会由招标人的代表和有关技术、经济等方面的专家组成，成员人数为五人以上单数，其中技术、经济等方面的专家不得少于成员总数的三分之二。

前款专家应当从事相关领域工作满八年并具有高级职称或者具有同等专业水平，由招标人从国务院有关部门或者省、自治区、直辖市人民政府有关部门提供的专家名册或者招标代理机构的专家库内的相关专业的专家名单中确定；一般招标项目可以采取随机抽取方式，特殊招标项目可以由招标人直接确定。

与投标人有利害关系的人不得进入相关项目的评标委员会；已经进入的应当更换。

评标委员会成员的名单在中标结果确定前应当保密。

第三十八条 招标人应当采取必要的措施，保证评标在严格保密的情况下进行。

任何单位和个人不得非法干预、影响评标的过程和结果。

第三十九条 评标委员会可以要求投标人对投标文件中含义不明确的内容作必要的澄清或者说明，但是澄清或者说明不得超出投标文件的范围或者改变投标文件的实质性内容。

第四十条 评标委员会应当按照招标文件确定的评标标准和方法，对投标文件进行评审和比较；设有标底的，应当参考标底。评标委员会完成评标后，应当向招标人提出书面评标报告，并推荐合格的中标候选人。

招标人根据评标委员会提出的书面评标报告和推荐的中标候选人确定中标人。招标人也可以授权评标委员会直接确定中标人。

国务院对特定招标项目的评标有特别规定的，从其规定。

第四十一条 中标人的投标应当符合下列条件之一：

（一）能够最大限度地满足招标文件中规定的各项综合评价标准；

（二）能够满足招标文件的实质性要求，并且经评审的投标价格最低；但是投标价格低于成本的除外。

第四十二条 评标委员会经评审，认为所有投标都不符合招标文件要求的，可以否决所有投标。

依法必须进行招标的项目的所有投标被否决的，招标人应当依照本法重新招标。

第四十三条 在确定中标人前，招标人不得与投标人就投标价格、投标方案等实质性内容进行谈判。

第四十四条 评标委员会成员应当客观、公正地履行职务，遵守职业道德，对所提出的评审意见承担个人责任。

评标委员会成员不得私下接触投标人，不得收受投标人的财物或者其他好处。

评标委员会成员和参与评标的有关工作人员不得透露对投标文件的评审和比较、中标候选人的推荐情况以及与评标有关的其他情况。

第四十五条 中标人确定后，招标人应当向中标人发出中标通知书，并同时将中标结果通知所有未中标的投标人。

中标通知书对招标人和中标人具有法律效力。中标通知书发出后，招标人改变中标结果的，或者中标人放弃中标项目的，应当依法承担法律责任。

第四十六条 招标人和中标人应当自中标通知书发出之日起三十日内，按照招标文件和中标人的投标文件订立书面合同。招标人和中标人不得再行订立背离合同实质性内容的其他协议。

招标文件要求中标人提交履约保证金的，中标人应当提交。

第四十七条 依法必须进行招标的项目，招标人应当自确定中标人之日起十五日内，向有关行政监督部门提交招标投标情况的书面报告。

第四十八条 中标人应当按照合同约定履行义务，完成中标项目。中标人不得向他人转让中标项目，也不得将中标项目肢解后分别向他人转让。

中标人按照合同约定或者经招标人同意，可以将中标项目的部分非主体、非关键性工作分包给他人完成。接受分包的人应当具备相应的资格条件，并不得再次分包。

中标人应当就分包项目向招标人负责，接受分包的人就分包项目承担连带责任。

第五章 法律责任

第四十九条 违反本法规定，必须进行招标的项目而不招标的，将必须进行招标的项目化整为零或者以其他任何方式规避招标的，责令限期改正，可以处项目合同金额千分之五以上千分之十以下的罚款；对全部或者部分使用国有资金的项目，可以暂停项目执行或者暂停资金拨付；对单位直接负责的主管人员和其他直接责任人员依法给予处分。

第五十条 招标代理机构违反本法规定，泄露应当保密的与招标投标活动有关的情况和资料的，或者与招标人、投标人串通损害国家利益、社会公共利益或者他人合法权益的，处五万元以上二十五万元以下的罚款，对单位直接负责的主管人员和其他直接责任人员处单位罚款数额百分之五以上百分之十以下的罚款；有违法所得的，并处没收违法所得；情节严重的，禁止其一年至二年内代理依法必须进行招标的项目并予以公告，直至由工商行政管理机关吊销营业执照；构成犯罪的，依法追究刑事责任。给他人造成损失的，依法承担赔偿责任。

前款所列行为影响中标结果的，中标无效。

第五十一条 招标人以不合理的条件限制或者排斥潜在投标人的，对潜在投标人实行歧视待遇的，强制要求投标人组成联合体共同投标的，或者限制投标人之间竞争的，责令改正，可以处一万元以上五万元以下的罚款。

第五十二条 依法必须进行招标的项目的招标人向他人透露已获取招标文件的潜在投

标人的名称、数量或者可能影响公平竞争的有关招标投标的其他情况的，或者泄露标底的，给予警告，可以并处一万元以上十万元以下的罚款；对单位直接负责的主管人员和其他直接责任人员依法给予处分；构成犯罪的，依法追究刑事责任。

前款所列行为影响中标结果的，中标无效。

第五十三条 投标人相互串通投标或者与招标人串通投标的，投标人以向招标人或者评标委员会成员行贿的手段谋取中标的，中标无效，处中标项目金额千分之五以上千分之十以下的罚款，对单位直接负责的主管人员和其他直接责任人员处单位罚款数额百分之五以上百分之十以下的罚款；有违法所得的，并处没收违法所得；情节严重的，取消其一年至二年内参加依法必须进行招标的项目的投标资格并予以公告，直至由工商行政管理机关吊销营业执照；构成犯罪的，依法追究刑事责任。给他人造成损失的，依法承担赔偿责任。

第五十四条 投标人以他人名义投标或者以其他方式弄虚作假，骗取中标的，中标无效，给招标人造成损失的，依法承担赔偿责任；构成犯罪的，依法追究刑事责任。

依法必须进行招标的项目的投标人有前款所列行为尚未构成犯罪的，处中标项目金额千分之五以上千分之十以下的罚对单位直接负责的主管人员和其他直接责任人员处单位罚款数额百分之五以上至百分之十以下的罚款；有违法所得的，并处没收违法所得；情节严重的，取消其一年至三年内参加依法必须进行招标的项目的投标资格并予以公告，直至由工商行政管理机关吊销营业执照。

第五十五条 依法必须进行招标的项目，招标人违反本法规定，与投标人就投标价格、投标方案等实质性内容进行谈判的，给予警告，对单位直接负责的主管人员和其他直接责任人员依法给予处分。

前款所列行为影响中标结果的，中标无效。

第五十六条 评标委员会成员收受投标人的财物或者其他好处的，评标委员会成员或者参加评标的有关工作人员向他人透露对投标文件的评审和比较、中标候选人的推荐以及与评标有关的其他情况的，给予警告，没收收受的财物，可以并处三千元以上五万元以下的罚款，对有所列违法行为的评标委员会成员取消担任评标委员会成员的资格，不得再参加任何依法必须进行招标的项目的评标；构成犯罪的，依法追究刑事责任。

第五十七条 招标人在评标委员会依法推荐的中标候选人以外确定中标人的，依法必须进行招标的项目在所有投标被评标委员会否决后自行确定中标人的，中标无效。责令改正，可以处中标项目金额千分之五以上千分之十以下的罚款；对单位直接负责的主管人员和其他直接责任人员依法给予处分。

第五十八条 中标人将中标项目转让给他人的，将中标项目肢解后分别转让给他人的，违反本法规定将中标项目的部分主体、关键性工作分包给他人的，或者分包人再次分包的，转让、分包无效，处转让、分包项目金额千分之五以上千分之十以下的罚款；有违法所得的，并处没收违法所得；可以责令停业整顿；情节严重的，由工商行政管理机关吊销营业执照。

第五十九条 招标人与中标人不按照招标文件和中标人的投标文件订立合同的，或者招标人、中标人订立背离合同实质性内容的协议的，责令改正；可以处中标项目金额千分之五以上千分之十以下的罚款。

第六十条 中标人不履行与招标人订立的合同的，履约保证金不予退还，给招标人造成的损失超过履约保证金数额的，还应当对超过部分予以赔偿；没有提交履约保证金的，应当对招标人的损失承担赔偿责任。

中标人不按照与招标人订立的合同履行义务，情节较为严重的，取消其二年至五年内参加依法必须进行招标的项目的投标资格并予以公告，直至由工商行政管理机关吊销营业执照。

因不可抗力不能履行合同的，不适用前两款规定。

第六十一条 本章规定的行政处罚，由国务院规定的有关行政监督部门决定。本法已对实施行政处罚的机关作出规定的除外。

第六十二条 任何单位违反本法规定，限制或者排斥本地区、本系统以外的法人或者其他组织参加投标的，为招标人指定招标代理机构的，强制招标人委托招标代理机构办理招标事宜的，或者以其他方式干涉招标投标活动的，责令改正；对单位直接负责的主管人员和其他直接责任人员依法给予警告、记过、记大过的处分，情节较重的，依法给予降级、撤职、开除的处分。

个人利用职权进行前款违法行为的，依照前款规定追究责任。

第六十三条 对招标投标活动依法负有行政监督职责的国家机关工作人员徇私舞弊、滥用职权或者玩忽职守，构成犯罪的，依法追究刑事责任；不构成犯罪的，依法给予行政处分。

第六十四条 依法必须进行招标的项目违反本法规定，中标无效的，应当依照本法规定的中标条件从其余投标人中重新确定中标人或者依照本法重新进行招标。

第六章 附 则

第六十五条 投标人和其他利害关系人认为招标投标活动不符合本法有关规定的，有权向招标人提出异议或者依法向有关行政监督部门投诉。

第六十六条 涉及国家安全、国家秘密、抢险救灾或者属于利用扶贫资金实行以工代赈、需要使用农民工等特殊情况，不适宜进行招标的项目，按照国家有关规定可以不进行招标。

第六十七条 使用国际组织或者外国政府贷款、援助资金的项目进行招标，贷款方、资金提供方对招标投标的具体条件和程序有不同规定的，可以适用其规定，但违背中华人民共和国的社会公共利益的除外。

第六十八条 本法自 2000 年 1 月 1 日起施行。

附录B 中华人民共和国招标投标法实施条例

（2011年12月20日中华人民共和国国务院令第613号公布，自2012年2月1日起施行。根据2017年3月1日、2018年3月19日《国务院关于修改和废止部分行政法规的决定》执行了第一次、第二次修订，根据2019年3月2日《国务院关于修改和废止部分行政法规的决定》进行了第三次修订）

第一章 总 则

第一条 为了规范招标投标活动，根据《中华人民共和国招标投标法》（以下简称招标投标法），制定本条例。

第二条 招标投标法第三条所称工程建设项目，是指工程以及与工程建设有关的货物、服务。

前款所称工程，是指建设工程，包括建筑物和构筑物的新建、改建、扩建及其相关的装修、拆除、修缮等；所称与工程建设有关的货物，是指构成工程不可分割的组成部分，且为实现工程基本功能所必需的设备、材料等；所称与工程建设有关的服务，是指为完成工程所需的勘察、设计、监理等服务。

第三条 依法必须进行招标的工程建设项目的具体范围和规模标准，由国务院发展改革部门会同国务院有关部门制订，报国务院批准后公布施行。

第四条 国务院发展改革部门指导和协调全国招标投标工作，对国家重大建设项目的工程招标投标活动实施监督检查。国务院工业和信息化、住房城乡建设、交通运输、铁道、水利、商务等部门，按照规定的职责分工对有关招标投标活动实施监督。

县级以上地方人民政府发展改革部门指导和协调本行政区域的招标投标工作。县级以上地方人民政府有关部门按照规定的职责分工，对招标投标活动实施监督，依法查处招标投标活动中的违法行为。县级以上地方人民政府对其所属部门有关招标投标活动的监督职责分工另有规定的，从其规定。

财政部门依法对实行招标投标的政府采购工程建设项目的预算执行情况和政府采购政策执行情况实施监督。

监察机关依法对与招标投标活动有关的监察对象实施监察。

第五条 设区的市级以上地方人民政府可以根据实际需要，建立统一规范的招标投标交易场所，为招标投标活动提供服务。招标投标交易场所不得与行政监督部门存在隶属关系，不得以营利为目的。

国家鼓励利用信息网络进行电子招标投标。

第六条 禁止国家工作人员以任何方式非法干涉招标投标活动。

第二章 招 标

第七条 按照国家有关规定需要履行项目审批、核准手续的依法必须进行招标的项目，其招标范围、招标方式、招标组织形式应当报项目审批、核准部门审批、核准。项目审批、核准部门应当及时将审批、核准确定的招标范围、招标方式、招标组织形式通报有关行政监督部门。

第八条 国有资金占控股或者主导地位的依法必须进行招标的项目，应当公开招标；但有下列情形之一的，可以邀请招标：

（一）技术复杂、有特殊要求或者受自然环境限制，只有少量潜在投标人可供选择；

（二）采用公开招标方式的费用占项目合同金额的比例过大。

有前款第二项所列情形，属于本条例第七条规定的项目，由项目审批、核准部门在审批、核准项目时作出认定；其他项目由招标人申请有关行政监督部门作出认定。

第九条 除招标投标法第六十六条规定的可以不进行招标的特殊情况外，有下列情形之一的，可以不进行招标：

（一）需要采用不可替代的专利或者专有技术；

（二）采购人依法能够自行建设、生产或者提供；

（三）已通过招标方式选定的特许经营项目投资人依法能够自行建设、生产或者提供；

（四）需要向原中标人采购工程、货物或者服务，否则将影响施工或者功能配套要求；

（五）国家规定的其他特殊情形。

招标人为适用前款规定弄虚作假的，属于招标投标法第四条规定的规避招标。

第十条 招标投标法第十二条第二款规定的招标人具有编制招标文件和组织评标能力，是指招标人具有与招标项目规模和复杂程度相适应的技术、经济等方面的专业人员。

第十一条 国务院住房城乡建设、商务、发展改革、工业和信息化等部门，按照规定的职责分工对招标代理机构依法实施监督管理。

第十二条 招标代理机构应当拥有一定数量的具备编制招标文件、组织评标等相应能力的专业人员。

第十三条 招标代理机构在招标人委托的范围内开展招标代理业务，任何单位和个人不得非法干涉。

招标代理机构代理招标业务，应当遵守招标投标法和本条例关于招标人的规定。招标代理机构不得在所代理的招标项目中投标或者代理投标，也不得为所代理的招标项目的投标人提供咨询。

第十四条 招标人应当与被委托的招标代理机构签订书面委托合同，合同约定的收费标准应当符合国家有关规定。

第十五条 公开招标的项目，应当依照招标投标法和本条例的规定发布招标公告、编制招标文件。

招标人采用资格预审办法对潜在投标人进行资格审查的，应当发布资格预审公告、编制资格预审文件。

依法必须进行招标的项目的资格预审公告和招标公告，应当在国务院发展改革部门依法指定的媒介发布。在不同媒介发布的同一招标项目的资格预审公告或者招标公告的内容应当一致。指定媒介发布依法必须进行招标的项目的境内资格预审公告、招标公告，不得收取费用。

编制依法必须进行招标的项目的资格预审文件和招标文件，应当使用国务院发展改革部门会同有关行政监督部门制定的标准文本。

第十六条 招标人应当按照资格预审公告、招标公告或者投标邀请书规定的时间、地点发售资格预审文件或者招标文件。资格预审文件或者招标文件的发售期不得少于5日。

招标人发售资格预审文件、招标文件收取的费用应当限于补偿印刷、邮寄的成本支出，不得以营利为目的。

第十七条 招标人应当合理确定提交资格预审申请文件的时间。依法必须进行招标的项目提交资格预审申请文件的时间，自资格预审文件停止发售之日起不得少于5日。

第十八条 资格预审应当按照资格预审文件载明的标准和方法进行。

国有资金占控股或者主导地位的依法必须进行招标的项目，招标人应当组建资格审查委员会审查资格预审申请文件。资格审查委员会及其成员应当遵守招标投标法和本条例有关评标委员会及其成员的规定。

第十九条 资格预审结束后，招标人应当及时向资格预审申请人发出资格预审结果通知书。未通过资格预审的申请人不具有投标资格。

通过资格预审的申请人少于3个的，应当重新招标。

第二十条 招标人采用资格后审办法对投标人进行资格审查的，应当在开标后由评标委员会按照招标文件规定的标准和方法对投标人的资格进行审查。

第二十一条 招标人可以对已发出的资格预审文件或者招标文件进行必要的澄清或者修改。澄清或者修改的内容可能影响资格预审申请文件或者投标文件编制的，招标人应当在提交资格预审申请文件截止时间至少3日前，或者投标截止时间至少15日前，以书面形式通知所有获取资格预审文件或者招标文件的潜在投标人；不足3日或者15日的，招标人应当顺延提交资格预审申请文件或者投标文件的截止时间。

第二十二条 潜在投标人或者其他利害关系人对资格预审文件有异议的，应当在提交资格预审申请文件截止时间2日前提出；对招标文件有异议的，应当在投标截止时间10日前提出。招标人应当自收到异议之日起3日内作出答复；作出答复前，应当暂停招标投标活动。

第二十三条 招标人编制的资格预审文件、招标文件的内容违反法律、行政法规的强制性规定，违反公开、公平、公正和诚实信用原则，影响资格预审结果或者潜在投标人投标的，依法必须进行招标的项目的招标人应当在修改资格预审文件或者招标文件后重新招标。

第二十四条 招标人对招标项目划分标段的，应当遵守招标投标法的有关规定，不得利用划分标段限制或者排斥潜在投标人。依法必须进行招标的项目的招标人不得利用划分标段规避招标。

第二十五条 招标人应当在招标文件中载明投标有效期。投标有效期从提交投标文件的截止之日起算。

第二十六条 招标人在招标文件中要求投标人提交投标保证金的，投标保证金不得超过招标项目估算价的2%。投标保证金有效期应当与投标有效期一致。

依法必须进行招标的项目的境内投标单位，以现金或者支票形式提交的投标保证金应当从其基本账户转出。

招标人不得挪用投标保证金。

第二十七条 招标人可以自行决定是否编制标底。一个招标项目只能有一个标底。标底必须保密。

接受委托编制标底的中介机构不得参加受托编制标底项目的投标，也不得为该项目的投标人编制投标文件或者提供咨询。

招标人设有最高投标限价的，应当在招标文件中明确最高投标限价或者最高投标限价的计算方法。招标人不得规定最低投标限价。

第二十八条 招标人不得组织单个或者部分潜在投标人踏勘项目现场。

第二十九条 招标人可以依法对工程以及与工程建设有关的货物、服务全部或者部分实行总承包招标。以暂估价形式包括在总承包范围内的工程、货物、服务属于依法必须进行招标的项目范围且达到国家规定规模标准的，应当依法进行招标。

前款所称暂估价，是指总承包招标时不能确定价格而由招标人在招标文件中暂时估定的工程、货物、服务的金额。

第三十条 对技术复杂或者无法精确拟定技术规格的项目，招标人可以分两阶段进行招标。

第一阶段，投标人按照招标公告或者投标邀请书的要求提交不带报价的技术建议，招标人根据投标人提交的技术建议确定技术标准和要求，编制招标文件。

第二阶段，招标人向在第一阶段提交技术建议的投标人提供招标文件，投标人按照招标文件的要求提交包括最终技术方案和投标报价的投标文件。

招标人要求投标人提交投标保证金的，应当在第二阶段提出。

第三十一条 招标人终止招标的，应当及时发布公告，或者以书面形式通知被邀请的或者已经获取资格预审文件、招标文件的潜在投标人。已经发售资格预审文件、招标文件或者已经收取投标保证金的，招标人应当及时退还所收取的资格预审文件、招标文件的费用，以及所收取的投标保证金及银行同期存款利息。

第三十二条 招标人不得以不合理的条件限制、排斥潜在投标人或者投标人。

招标人有下列行为之一的，属于以不合理条件限制、排斥潜在投标人或者投标人：

（一）就同一招标项目向潜在投标人或者投标人提供有差别的项目信息；

（二）设定的资格、技术、商务条件与招标项目的具体特点和实际需要不相适应或者与合同履行无关；

（三）依法必须进行招标的项目以特定行政区域或者特定行业的业绩、奖项作为加分条件或者中标条件；

（四）对潜在投标人或者投标人采取不同的资格审查或者评标标准；

（五）限定或者指定特定的专利、商标、品牌、原产地或者供应商；

（六）依法必须进行招标的项目非法限定潜在投标人或者投标人的所有制形式或者组织形式；

（七）以其他不合理条件限制、排斥潜在投标人或者投标人。

第三章　投　　标

第三十三条 投标人参加依法必须进行招标的项目的投标，不受地区或者部门的限制，任何单位和个人不得非法干涉。

第三十四条 与招标人存在利害关系可能影响招标公正性的法人、其他组织或者个人，不得参加投标。

单位负责人为同一人或者存在控股、管理关系的不同单位，不得参加同一标段投标或者未划分标段的同一招标项目投标。

违反前两款规定的，相关投标均无效。

第三十五条 投标人撤回已提交的投标文件，应当在投标截止时间前书面通知招标人。招标人已收取投标保证金的，应当自收到投标人书面撤回通知之日起 5 日内退还。

投标截止后投标人撤销投标文件的，招标人可以不退还投标保证金。

第三十六条 未通过资格预审的申请人提交的投标文件，以及逾期送达或者不按照招标文件要求密封的投标文件，招标人应当拒收。

招标人应当如实记载投标文件的送达时间和密封情况，并存档备查。

第三十七条 招标人应当在资格预审公告、招标公告或者投标邀请书中载明是否接受联合体投标。

招标人接受联合体投标并进行资格预审的，联合体应当在提交资格预审申请文件前组成。资格预审后联合体增减、更换成员的，其投标无效。

联合体各方在同一招标项目中以自己名义单独投标或者参加其他联合体投标的，相关投标均无效。

第三十八条 投标人发生合并、分立、破产等重大变化的，应当及时书面告知招标人。投标人不再具备资格预审文件、招标文件规定的资格条件或者其投标影响招标公正性的，其投标无效。

第三十九条 禁止投标人相互串通投标。

有下列情形之一的，属于投标人相互串通投标：

（一）投标人之间协商投标报价等投标文件的实质性内容；

（二）投标人之间约定中标人；

（三）投标人之间约定部分投标人放弃投标或者中标；

（四）属于同一集团、协会、商会等组织成员的投标人按照该组织要求协同投标；

（五）投标人之间为谋取中标或者排斥特定投标人而采取的其他联合行动。

第四十条 有下列情形之一的，视为投标人相互串通投标：

（一）不同投标人的投标文件由同一单位或者个人编制；

（二）不同投标人委托同一单位或者个人办理投标事宜；

（三）不同投标人的投标文件载明的项目管理成员为同一人；

（四）不同投标人的投标文件异常一致或者投标报价呈规律性差异；

（五）不同投标人的投标文件相互混装；

（六）不同投标人的投标保证金从同一单位或者个人的账户转出。

第四十一条 禁止招标人与投标人串通投标。

有下列情形之一的，属于招标人与投标人串通投标：

（一）招标人在开标前开启投标文件并将有关信息泄露给其他投标人；

（二）招标人直接或者间接向投标人泄露标底、评标委员会成员等信息；

（三）招标人明示或者暗示投标人压低或者抬高投标报价；

（四）招标人授意投标人撤换、修改投标文件；

（五）招标人明示或者暗示投标人为特定投标人中标提供方便；

（六）招标人与投标人为谋求特定投标人中标而采取的其他串通行为。

第四十二条 使用通过受让或者租借等方式获取的资格、资质证书投标的，属于招标投标法第三十三条规定的以他人名义投标。

投标人有下列情形之一的，属于招标投标法第三十三条规定的以其他方式弄虚作假的行为：

（一）使用伪造、变造的许可证件；

（二）提供虚假的财务状况或者业绩；

（三）提供虚假的项目负责人或者主要技术人员简历、劳动关系证明；

（四）提供虚假的信用状况；

（五）其他弄虚作假的行为。

第四十三条 提交资格预审申请文件的申请人应当遵守招标投标法和本条例有关投标人的规定。

第四章 开标、评标和中标

第四十四条 招标人应当按照招标文件规定的时间、地点开标。

投标人少于3个的，不得开标；招标人应当重新招标。

投标人对开标有异议的，应当在开标现场提出，招标人应当当场作出答复，并制作记录。

第四十五条 国家实行统一的评标专家专业分类标准和管理办法。具体标准和办法由国务院发展改革部门会同国务院有关部门制定。

省级人民政府和国务院有关部门应当组建综合评标专家库。

第四十六条 除招标投标法第三十七条第三款规定的特殊招标项目外，依法必须进行招标的项目，其评标委员会的专家成员应当从评标专家库内相关专业的专家名单中以随机抽取方式确定。任何单位和个人不得以明示、暗示等任何方式指定或者变相指定参加评标委员会的专家成员。

依法必须进行招标的项目的招标人非因招标投标法和本条例规定的事由，不得更换依法确定的评标委员会成员。更换评标委员会的专家成员应当依照前款规定进行。

评标委员会成员与投标人有利害关系的，应当主动回避。

有关行政监督部门应当按照规定的职责分工，对评标委员会成员的确定方式、评标专家的抽取和评标活动进行监督。行政监督部门的工作人员不得担任本部门负责监督项目的评标委员会成员。

第四十七条 招标投标法第三十七条第三款所称特殊招标项目，是指技术复杂、专业性强或者国家有特殊要求，采取随机抽取方式确定的专家难以保证胜任评标工作的项目。

第四十八条 招标人应当向评标委员会提供评标所必需的信息，但不得明示或者暗示其倾向或者排斥特定投标人。

招标人应当根据项目规模和技术复杂程度等因素合理确定评标时间。超过三分之一的评标委员会成员认为评标时间不够的，招标人应当适当延长。

评标过程中，评标委员会成员有回避事由、擅离职守或者因健康等原因不能继续评标的，应当及时更换。被更换的评标委员会成员作出的评审结论无效，由更换后的评标委员会成员重新进行评审。

第四十九条 评标委员会成员应当依照招标投标法和本条例的规定，按照招标文件规定的评标标准和方法，客观、公正地对投标文件提出评审意见。招标文件没有规定的评标标准和方法不得作为评标的依据。

评标委员会成员不得私下接触投标人，不得收受投标人给予的财物或者其他好处，不得向招标人征询确定中标人的意向，不得接受任何单位或者个人明示或者暗示提出的倾向或者排斥特定投标人的要求，不得有其他不客观、不公正履行职务的行为。

第五十条 招标项目设有标底的，招标人应当在开标时公布。标底只能作为评标的参考，不得以投标报价是否接近标底作为中标条件，也不得以投标报价超过标底上下浮动范围作为否决投标的条件。

第五十一条 有下列情形之一的，评标委员会应当否决其投标：

(一)投标文件未经投标单位盖章和单位负责人签字;

(二)投标联合体没有提交共同投标协议;

(三)投标人不符合国家或者招标文件规定的资格条件;

(四)同一投标人提交两个以上不同的投标文件或者投标报价,但招标文件要求提交备选投标的除外;

(五)投标报价低于成本或者高于招标文件设定的最高投标限价;

(六)投标文件没有对招标文件的实质性要求和条件作出响应;

(七)投标人有串通投标、弄虚作假、行贿等违法行为。

第五十二条 投标文件中有含义不明确的内容、明显文字或者计算错误,评标委员会认为需要投标人作出必要澄清、说明的,应当书面通知该投标人。投标人的澄清、说明应当采用书面形式,并不得超出投标文件的范围或者改变投标文件的实质性内容。

评标委员会不得暗示或者诱导投标人作出澄清、说明,不得接受投标人主动提出的澄清、说明。

第五十三条 评标完成后,评标委员会应当向招标人提交书面评标报告和中标候选人名单。中标候选人应当不超过3个,并标明排序。

评标报告应当由评标委员会全体成员签字。对评标结果有不同意见的评标委员会成员应当以书面形式说明其不同意见和理由,评标报告应当注明该不同意见。评标委员会成员拒绝在评标报告上签字又不书面说明其不同意见和理由的,视为同意评标结果。

第五十四条 依法必须进行招标的项目,招标人应当自收到评标报告之日起3日内公示中标候选人,公示期不得少于3日。

投标人或者其他利害关系人对依法必须进行招标的项目的评标结果有异议的,应当在中标候选人公示期间提出。招标人应当自收到异议之日起3日内作出答复;作出答复前,应当暂停招标投标活动。

第五十五条 国有资金占控股或者主导地位的依法必须进行招标的项目,招标人应当确定排名第一的中标候选人为中标人。排名第一的中标候选人放弃中标、因不可抗力不能履行合同、不按照招标文件要求提交履约保证金,或者被查实存在影响中标结果的违法行为等情形,不符合中标条件的,招标人可以按照评标委员会提出的中标候选人名单排序依次确定其他中标候选人为中标人,也可以重新招标。

第五十六条 中标候选人的经营、财务状况发生较大变化或者存在违法行为,招标人认为可能影响其履约能力的,应当在发出中标通知书前由原评标委员会按照招标文件规定的标准和方法审查确认。

第五十七条 招标人和中标人应当依照招标投标法和本条例的规定签订书面合同,合同的标的、价款、质量、履行期限等主要条款应当与招标文件和中标人的投标文件的内容一致。招标人和中标人不得再行订立背离合同实质性内容的其他协议。

招标人最迟应当在书面合同签订后5日内向中标人和未中标的投标人退还投标保证金及银行同期存款利息。

第五十八条 招标文件要求中标人提交履约保证金的,中标人应当按照招标文件的要求提交。履约保证金不得超过中标合同金额的10%。

第五十九条 中标人应当按照合同约定履行义务,完成中标项目。中标人不得向他人转让中标项目,也不得将中标项目肢解后分别向他人转让。

中标人按照合同约定或者经招标人同意，可以将中标项目的部分非主体、非关键性工作分包给他人完成。接受分包的人应当具备相应的资格条件，并不得再次分包。

中标人应当就分包项目向招标人负责，接受分包的人就分包项目承担连带责任。

第五章　投诉与处理

第六十条　投标人或者其他利害关系人认为招标投标活动不符合法律、行政法规规定的，可以自知道或者应当知道之日起10日内向有关行政监督部门投诉。投诉应当有明确的请求和必要的证明材料。

就本条例第二十二条、第四十四条、第五十四条规定事项投诉的，应当先向招标人提出异议，异议答复期间不计算在前款规定的期限内。

第六十一条　投诉人就同一事项向两个以上有权受理的行政监督部门投诉的，由最先收到投诉的行政监督部门负责处理。

行政监督部门应当自收到投诉之日起3个工作日内决定是否受理投诉，并自受理投诉之日起30个工作日内作出书面处理决定；需要检验、检测、鉴定、专家评审的，所需时间不计算在内。

投诉人捏造事实、伪造材料或者以非法手段取得证明材料进行投诉的，行政监督部门应当予以驳回。

第六十二条　行政监督部门处理投诉，有权查阅、复制有关文件、资料，调查有关情况，相关单位和人员应当予以配合。必要时，行政监督部门可以责令暂停招标投标活动。

行政监督部门的工作人员对监督检查过程中知悉的国家秘密、商业秘密，应当依法予以保密。

第六章　法律责任

第六十三条　招标人有下列限制或者排斥潜在投标人行为之一的，由有关行政监督部门依照招标投标法第五十一条的规定处罚：

(一)依法应当公开招标的项目不按照规定在指定媒介发布资格预审公告或者招标公告；

(二)在不同媒介发布的同一招标项目的资格预审公告或者招标公告的内容不一致，影响潜在投标人申请资格预审或者投标。

依法必须进行招标的项目的招标人不按照规定发布资格预审公告或者招标公告，构成规避招标的，依照招标投标法第四十九条的规定处罚。

第六十四条　招标人有下列情形之一的，由有关行政监督部门责令改正，可以处10万元以下的罚款：

(一)依法应当公开招标而采用邀请招标；

(二)招标文件、资格预审文件的发售、澄清、修改的时限，或者确定的提交资格预审申请文件、投标文件的时限不符合招标投标法和本条例规定；

(三)接受未通过资格预审的单位或者个人参加投标；

(四)接受应当拒收的投标文件。

招标人有前款第一项、第三项、第四项所列行为之一的，对单位直接负责的主管人员和其他直接责任人员依法给予处分。

第六十五条　招标代理机构在所代理的招标项目中投标、代理投标或者向该项目投标人提供咨询的，接受委托编制标底的中介机构参加受托编制标底项目的投标或者为该项目的投标人编制投标文件、提供咨询的，依照招标投标法第五十条的规定追究法律责任。

第六十六条 招标人超过本条例规定的比例收取投标保证金、履约保证金或者不按照规定退还投标保证金及银行同期存款利息的，由有关行政监督部门责令改正，可以处5万元以下的罚款；给他人造成损失的，依法承担赔偿责任。

第六十七条 投标人相互串通投标或者与招标人串通投标的，投标人向招标人或者评标委员会成员行贿谋取中标的，中标无效；构成犯罪的，依法追究刑事责任；尚不构成犯罪的，依照招标投标法第五十三条的规定处罚。投标人未中标的，对单位的罚款金额按照招标项目合同金额依照招标投标法规定的比例计算。

投标人有下列行为之一的，属于招标投标法第五十三条规定的情节严重行为，由有关行政监督部门取消其1年至2年内参加依法必须进行招标的项目的投标资格：

（一）以行贿谋取中标；

（二）3年内2次以上串通投标；

（三）串通投标行为损害招标人、其他投标人或者国家、集体、公民的合法利益，造成直接经济损失30万元以上；

（四）其他串通投标情节严重的行为。

投标人自本条第二款规定的处罚执行期限届满之日起3年内又有该款所列违法行为之一的，或者串通投标、以行贿谋取中标情节特别严重的，由工商行政管理机关吊销营业执照。

法律、行政法规对串通投标报价行为的处罚另有规定的，从其规定。

第六十八条 投标人以他人名义投标或者以其他方式弄虚作假骗取中标的，中标无效；构成犯罪的，依法追究刑事责任；尚不构成犯罪的，依照招标投标法第五十四条的规定处罚。依法必须进行招标的项目的投标人未中标的，对单位的罚款金额按照招标项目合同金额依照招标投标法规定的比例计算。

投标人有下列行为之一的，属于招标投标法第五十四条规定的情节严重行为，由有关行政监督部门取消其1年至3年内参加依法必须进行招标的项目的投标资格：

（一）伪造、变造资格、资质证书或者其他许可证件骗取中标；

（二）3年内2次以上使用他人名义投标；

（三）弄虚作假骗取中标给招标人造成直接经济损失30万元以上；

（四）其他弄虚作假骗取中标情节严重的行为。

投标人自本条第二款规定的处罚执行期限届满之日起3年内又有该款所列违法行为之一的，或者弄虚作假骗取中标情节特别严重的，由工商行政管理机关吊销营业执照。

第六十九条 出让或者出租资格、资质证书供他人投标的，依照法律、行政法规的规定给予行政处罚；构成犯罪的，依法追究刑事责任。

第七十条 依法必须进行招标的项目的招标人不按照规定组建评标委员会，或者确定、更换评标委员会成员违反招标投标法和本条例规定的，由有关行政监督部门责令改正，可以处10万元以下的罚款，对单位直接负责的主管人员和其他直接责任人员依法给予处分；违法确定或者更换的评标委员会成员作出的评审结论无效，依法重新进行评审。

国家工作人员以任何方式非法干涉选取评标委员会成员的，依照本条例第八十条的规定追究法律责任。

第七十一条 评标委员会成员有下列行为之一的，由有关行政监督部门责令改正；情节严重的，禁止其在一定期限内参加依法必须进行招标的项目的评标；情节特别严重的，取消其担任评标委员会成员的资格：

（一）应当回避而不回避；

（二）擅离职守；

（三）不按照招标文件规定的评标标准和方法评标；

（四）私下接触投标人；

（五）向招标人征询确定中标人的意向或者接受任何单位或者个人明示或者暗示提出的倾向或者排斥特定投标人的要求；

（六）对依法应当否决的投标不提出否决意见；

（七）暗示或者诱导投标人作出澄清、说明或者接受投标人主动提出的澄清、说明；

（八）其他不客观、不公正履行职务的行为。

第七十二条 评标委员会成员收受投标人的财物或者其他好处的，没收收受的财物，处3000元以上5万元以下的罚款，取消担任评标委员会成员的资格，不得再参加依法必须进行招标的项目的评标；构成犯罪的，依法追究刑事责任。

第七十三条 依法必须进行招标的项目的招标人有下列情形之一的，由有关行政监督部门责令改正，可以处中标项目金额10‰以下的罚款；给他人造成损失的，依法承担赔偿责任；对单位直接负责的主管人员和其他直接责任人员依法给予处分：

（一）无正当理由不发出中标通知书；

（二）不按照规定确定中标人；

（三）中标通知书发出后无正当理由改变中标结果；

（四）无正当理由不与中标人订立合同；

（五）在订立合同时向中标人提出附加条件。

第七十四条 中标人无正当理由不与招标人订立合同，在签订合同时向招标人提出附加条件，或者不按照招标文件要求提交履约保证金的，取消其中标资格，投标保证金不予退还。对依法必须进行招标的项目的中标人，由有关行政监督部门责令改正，可以处中标项目金额10‰以下的罚款。

第七十五条 招标人和中标人不按照招标文件和中标人的投标文件订立合同，合同的主要条款与招标文件、中标人的投标文件的内容不一致，或者招标人、中标人订立背离合同实质性内容的协议的，由有关行政监督部门责令改正，可以处中标项目金额5‰以上10‰以下的罚款。

第七十六条 中标人将中标项目转让给他人的，将中标项目肢解后分别转让给他人的，违反招标投标法和本条例规定将中标项目的部分主体、关键性工作分包给他人的，或者分包人再次分包的，转让、分包无效，处转让、分包项目金额5‰以上10‰以下的罚款；有违法所得的，并处没收违法所得；可以责令停业整顿；情节严重的，由工商行政管理机关吊销营业执照。

第七十七条 投标人或者其他利害关系人捏造事实、伪造材料或者以非法手段取得证明材料进行投诉，给他人造成损失的，依法承担赔偿责任。

招标人不按照规定对异议作出答复，继续进行招标投标活动的，由有关行政监督部门责令改正，拒不改正或者不能改正并影响中标结果的，依照本条例第八十一条的规定处理。

第七十八条 项目审批、核准部门不依法审批、核准项目招标范围、招标方式、招标组织形式的，对单位直接负责的主管人员和其他直接责任人员依法给予处分。

有关行政监督部门不依法履行职责，对违反招标投标法和本条例规定的行为不依法查处，或者不按照规定处理投诉、不依法公告对招标投标当事人违法行为的行政处理决定的，对直接负责的主管人员和其他直接责任人员依法给予处分。

项目审批、核准部门和有关行政监督部门的工作人员徇私舞弊、滥用职权、玩忽职守，构成犯罪的，依法追究刑事责任。

第七十九条　国家工作人员利用职务便利，以直接或者间接、明示或者暗示等任何方式非法干涉招标投标活动，有下列情形之一的，依法给予记过或者记大过处分；情节严重的，依法给予降级或者撤职处分；情节特别严重的，依法给予开除处分；构成犯罪的，依法追究刑事责任：

（一）要求对依法必须进行招标的项目不招标，或者要求对依法应当公开招标的项目不公开招标；

（二）要求评标委员会成员或者招标人以其指定的投标人作为中标候选人或者中标人，或者以其他方式非法干涉评标活动，影响中标结果；

（三）以其他方式非法干涉招标投标活动。

第八十条　依法必须进行招标的项目的招标投标活动违反招标投标法和本条例的规定，对中标结果造成实质性影响，且不能采取补救措施予以纠正的，招标、投标、中标无效，应当依法重新招标或者评标。

第七章　附　则

第八十一条　招标投标协会按照依法制定的章程开展活动，加强行业自律和服务。

第八十二条　政府采购的法律、行政法规对政府采购货物、服务的招标投标另有规定的，从其规定。

第八十三条　本条例自 2012 年 2 月 1 日起施行。

附录 C　合同条款及格式

参考文献

[1]《标准文件》编制组. 中华人民共和国标准施工招标资格预审文件(2007 年版)[M]. 北京:中国计划出版社,2007.

[2]《标准文件》编制组. 中华人民共和国标准施工招标文件(2007 版)[M]. 北京:中国计划出版社,2007.

[3]《房屋建筑和市政工程标准施工招标资格预审文件》编制组. 中华人民共和国房屋建筑和市政工程标准施工招标资格预审文件(2010 年版)[M]. 北京:中国建筑工业出版社,2010.

[4]《房屋建筑和市政工程标准施工招标文件》编制组. 中华人民共和国房屋建筑和市政工程标准施工招标文件(2010 年版)[M]. 北京:中国建筑工业出版社,2010.

[5]《标准文件》编制组. 中华人民共和国标准设计施工总承包招标文件(2012 年版)[M]. 北京:中国计划出版社,2012.

[6]《标准文件》编制组. 中华人民共和国简明标准施工招标文件(2012 年版)[M]. 北京:中国计划出版社,2012.

[7] 国家发展和改革委员会法规司. 中华人民共和国标准设计招标文件(2017 年版)[M]. 北京:机械工业出版社,2017.

[8] 国家发展和改革委员会法规司. 中华人民共和国标准勘察招标文件(2017 年版)[M]. 北京:机械工业出版社,2017.

[9] 国家发展和改革委员会法规司. 中华人民共和国标准设备采购招标文件(2017 年版)[M]. 北京:机械工业出版社,2017.

[10] 国家发展和改革委员会法规司. 中华人民共和国标准材料采购招标文件(2017 年版)[M]. 北京:机械工业出版社,2017.

[11] 国家发展和改革委员会法规司. 中华人民共和国标准监理招标文件(2017 年版)[M]. 北京:机械工业出版社,2017.

[12] 全国二级建造师执业资格考试用书编写委员会. 建设工程法规及相关知识[M]. 北京:中国建筑工业出版社,2011.

[13] 全国一级建造师执业资格考试用书编写委员会. 建设工程项目管理[M]. 北京:中国建筑工业出版社,2011.

[14] 全国二级建造师执业资格考试用书编写委员会. 建筑工程管理与实务[M]. 北京:中国建筑工业出版社,2014.

[15] 全国二级建造师执业资格考试用书编写委员会. 建设工程法规及相关知识[M]. 北京:中国建筑工业出版社,2014.

[16] 住房和城乡建设部,国家工商行政管理总局. 建设工程监理合同(示范文本)(GF-2012-0202)[S]. 北京:中国建筑工业出版社,2013.

[17] 林密. 工程项目招投标与合同管理(第 3 版)[M]. 北京:中国建筑工业出版社,2013.

[18] 宋岩春. 建设工程招投标与合同管理(第 3 版)[M]. 北京:北京大学出版社,2014.